Aluminium und Aluminiumrecycling

Band 2: Technologie der Aluminiumherstellung

Christoph Schmitz

1. Auflage 2026

Aluminium und Aluminiumrecycling

Band 2: Technologie der Aluminiumherstellung

Vulkan Verlag

Bibliografische Information der Deutschen Nationalbibliothek

Die Deutsche Nationalbibliothek verzeichnet diese Publikation in der Deutschen Nationalbibliografie; detaillierte bibliografische Daten sind im Internet über www.dnb.de abrufbar.

Aluminium und Aluminiumrecycling
Band 2: : Technologie der Aluminiumherstellung
Christoph Schmitz
1. Auflage 2026

ISBN: 978-3-8027-3198-3 (Print)
ISBN: 978-3-8027-3199-0 (eBook)

Friedrich-Ebert-Straße 55, 45127 Essen, Deutschland
E-Mail: bestellung@vulkan-verlag.de
Telefon: +49 201 820 02-0
Internet: www.vulkan-verlag.de

Projektmanagement: Marie-Therese Hanschmann, Vulkan-Verlag GmbH, Essen
Lektorat: Marie-Therese Hanschmann, Vulkan-Verlag GmbH, Essen
Herstellung: Melanie Zöller, Vulkan-Verlag GmbH, Essen
Umschlaggestaltung: Melanie Zöller, Vulkan-Verlag GmbH, Essen
Titelbild: © Bildarchiv der Fa. ALCUTEC; Christoph Schmitz
Satz: Brigitte Schmidt, Schmidt Media Design, München
Druckerei: mediaprint solutions GmbH, 33100 Paderborn

1 Inhaltsverzeichnis

1 Bauxit und Tonerde

1.1 Tonerde

1.1.1 Aluminiumerz

Bei der gewaltigen Explosion der Supernova vor 4 Mrd. Jahren, der Geburtsstunde unseres Sonnensystems, entstanden durch Kernfusion die Metalle, die sich auf die wild umherfliegenden Materiebrocken verteilten. So auch auf dem felsigen Körper, der einmal unserer Planet wurde. Aluminium reicherte sich auf der Oberfläche und auf oberflächennahen Bereichen an, die später einmal die Erdkruste bilden sollten. Heute ist Aluminium das dritthäufigste Metall in der Erdkruste. Trotz des häufigen Vorkommens hat man noch niemals gediegenes Aluminium gefunden. Es kommt nur als Aluminiumoxid Al_2O_3 vor. Durch Einbau von Wasser in die Struktur bildeten sich sehr verschiedene Kristallformen. Interessant ist beispielsweise Korund. Diese Kristallform ist fast so hart wie Diamant und wird technisch als Schleifmittel (Schmirgel) verwendet. Wird Korund durch Fremdmetalle „verunreinigt", bilden sich beliebte Edelsteine. So führt Cr zu einen tiefroten Färbung und bildet den Rubin oder Fe und Ti bilden durch blaue Färbung die Varianten des Saphir, bei dem man neben den klaren Saphiren auch leicht gelbe, grüne und auch violette Varianten findet.

Die Gesteine der Erdoberfläche werden unter dem Einfluss von hohen Temperaturen und ausreichender Feuchtigkeit chemisch zersetzt. Reichliche Mengen von Niederschlagswasser spülen leicht lösliche Elemente wie Natrium, Kalium, Calcium, Magnesium und Kieselsäure aus. Dadurch reichert sich der Anteil der schwer löslichen Elemente Eisen und nicht zuletzt Aluminium aus. Ein in den Tropen sehr häufiges Oberflächenprodukt ist Laterit, entstanden aus der lang andauernden Verwitterung des silkatischen Grundgesteins wie Granit, Gneis, Basalt, Syenit sowie Ton und Tonschiefer. Diese Art der Verwitterung wird als allitische Verwitterung bezeichnet. Es verbleiben neben schwer löslichem Quarz die neu gebildeten Mineralien Kaolin, Göthit, Hämatit und Gibbsit (Hydargillt) der eigentlichen Tonerde (Al_2O_3). Die Eisenoxide Goethit und Hämathit in diesem Erz sind Ursache für die rotbraune Färbung (**Bild 1.1**). Heutzutage sind die Laterite in nicht tropischen Gebieten Produkte früherer erdgeschichtlicher Epochen.

Tonerde findet sich in fast allen Gesteinen, allerdings meist in sehr geringen Mengen. Ton und Tonschiefer bilden Laterite, die einen sehr hohen Gehalt von 40–70 % an Tonerde enthalten. Sie werden als Bauxit bezeichnet. Dieses

Bild 1.1: *Bauxit: Bauxitlagerstätten sind auf der Erde weit verbreitet. Je nach der Lagerstätte tritt das Aluminiumoxid in unterschiedlichen Modifikationen auf. In Europa entstand Bauxit schon in einem frühen Erdzeitalter. Bedingt durch den langen Zeitraum ist die Verwitterung sehr weit fortgeschritten, sodass Aluminiumoxid als Diaspor vorliegt, ein hartes Mineral, das für den weiteren Aufschluss eine hohe Temperatur erfordert. Im Gegensatz dazu liegt bei dem in einem jüngeren Erdzeitalter in tropischen Gegenden entstandenem Bauxit das Aluminiumoxid als Hydrargillt vor, das wesentlich geringere Temperatur für den Aufschluss erfordert und daher für die Produktion von Alumina bevorzugt wird.*

Mineral ist der Rohstoff für die Gewinnung von Aluminium. Aluminiumoxid tritt im Bauxit in verschiedenen Modifikatonen und mengenmäßigen Anteilen auf, und zwar als Gibbsit oder Hydrargillit (γ-$Al(OH)_3$), Böhmit (α-$AlO(OH)$) und Diaspor (α-(OH)) sowie in den Eisenoxiden Hämatit (Fe_2O_3) und Goethit ($FeO(OH)$), dem Tonminral Kaolinit und geringen Anteilen des Titanoxids Anatase (TiO_2). Andere Schreibweisen, die den Wasseranteil darstellen, sind für Hydrargillit $Al_2O_3{\cdot}3H_2O$, für Böhmit $Al_2O_3H{\cdot}2O$ und für Diaspor ebenfalls $Al_2O_3{\cdot}H_2O$. Je nach·Fundort ist noch ein mehr oder minder hoher Anteil an Sliziumoxid vorhanden, der beim Aufschluss problematisch sein kann. Andere Bestandteile sind in nur geringer Menge vorhanden, können aber im Endprodukt Aluminiumoxid zu Verunreinigungen führen. Einige Eigenschaften verschiedener Bauxitarten sind in **Tabelle 1.1** zusammengestellt.

Tabelle 1.1: Bauxitdaten verschiedener Herkunftsländer (nach Grjoteim und Welch)

Herkunft	Weipa, Australien	Darling Range, Australien	Gove, Australien	Guayana	Nord-Jamaika	Griechen-land
Bauxittyp	**Gibbsit u. Böhmit**	**Gibbsit**	**Gibbsit**	**Gibbsit**	**Gibbsit u. Böhmit**	**Böhmit u. Diaspor**
Al_2O_3 [Gew.%]	55	37	50	54	45	60
Al_2O_3 [Gew.%] verfügbar	49	34	46	48	38	58
SiO_2	6	15	3	6	3	3
Rotschlamm/ Al_2O_3-Verhältnis	0,86	1,25	0,78	0,45	0,9	1
Fe_2O_3 [Gew.%]	11	20	16	16	19	21
TiO_2 [Gew.%]	2	2	3	2,5	2,5	3
Glühverlust [%]	26	21	21	30	26	12

Bauxit verdankt seinen Namen dem Städtchen Les Baux, einem kleinen Ort in Südfrankreich. Gemäß der Tradition der Geologen erhielt das erstmals von Berthier im Jahr 1821 beschriebene Mineral nach dem Fundort, eben Les Baux, den Namen Bauxit. Dieser Name wurde dann auf alle aluminiumoxidreichen Sedimentgesteine übertragen. Berthier hielt das in der Provence gefundene Sedimentgestein für ein Mineral der Zusammensetzung $Al_2O_3{\cdot}3H_2O$.

Bild 1.2: *Bauxit Lagerstätte: Bauxit liegt dicht unter der Oberfläche unter einer Schicht von gewachsenem Boden. Diese Bodenschicht wird vor dem Abbau einschließlich der darauf befindlichen Vegetation entfernt, was oft zu intensiver Kritik von Umweltschützern führt.*

Bild 1.3: *Bauxitabbau: Bauxit wird im Tagebau gewonnen. Dabei wird die Landschaft großräumig zerstört. Das ist nicht anders als bei anderen Verfahren zur Rohstoffgewinnung von Erzen oder Kohle. Die Abbaufirmen bemühen sich heute jedoch mehr und mehr um Rekultivierung der ausgebeuteten Gruben, so wie das auch bei den Braunkohlegruben in Deutschland geschieht.*

Bauxit findet sich in allen Erdteilen (Tabelle 1.1), wobei sich die Zusammensetzung der tropischen Bauxite von der der europäischen Bauxite unterscheidet. Das ist auf die bereits erwähnte Zeitdauer der Verwitterung zurückzuführen. Bei zeitlich weiterführender Verwitterung bleibt schließlich nur das sehr stabile Diaspor übrig, das dann beim Aufschluss entsprechend hohen Energieaufwand erfordert. Bauxit ist im Prinzip ein Sediment und kommt daher unter einer Deckschicht an der Oberfläche vor (**Bild 1.2**). Entsprechend erfolgt die Gewinnung im Tagebau (**Bild 1.3**). Nach der entsprechenden mechanischen Aufbereitung kann nun das Material verschifft bzw. zur Aufschlussanlage transportiert werden.

1.1.2 Aufschluss

Durch den hohen Aluminiumgehalt stellt Bauxit das vorteilhafteste Mineral als Aluminiumerz dar. Allerdings gibt es weitere Minerale mit hohem Aluminiumgehalt. Hier sind vor allem Tone als silikatreiche Rohstoffe zu nennen. Durch Umsetzung mit Kalk können diese durch thermische Verfahren aufbereitet werden. Allerdings sind die Kosten und die mehr als magere Ausbeute nicht mit Verfahren zur Aufbereitung von Bauxit vergleichbar und daher technisch bedeutungslos.

Beim Aufschluss von Bauxit besteht die Aufgabe nun darin, das im Erz enthaltene Aluminium zu gewinnen. Es wurde schon früh erkannt, dass ein thermisches Verfahren, wie beispielsweise bei der Verhüttung von Eisenerz oder Blei oder auch anderer Metalle, nicht sinnvoll möglich ist. Die hohe Bindungsenergie von Aluminiumoxid erfordert zu Verhüttung sehr hohe Prozesstemperaturen, die technisch kaum zu bewältigen wären. Schon früh wurden Versuche unternommen, Aluminium aus Bauxit zu extrahieren. Aber der große Chemiker

Lavoisier, der übrigens ein Opfer der Französischen Revolution wurde, sagte schon 1782 voraus: „Wahrscheinlich ist Tonerde das Oxid eines Metalls, das mit dem Sauerstoff so starke Bindungen eingeht, dass es weder mit Kohle noch sonst irgendeinem bekannten Reduktionsmittel aufgespaltet werden kann.“ Und so wurde das Erz gebrannt, gelaugt, abgesetzt, gekocht, in Absetzbecken geklärt, als Kristalle niedergeschlagen und eingedampft. Am vorteilhaftesten erwies sich die Gewinnung von Aluminium aus Chloraluminium, das sich dadurch erzeugen lässt, dass Chlor bei hoher Temperatur über Tonerde geleitet wird. So konnten schon früh geringe Mengen Aluminiummetall gewonnen werden, das dann entsprechend wertvoll war.

Die heutige industrielle Gewinnung von Aluminium geschieht in zwei Stufen: dem Aufschluss von Bauxit zur Herstellung von Aluminiumoxid (Al_2O_3) nach dem Bayer-Verfahren und der Schmelzflusselektrolyse, die in einem späteren Abschnitt des Buches dargestellt wird.

1.1.3 Das Bayer-Verfahren

Das Verfahren wurde von dem Chemiker D. Carl Josef Bayer entwickelt. Bayer wurde am 04.03.1847 in Bierlitz geboren und verstarb am 22.10.1904 in Rietzdorf (Slowenien). Sein Studium der Chemie begann er an der Universität Heidelberg. Dort wurde er schon nach kurzer Zeit Assistent des berühmten Chemikers Bunsen. Seine Doktorprüfung legte er 1871 vor 17 Professoren ab, darunter berühmte Namen wie Bunsen, Kirchhoff und Helmholtz. Bayer heiratete Alma von Witt, die Nichte des damaligen russischen Ministerpräsidenten. Das Paar hatte sechs Kinder, von denen zwei ebenfalls Chemie studierten. Als Bayer starb, hinterließ er seine Gattin mit sechs unversorgten Kindern, weil Lizenzgebühren für seine Verfahren nur schleppend eintrafen oder ganz ausblieben. Bayer war eben Wissenschaftler und war wohl in kaufmännischen Dingen nicht so bewandert. Gerichtsprozesse konnte sich die Witwe Bayers finanziell nicht leisten. Die finanziell Situation Bayers zeigt wieder einmal, dass ein Mann, der Grundlagen für die weltweite Produktion von unentbehrlichen Materialien schuf, es anderen überlassen musste, durch seine Arbeit reich zu werden.

Nach seiner Promotion wirkte Bayer, wie viele andere deutsche Wissenschaftler, in Russland und reichte dort sein erstes Patent in Tentlelova bei St. Petersburg ein, das am 03.08.1888 veröffentlicht wurde. Sein zweites Paten reichte er in Jelabuga, ebenfalls Russland, ein, das am 03.11.1892 veröffentlicht wurde (**Bild 1.4**).

Heute werden weltweit ca. 1,2 Mio. t reine Tonerde nach dem Bayer-Verfahren hergestellt. Die im Laufe der Zeit eingeführten Verbesserungen beziehen sich

KAISERLICHES PATENTAMT.

AUSGEGEBEN DEN 3. NOVEMBER 1892.

PATENTSCHRIFT

— № 65604 —

KLASSE 75: SODA, SOWIE DIE ÜBRIGE CHEMISCHE GROSSINDUSTRIE.

DR. K. J. BAYER IN ELABUGA (RUSSLAND).

Verfahren zur Darstellung von Thonerdehydrat und Alkalialuminat.

Zusatz zum Patente No. 43977 vom 17. Juli 1887.

Patentirt im Deutschen Reiche vom 31. Januar 1892 ab.

Längste Dauer: 16. Juli 1902.

Nach dem D. R. P. No. 43977 vom 17. Juli 1887 werden zersetzte Aluminatlaugen erhalten, in denen das Verhältnifs der Molecüle von $Al_2 O_3 : Na_2 O$ sich etwa wie 1 : 6 verhält. Diese wirken nach meinen Beobachtungen in vielen Fällen wie kaustisches Natron. In dem durch oben erwähntes Patent geschützten Verfahren wurden diese Lösungen nach dem Eindampfen wieder mit Bauxit gemischt und der Hitze des Flammofens ausgesetzt, um daraus wieder Rohaluminat zu erhalten, das nach der Auflösung und Filtration wieder zur Zersetzung gelangt.

Nach meinen Untersuchungen nun sind diese Lösungen im Stande, wenn sie bis auf 40 bis 44° B. eingedampft werden, aus dem Bauxit direct die Thonerde aufzulösen, wenn man denselben mit den eingedampften Lösungen unter fortwährendem Rühren bei einem Druck von 3 bis 4 Atmosphären und der entsprechenden Temperatur (160 bis 172° C.) durch 1½ bis 2 Stunden behandelt.

War der Bauxit fein genug gepulvert und ist nicht viel Kieselsäure vorhanden, so wird die Thonerde bis auf Spuren aufgelöst bezw. bis auf eine Menge, welche mit der etwa gelösten Kieselsäure und der entsprechenden Menge Natron als die bekannte Doppelverbindung $Na_2 O\, Al_2 O_3\, 3\, Si O_2 + 9\,aq$ zurückbleibt.

In dem gewöhnlichen zur Verarbeitung gelangenden rothen französischen Bauxit mit 61 pCt. $Al_2 O_3$ und etwa 3 pCt. $Si O_2$ werden regelmäfsig 59 pCt. der Thonerde in Lösung übergeführt, wenn zersetzte Lauge und Bauxit in dem Verhältnifs zusammengebracht werden, dafs nach der Behandlung eine Lösung resultiren mufs, welche ein Molecularverhältnifs von $Al_2 O_3 : Na_2 O = 1 : 1{,}75$ bis 1,85 zeigt; es entspricht dies einer Ausbeute von mindestens 96 pCt. der vorhandenen Thonerde.

Der zu diesem Zwecke nothwendige Apparat ist ein aus halbzölligem Eisenblech gefertigter Druckkessel mit den nöthigen Armaturen, als Sicherheitsventil, Rührvorrichtung, Manometer, Druckrohr und Einfüllöffnung. Wie leicht ersichtlich, kann derselbe für eine bedeutende Production von verhältnifsmäfsig geringen Dimensionen sein, welcher Umstand jede Gefahr beim Arbeiten ausschliefst. Ebenso ist der Verbrauch von Brennmaterial und Arbeitskraft zur Bedienung ein ganz unbedeutender und kaum nennenswerth. Beispielsweise können in einem Druckkessel von 2½ m Länge und 1 m Durchmesser täglich etwa 4000 bis 5000 kg Bauxit aufgeschlossen werden, und ist der Verbrauch an Brennmaterial und Arbeitskraft hierfür kaum $^1/_{15}$ von dem für einen oder mehrere entsprechende Flammöfen erforderlichen, abgesehen davon, dafs man bereits fertige Lösung erhält, während man bei der Arbeit mit Flammöfen die Lösung erst aus dem trockenen Rohaluminat herstellen mufs.

Der nach der Aufschliefsung zurückbleibende rothe eisenhaltige Rückstand setzt sich gut ab und läfst sich bei einiger Praxis gut filtriren und

Bild 1.4: *Bayer Patentschrift: 1887 erhielt der Chemiker Dr. Karl Josef Bayer ein Patent des Kaiserlichen Patentamtes für sein Verfahren zur Herstellung von Tonerde. Nach diesem Verfahren wird noch heute Tonerde hergestellt, wenn auch in technisch durchdachten Großanlagen.*

lediglich auf Verbesserungen im Hinblick auf Wirtschaftlichkeit und Qualität des Produktes Tonerde.

1.1.3.1 Der Aufschlussprozess (Bayer-Verfahren)

Beim Bayer-Verfahren wird die Tonerde mithilfe von Natronlauge aus dem Erz gelöst. Man sagt üblicherweise dazu, dass das Erz aufgeschlossen wird. Der Prozess besteht im Wesentlichen aus drei Schritten. Der erste Schritt besteht aus der Lösung der Tonerde, ausgedrückt durch die folgende Formel:

$$Al_2O3 \cdot xH_2O + NaOH \rightarrow 2NaAl_2O_3 + (x + 1)\,H_2O \qquad (1)$$

Dabei wird die hydrierte Tonerde selektiv entfernt und in Lösung überführt. Im zweiten Schritt werden die Verhältnisse in der Lösung so eingestellt, dass eine Umkehr der Reaktion erfolgt:

$$2NaAlO_2 + 4H_2O \rightarrow 2NaOH + Al_2O_3 \cdot 3H_2O \qquad (2)$$

Die Kristallisation des Aluminiumhydrats $Al_2O_3 \cdot 3H_2O$ erfordert den Zusatz von Kristallisationskeimen. Schließlich folgt der dritte Schritt, die Kalzinierung nach der Reaktionsgleichung:

$$Al_2O_3 \cdot 3H_2 \rightarrow Al_2O_3 + 3H_2O \qquad (3)$$

Dieser letzte Prozess ist sehr energieintensiv und erfordert, je nach Kalzinationsprozess, 15–25 GJ je t Alumina, was bis zu 50 % der Produktionskosten im Bayer-Verfahren darstellen kann, ein Verhältnis, das sich bei den heute immer weiter steigenden Energiekosten sehr ungünstig nach oben verschieben kann.

Der gesamte Produktionsprozess verläuft gemäß dem Verfahrensschema nach **Bild 1.5**. Da es sich um einen Prozess mit Reaktionen zwischen Feststoff und Flüssigkeit handelt, muss das Erz in einer ersten Stufe zu einer kleinen Korn-

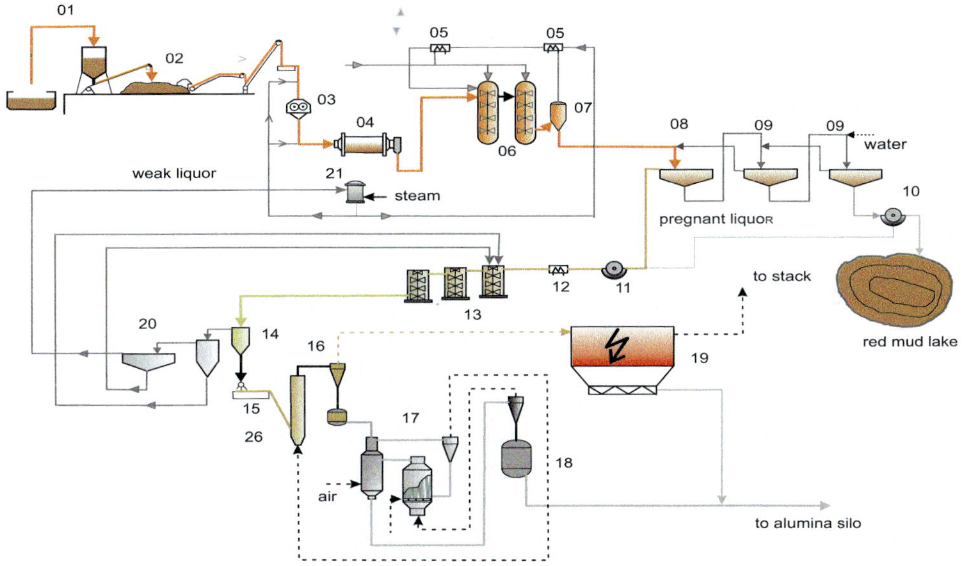

Bild 1.5: *Verfahrenschema einer Tonerdefabrik: Verfahrensschema einer Tonerdefabrik: 01: Bauxitentladung, 02: Bauxitlagerung, 03: Vorbrecher, 04: Rohrmühle, 05: Laugenregelung, 06: Aufschlussautoklaven, 07: Entspannungskühlung, 08: Produkteindicker, 09: Wascheindicker, 10: Rotschlammfilter, 11: Hydratkühler, 12: Wärmetauscher, 13: Ausrührtanks, 14: Endfiltration, 15: Trocknungsbereich, 16: Hydrattrockner, 17: Fießbettkalzinierung, 18: Tonerdekühler, 19: Elektrofilter, 20: Abscheider für Impfhyrat, 21: Laugenvorwärmer*

größe zerlegt werden, um so eine schnelle und wirkungsvolle Reaktion zu ermöglichen. Diese erste Stufe ist folglich die Bauxitmahlung, die in heutigen Anlagen als Nassmahlung erfolgt. In dieser Stufe wird also schon ein Anteil der Aufschlusslauge zugeführt und so eine Trübe mit hohem Feststoffgehalt erzeugt. Diese wird nun zu Autoklaven gepumpt, in denen der eigentliche Aufschluss erfolgt. Je nach Bauxitart ist dazu eine mehr oder weniger hohe Temperatur erforderlich, was auch einen entsprechenden Systemdruck zur Folge hat. Nach Verlassen der Aufschlussautoklaven wird Aluminiumhydrat von dem mineralischen Anteil, dem Rotschlamm, getrennt. Die Abscheidung geschieht durch Schwerkraft in runden Absetzbecken, den sogenannten „Eindickern". Hier sind Krälwerke installiert, die den abgesetzten Schlamm austragen. Allerdings ist eine hundertprozentige Trennung von Restlauge und Schlamm nach diesem Verfahren nicht möglich. Daher wird in mehreren Waschstufen, bestehend aus einer Reihe von Eindickern, ausgewaschen. Der schließlich ausgewaschene und relativ laugenfreie Rotschlamm wird auf Rotschlammdeponien gelagert. Beide Verfahren sind in Band 1 dieser Buchreihe genauer beschrieben.

Die Hydratlauge beinhaltet nach dem Verlassen der Produktionseindicker noch eine beachtliche Menge an Schwebestoffen. Diese würden zu einer unerwünschten Verunreinigung des Aluminas führen und werden daher durch nachgeschaltete Kelly-Filter entfernt. Die nunmehr reine Hydratlauge, die sogenannte „Mutterlauge", gelangt nun in die Kristallisationsbehälter zum Ausrühren.

Bild 1.6: *Tonerde: Je nach den Anforderungen für die Elektrolyse gibt es zwei unterschiedliche Modifikationen der kalzinierten Tonerde: mehlige (floury) oder sandige (sandy) Tonerde. Die sandige Modifikation mit hohem Gehalt an γ-Tonerde wurde ursprünglich von US-Hütten gewünscht, während die mehlige Tonerde mit hohem Gehalt an α-Tonerde in europäischen Hütten verwendet wurde. Durch die Weiterentwicklung der Automation in der Elektrolyse und in der Abgasbehandlung wird nun zwangsläufig die fließfähige γ-Tonerde bevorzugt.*

Während des gesamten Abscheideprozesses ist die Lauge bereits weitgehend gekühlt, jedoch ist die Temperatur für die Kristallisation noch zu hoch. Eine Kühlstufe ist daher unerlässlich, um schließlich eine Temperatur von 50–70 °C zu erreichen. In dem Prozess hat sich ein Lösungsgleichgewicht eingestellt, das abhängig ist von der Temperatur, dem Verhältnis von Al_2O_3/Na_2O sowie der Konzentration von Na_2O. Um aber eine Kristallisation des Aluminiumhydrats einzuleiten, müssen die Parameter so eingestellt werden, dass dieses Gleichgewicht nicht gestört, die Lösung aber übersättigt ist. Zusätzlich werden Kristallisationskeime zugeführt, die aus zurückgeführtem Produktionshydrat bestehen, also bereits kristallisiertem Hydrat. Der gesamte Prozess besteht in dieser Stufe aus Kristallabscheidung, Kristallwachstum und Agglomeration der einzelnen Kristalle (**Bild 1.6**). Die Geschwindigkeit der Kristallbildung hängt wesentlich von der Gesamtfläche der zugeführten Kristallisationskeime ab. Diese werden dadurch erzeugt, dass eine Menge von 60–70 % wieder in die Ausrührbehälter zurückfließt.

Das für die Produktion abgezogene Hydrat passiert zunächst zum Waschen und Entwässern eine Vakuumfilteranlage und wir anschließend kalziniert. Das geschieht in heutigen Anlagen nach dem Wirbelschichtverfahren.

1.1.4 Bauxitmahlung

Allgemeine Anforderungen

Die Reaktion zwischen Bauxit und Natronlauge verläuft sehr langsam. Es ist daher unabdingbar, dass ausreichend Oberfläche für die Reaktion zu Verfügung steht. Die erste wichtige Stufe einer Anlage zur Herstellung von Aluminiumoxid ist die Brech- und Mahlanlage.

Das aus der Mine kommende Bauxit kann nicht ohne vorherige Vorbearbeitung verwendet werden. Im Normalfall liefert die Bauxitmine das Erz zu Korngrößen < 60 mm aufbereitet.

Für die Grobzerkleinerung werden die in der Erzaufbereitung üblichen Maschinen eingesetzt. Das sind im Wesentlichen Backenbrecher für große Einzelstücke, ansonsten Prallbrecher und Walzenmühlen sowie die erforderlichen Klassiereinrichtungen wie z. B. Schwingsiebe. Die Technik dieser Maschinen dürfte allgemein bekannt sein (In Band 3 dieser Buchreihe gibt es eine Kurzbeschreibung unter dem Kapitel „Schrottaufbereitung“). Feinere Bestandteile werden bei dieser Aufbereitung abgesiebt und können z. B. für die Herstellung von Feuerfestmaterialien bereitgestellt werden. Es ist sinnvoll, diese Aufbereitung

Bild 1.7: *Rohrmühle: Rohrmühlen werden in vielen Produktionsbereichen eingesetzt, so z. B. bei der Zementherstellung. Auch in der Aufbereitung von Erzen gibt es einen weiten Anwendungsbereich. Der Einsatz erfolgt immer dann, wenn ein besonders feines Mahlgut bei großem Materialdurchsatz gefordert ist. In der Tonerdefabrik ist die Mahlanlage der erste wichtige Schritt, wobei als einzige Verfahrensstufe ein direkter mechanischer Kontakt mit dem Bauxit stattfindet. So ist gerade beim Bayerverfahren der Einsatz von Rohrmühlen ein besonders wichtiger Verfahrensschritt.*

im Bereich der Mine vorzunehmen. Hier ist die Entsorgung von unvermeidbarem Staub und ebenso von möglichen Verunreinigungen meist völlig unproblematisch. Falls Rösten erwünscht ist, kann das ebenfalls in diesem Bereich erfolgen. Die Aufbereitung in der Mine bietet auch Vorteile beim Transport des Erzes, das oft aus großer Distanz, z. B. aus Australien oder Afrika, angeliefert wird.

In der Endstufe der Zerkleinerung wird als Schlüsseltechnologie die Rohrmühle verwendet, die in heutigen Anlagen schon eine erste Stufe des Aufschlusses darstellt. Die Zerkleinerungsarbeit liefert dabei eine Füllung mit harten Stahlkugeln oder Stahlstangen (**Bild 1.7**).

Diese Rohrmühle besteht aus einem langen rotierenden Stahlrohr mit relativ großem Durchmesser. Sie nimmt dabei infolge der für die Mahlwirkung in stattlichen Mengen erforderlichen Mahlkörper für die Produktion der Tonerdefabrik verwendeten Durchsatzmengen von Bauxit stattliche Dimensionen an. So hat eine Einkammer-Rohrmühle, wie sie als Nassmühle zum Mahlen von Bauxit verwendet wird, für die erforderliche Mahlleistung als Vorstufe zu einer modernen Tonerdefabrik beispielsweise einen Trommeldurchmesser von 3,2 m und eine Länge von 6,0 m bei einem Gewicht von 64 t. Hinzu kommt noch das Gewicht der Mahlkörper.

Der Bewegungsvorgang der Mahlkörper, gemeinsam mit dem Mahlgut, führt zu der gewünschten Korngröße und Kornverteilungskurve. Führendes Kriterium ist dabei nicht nur die bei unterschiedlichen Bauxitsorten angeregte Reaktion im Bayer-Aufschluss. Auch das Abscheideverhalten des Reststoffes nach dem Aufschluss, also des Rotschlammes, muss bedacht werden. Das erfordert eine sorgfältige Auswahl der Prozesseinrichtung für die Vermahlung.

Die Rohrmühle ist das wichtigste Element bei der Bauxitmahlung. Daher soll diese Technologie im Folgenden etwas genauer betrachtet werden.

Rohrmühlen werden mit einer Füllung von Stahlstäben oder Kugeln als Mahlkörper betrieben. Im Vergleich zu einer Kugelmühle hat eine Stabmühle einen etwas geringeren Energiebedarf und liefert eine etwas steilere Kornverteilungskurve, wobei eine Kugelmühle eher für eine Feinmahlung infrage kommt. Um die Vorteile der verschiedenen Mahlkörper zu nutzen, wurden in der Vergangenheit Rohrmühlen mit zwei Kammern verwendet: die erste Kammern mit Kugeln für die Grobvermahlung, die zweite Kammer mit einer Füllung mit Stahlstangen für die Feinvermahlung. Kugelmühlen und Stabmühlen besitzen allerdings bei gleichem Durchmesser unterschiedliche Betriebsbedingungen. Es ist daher schwierig, eine solche Zweikammermühle optimal zu betreiben.

In Europa wurden ursprünglich Diaspor und Böhmit verarbeitet. Diese Bauxite weisen eine sehr stabile Struktur auf: Sie sind nicht nur sehr hart, sondern auch nicht besonders reaktionsfreudig. Das erfordert eine Mahlung auf feineres Korn als bei den heute verfügbaren tropische Bauxiten, meist Hydragillit. Auf jeden Fall ist eine sorgfältige Balance zwischen Reaktionsvermögen und Rotschlammabscheidung unerlässlich.

Konstruktionsmerkmale der Rohrmühle

Die Mahltrommel besteht aus einem zylindrische Mantel und den Stirnwänden. Um Wartungsarbeiten, die im Wesentlichen aus dem Austausch von Auskleidungsplatten bestehen, durchführen zu können, ist die Trommel mit ein oder zwei Mannlöchern versehen, die durch einen angeschweißte Stahlrahmen verstärkt sind. Die Stirnwände sind bei größeren Mühlen mit dem Mantel verschweißt. Für die Aufnahme der Lagerzapfen sind bearbeitete Flansche vorgesehen. Die schweren Konstruktionselemente für die Trommellagerung sind

Bild 1.8: *Lagerzapfen: Das Einlaufrohr zur Beschickung der Rohrmühle wird als Lagerzapfen ausgebildet, da hier eine ausreichend große Dimensionierung möglich ist.*

aus Stahlguss gefertigt und sind sorgfältig mit bearbeiteten Flanschen mit den Stirnwänden verschraubt, um einen exakten Rundlauf der Trommel zu gewährleisten. Die Lagerzapfen sind als Hohlkörper ausgebildet, um Ein- und Auslauf zu ermöglichen (**Bild 1.8**).

Material wird über ein Einlaufsystem durch die Hohlwellen zugeführt. An der gegenüber liegenden Auslaufseite verlässt das gemahlene Gut die Trommel ebenfalls durch die Hohlwelle.

Die Trommel ist mit einzelnen standardisierten Platten mit gewellter Oberfläche ausgekleidet. Sie bestehen aus legiertem Stahlguss. Die einzelnen Platten sind gegeneinander versetzt angeordnet (**Bild 1.9**). Sie sind mit wenigen Schrauben an der Trommelwand befestigt.

Als Mahlkörper werden Mahlkugeln aus Spezialstahl mit einer Brinellhärte von 300–500 HB oder Stahlstäbe verwendet. Während die Kugeln eine sehr intensive Mahlung hervorbringen, allerdings mit hohem Feinanteil, führen Stäbe zu einer steileren Kornverteilungskurve. Die Auswahl der Mahlkörper ist sehr wichtig für den weiteren Bayer-Prozess, besonders im Hinblick auf Aufschlussgeschwindigkeit und Rotschlamm und schließlich auch auf das Abscheideverhalten des Rotschlammes. Durch Verbesserung der Verfahren im Prozess ist jedoch der Einfluss der Mahlfeinheit weniger kritisch geworden. Besonders

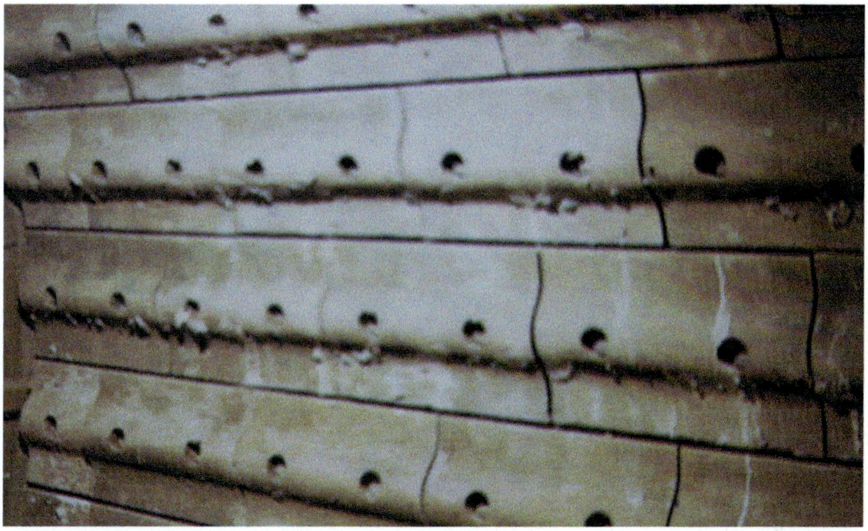

Bild 1.9: *Schleißplatten: Einige Bauxitsorten sind sehr abrasiv. Daher ist die Wandung der Rohrmühle mit einer Schleißauskleidung versehen. Diese besteht aus einzelnen Elementen aus Hartguss, die vom Gewicht her so kalkuliert sind, dass sie von Hand bewegt werden können. Dadurch ist es möglich, einzelne Bereiche der Rohrmühlenausleidung bei unterschiedlichem Verschleiß auszuwechseln.*

während der Nassvermahlung bleiben durch die Natronlauge die Oberflächen der Mahlkörper blank. Als unerwünschter Nebeneffekt tritt dadurch erhöhter Verschleiß auf, mit dem Ergebnis, dass eine Mahlkugelfüllung eine größere Anzahl von Kugeln mit kleinerem Durchmesser enthält. Diese werden allerdings nicht entfernt, sondern es werden lediglich Mahlkugeln mit größerem Durchmesser nachgefüllt.

Die Lagerung der Mahltrommel besteht aus Gleitlagern aus Bronze. Infolge der nur in Richtung wirkenden Kräfte sind diese als Halbschalen ausgebildet (**Bild 1.10**). Während des langsamen Hochfahrens der Trommeldrehzahl beim Anlauf und ebenso während der langsamen Trommeldrehzahl kann sich kaum ein hydrodynamischer Schmierfilm bilden. Hier sorgt die Zufuhr von Öl durch eine externe Pumpe für ausreichende Schmierung.

Über einen Zahnkranz und ein entsprechend dimensioniertes Antriebszahnrad erfolgt der Antrieb der Trommel durch ein Stirnradgetriebe mit regelbarem Elektromotor. Bei hohem Energiebedarf, also bei sehr großen Mahlanlagen, können zwei Getriebe angeordnet werden. Die Regelung der Trommeldrehzahl erfolgt über die Thyristorsteuerung des Antriebsmotors.

Bild 1.10a: *Lagerschalen: Die Belastung aus dem Gewicht wirkt nur nach unten. Deshalb besteht die Lagerung aus ausreichend dimensionierten Halbschalen aus Bronze.*

Bild 1.10b: *Lagerschmierung: Während des Anlaufs der Rohrmühle und auch bei langsamer Drehzahl kann sich kein hydrodynamischer Schmierfilm ausbilden. Daher ist es erforderlich, Schmiermittel unter hohem Druck in das Lager einzubringen.*

Bewegungsvorgänge der Mahlkörper in der Rohrmühle

Neben der Auswahl der Mahlkörper sind Trommeldrehzahl und Füllungsgrad der Trommel bestimmende Faktoren.

Der Bewegungsvorgang der Mahlkörper gemeinsam mit dem Mahlgut führt zu der gewünschten Zerkleinerung. Bei der Drehung der Trommel wird die Füllung zunächst dadurch mitgenommen, dass die Zentrifugalkraft die Mahlkörper gegen die Trommel drückt. An einer bestimmten Höhe überwiegt die Schwerkraft und die Mahlkörper fallen schließlich in die Trommel zurück. Da sich Mahlkörper auf unterschiedlichen Radien bewegen, ergeben sich infolge der unterschiedlichen Umfangsgeschwindigkeiten zahlreiche Punkte, bei denen die Füllung fällt. Das führt dazu, dass sich eine Kaskade von Mahlkörpern bildet, deren kinetische Energie zur Zerkleinerung der Mahlgutteilchen und somit zur erwünschten Zerkleinerung führt (**Bild 1.11**).

Die Betrachtung dieses Bewegungsvorganges lässt sich allerdings nur ohne Mahlgut durchführen, also bei einer reinen Mahlkörperfüllung ohne Mahlgut. Aber selbst hier ist die mathematische Untersuchung auf die Betrachtung eines

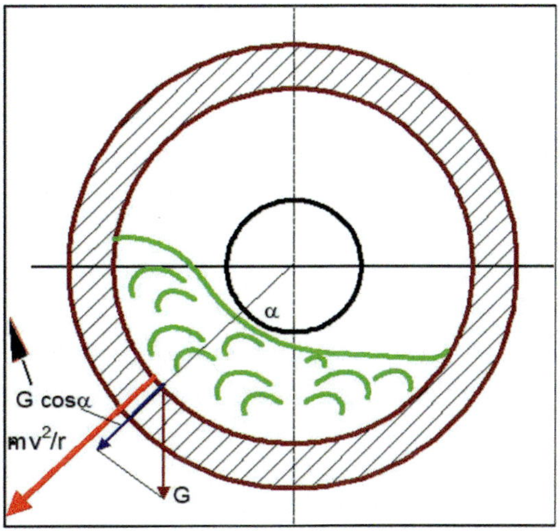

Bild 1.11: *Materialbewegung in der Rohrmühle. Durch Materialreibung an der Mühlenwand wird eine Kaskade der Füllung bewirkt, was zu einer guten Durchmischung des Inhaltes führt.*

einzelnen Mahlkörper reduziert. Die Zentrifugalkraft übt auf den Mahlkörper die Andrückkraft F_z gemäß der folgenden Beziehung aus:

$$F_Z = \frac{m \cdot v^2}{r} \tag{4}$$

Hierin ist m die Masse der Mahlkörper, v die Geschwindigkeit und r der Radius der Trommel. Dagegen wirkt die Schwerkraft:

$$F_z = g \cdot m \cdot \cos\alpha \tag{5}$$

Auf eine Kugel an der Trommelwand wirkt daher die resultierende Kraft:

$$F_w = \frac{m \cdot v^2}{r} + m \cdot g \cdot \cos\alpha \tag{6}$$

Die Schwerkraft kann in eine radial nach außen wirkende Kraft und eine tangential gerichtete Kraft zerlegt werden. Die tangentiale Komponente kann jedoch nicht wirken, da der Körper in die Masse der Rohrmühlenfüllung eingebettet ist. Die radial wirkenden Kräfte der radialen Schwerkraftkomponente und der Zentrifugalkraft erzeugen während der Drehbewegung Reibung zwischen Wand und Kugel, die dazu führt, dass die Kugel an der Wand mitgenommen wird.

Für $\alpha = 0$ ist $\cos\alpha = 1$, daher:

$$F_w = \frac{m \cdot v^2}{r} + m \cdot g \tag{7}$$

und für α = 90° ist cos α = 0, daher:

$$F_w = \frac{m \cdot v^2}{r} \tag{8}$$

Daraus folgt, dass in dem Quadranten zwischen 0° und 90° F_w stets größer als 0 ist. Der Körper kann sich nicht von der Trommelwand entfernen. Bei dem über der horizontalen Mittellinie gelegenen Quadranten zeigt die Schwerkraftkomponente nach innen und es ergibt sich die Gleichung:

$$F_w = \frac{m \cdot v^2}{r} - m \cdot g \cdot \cos\alpha \tag{9}$$

Der Druck auf die Trommelwand entspricht der Differenz zwischen der Zentrifugalkraft und der radialen Komponente der Schwerkraft. Wird F_w = 0, löst sich der Körper von der Trommelwand und setzt zunächst infolge des Beharrungsvermögens seinen Weg fort und fällt schließlich in einer ballistischen Kurve nach innen. Da die Trommelfüllung aus einem Haufwerk von Kugel und Material besteht, bildet sich im Trommelinnenraum eine Kaskade. Die Betrachtung der Bewegung einer einzelnen Kugel ist wohl für den gesamten Trommelinhalt nicht realistisch. Kugeln und Mahlgut behindern sich gegenseitig. Zudem befindet sich der Großteil des Inhaltes nicht an der Trommelwand, sondern auf unterschiedlichen Radien innerhalb der Trommel. Trotzdem bietet die Reduzierung auf nur eine Kugel eine gute Modellvorstellung, um die Bewegung des Trommelinhaltes zu verstehen.

Diese Betrachtung soll etwas weiterverfolgt werden.

Um die Bewegungsvorgänge genauer zu studieren, wurden von Anselm Versuche mit einer kleinen Trommelmühle von 1 m Durchmesser und 1 m Länge durchgeführt. Dabei sollte die optimale Drehzahl zum Erreichen der besten spezifischen Mahlwirkung ermittelt werden.

Aus der obigen Formel (9) kann, für den Fall, dass F_w = 0 ist, der Ablösepunkt von der Wand abgeleitet werden:

$$\cos\alpha = \frac{v^2}{r \cdot g} \tag{10}$$

Mit:

$$v = d \cdot \pi \cdot n \tag{11a}$$

$$\text{und } r = d/2 \tag{11b}$$

ergibt sich:

$$\cos\alpha = \frac{2 \cdot \left(\frac{d \cdot \pi \cdot n}{60}\right)^2}{d \cdot g} \quad (12)$$

Und hieraus:

$$\cos\alpha = \frac{2 \cdot d^2 \cdot n^2 \left(\frac{\pi}{60}\right)^2}{d \cdot g} \quad (13)$$

Und weiter:

$$\cos\alpha = \frac{2 \cdot n^2 \cdot d \left(\frac{\pi}{60}\right)^2}{g} \quad (14)$$

Als Ergebnis stellt sich heraus, dass sich das beste Ergebnis bei einer Drehzahl von 32 min^{-1} einstellt. Für die Besuchsmühle ergibt sich aus der obigen Gleichung demnach ein Ablösewinkel α:

$$\cos\alpha = \frac{2 \cdot 32^2 \cdot d \left(\frac{\pi}{60}\right)^2}{9{,}81} \quad (15)$$

$\cos\alpha = 0{,}5723$, was einem Winkel von 55° entspricht.

Aus obiger Gleichung

$$\cos\alpha = \frac{2 \cdot n^2 \cdot d \left(\frac{\pi}{60}\right)^2}{g} \quad (16)$$

kann nun die optimale Drehzahl errechnet werden:

$$n = \sqrt{\frac{\cos\alpha \cdot 9{,}81 \cdot 3.600}{d \cdot \pi^2 \cdot 2}} \quad (17)$$

Mit Einsetzen der Zahlenwerte ergibt sich:

$$n = \sqrt{\frac{0{,}5523 \cdot 9{,}81 \cdot 3.600}{d \cdot \pi^2 \cdot 2}} \quad (18)$$

Hierbei ist zu berücksichtigen, dass d = 2 r ist und die Drehzahl auf die Drehzahl pro Minute und auf die Umdrehungen pro Sekunde, also n/60 bezogen werden muss.

Der Winkel von 55°30’ wird allgemein immer dann, wenn die Aufbereitungsmaschinen als Trommel konzipiert sind, wie z. B. bei Siebtrommeln oder auch bei Trommel–Schmelzöfen, als Standardwert betrachtet. Aus der obigen Gleichung ergibt sich die günstigste Drehzahl in Abhängigkeit vom Durchmesser d:

$$n = \sqrt{\frac{32}{d}} \tag{19}$$

Diese Formel wird vielfach verwendet. Sie entspricht sicherlich nicht den genauen Verhältnissen in der Trommel, gibt aber bereits eine brauchbare Annäherung zur Bestimmung der Trommeldrehzahl.

Eine Einschränkung ergibt sich allerdings daraus, dass sich die abgeleiteten Formeln auf die Bewegung einer einzelnen Kugel in der Trommel beziehen. Tatsächlich löst sich aber die Bewegung der Masse von Mahlkörper und Mahlgut in der Trommel in verschiedene voneinander abweichende Flugbahnen auf. Der Mahlvorgang unterliegt zahlreichen Einflüssen. Als Kriterium dürfte der Füllungsgrad in der Mühle eine wichtige Rolle spielen, der auch die Kaskadenbildung bestimmt. Auch die Form der Auskleidung der Trommel spielt eine Rolle und nicht zuletzt natürlich die Art und Größe der Mahlkörper. Ausführliche Versuche führten zu der Einschätzung, dass die Drehzahl einer Rohrmühle wohl in dem Bereich

$$n = \sqrt{\frac{20 \ldots 40}{d}} \tag{20}$$

liegen dürfte. Hierbei werden auch die entsprechenden Daten von ausgeführten Mühlen berücksichtigt.

Ein weiterer interessanter Wert ist die sogenannte „kritische Drehzahl“. Das ist die Drehzahl, bei der ein Ablösen des Körpers von der Trommel nicht mehr eintritt. Das ist dann der Fall, wenn Schwerkraft und Zentrifugalkraft sich gegenseitig aufheben:

$$\frac{m \cdot v^2}{r} = m \cdot g \tag{21}$$

m kürzt sich weg, daher:

$$\left(d \cdot \pi \cdot \frac{n_{krit}}{60} \right) = g \cdot 0{,}5 \cdot d \tag{22}$$

Für n_{krit} errechnet sich hieraus:

$$n_{krit} = \frac{44{,}3}{\sqrt{d}} \tag{23}$$

Ausführlich Versuche haben gezeigt, dass bei geringem Füllungsgrad eine Kaskadenbildung erst bei 70 % von n_{krit} auftritt. Mit ansteigendem Füllungsgrad wird dieser Punkt hin zu geringeren Drehzahlen verschoben. Ganz wichtig ist auch die Füllung der Trommel mit Mahlgut. Versuche zeigten nämlich, dass bei Füllung nur mit dem Mahlkörper selbst bei Überschreitung der kritischen Drehzahl keine Wurfbewegung erfolgt, dass die Kugeln an der Trommelwand einfach abrollen und so keine Hubbewegung stattfindet. Erst wenn Material die Rollbewegung stoppt, wird die Rollbewegung gebremst und es kann ein Hub stattfinden. Die Praxis hat gezeigt, dass dieser Vorgang erst eintritt, wenn Mahlkörper und Mahlgut eine einheitliche Masse bilden.

Nachdem die Drehzahl der Trommel auf der Basis von Füllungsgrad und der Trommeldurchmesser einigermaßen sicher festgelegt sind, können Antriebsleistung und Durchsatz bestimmt werden.

Leistungsbedarf der Rohrmühle

Der Leistungsbedarf der Rohrmühle wird im Wesentlichen bestimmt durch die kinetische Energie, die zum Umwälzen der Mahlkörper erforderlich ist. Hinzu kommt die maschinelle Arbeit, die durch Lagerreibung und Getriebeverluste entsteht sowie durch die Antriebsleistung für Nebeneinrichtungen, wie z. B. das Schmieröl-Pumpsystem. Hinzu kommt die Zerkleinerungsarbeit des Bauxits, die i. d. R. im Bereich von 5–7 % liegt.

Bei der Ermittlung der Leistung soll zur Vereinfachung wieder nur die Mahlkörperfüllung betrachtet werden. In **Bild 1.12** ist die bewegte Mahlkörpermasse 2 innerhalb der Mühle mit dem Durchmesser d dargestellt. Diese hat ihren Schwer-

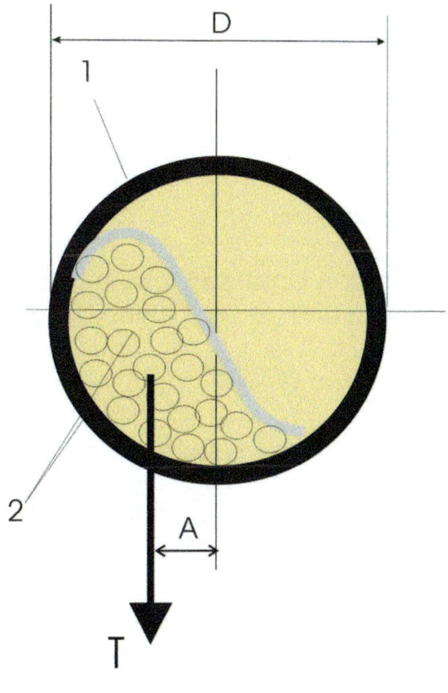

Bild 1.12: *Drehmoment durch die Mühlenfüllung: Für die Berechnung des Leistungsbedarfs der Rohrmühle wird angenommen, dass sich während des Betriebs ein Schwerpunkt innerhalb der Mühlenfüllung ergibt. Das resultierende Drehmoment ist dann ein wichtiger Faktor für die Leistungsberechnung.*

punkt im Abstand a von der vertikalen Mittelachse der Trommel. Hier greift das Gewicht G der Mahlkörpermasse an. Dabei geht man davon aus, dass der Abstand a bei gleichem Füllungsgrad im gleichen Verhältnis zum Durchmesser d der Mühle steht. Er wird daher mit xd bezeichnet. Der Schwerpunkt bleibt während der Drehung der Trommel an gleicher Stelle, während sich die Mahlkörpermasse ständig mit der Geschwindigkeit

$$v_K = 2 \cdot d \cdot x \cdot \pi \cdot \left(\frac{n}{60}\right) \tag{24}$$

bewegt. Für die Leistung gilt:

$$P = F \cdot v_k \tag{25}$$

Hier ist P die Leistung in [kW], F = G · d das Gewicht der Mahlkörperfüllung G in [kN] und n in [min^{-1}].

Wird für n der vorher berechnete optimale Wert

$$n = \sqrt{\frac{32}{d}} \tag{26}$$

eingesetzt, ergibt sich für P:

$$P = \frac{F \cdot 9{,}81 \cdot 2 \cdot x \cdot d \cdot \pi \cdot 32}{60 \cdot \sqrt{d}} \tag{27}$$

$$P = \frac{9{,}81 \cdot 2 \cdot x \cdot F \cdot \sqrt{d} \cdot \pi \cdot 32}{60} \tag{28}$$

Daraus:

$$P = 32{,}9 \cdot x \cdot G \cdot \sqrt{d} \tag{29}$$

Nach den Untersuchungen von Blanc wird x · d zu dem Faktor c zusammengefasst und so ergibt sich die übliche Formel für die Leistung in kW:

$$P = 32{,}9 \cdot c \cdot G \cdot \sqrt{d} \tag{30}$$

In detaillierten Untersuchungen wurden für c Werte durch Versuche erfasst und in einer Tabelle zusammengefasst. Dabei ist dieser Faktor abhängig vom Füllungsgrad und von Form und Art der Mahlkörper.

Damit kann nun der Leistungsbedarf einer Kugelmühle in Abhängigkeit vom Gewicht der Mahlkörpercharge und dem Trommeldurchmesser ermittelt werden. Das reicht aus, um die Daten von vorhandenen Anlagen zu prüfen und gegebenenfalls zu optimieren. Um eine Neuanlage auszulegen oder aber auch um den Materialdurchsatz bei einer eventuellen Änderung des Aufgabematerials zu prüfen, fehlen jedoch noch einige wesentliche Daten. Wichtigster Wert ist hierbei der spezifische Leistungsbedarf in Abhängigkeit von der Bauxitart. Es ist zwar richtig, dass die Zerkleinerungsarbeit für das Material nur einen relativ geringen Anteil im Verhältnis zu der Energie, die zur Umwälzung der Füllkörper benötigt wird, darstellt. Wichtig ist jedoch die Mahldauer, um eine genau definierte Körnungskurve zu erhalten. Dazu wird in einer Labormühle mit definierten Abmessungen der spezifische Leistungsbedarf ermittelt. Wie bereits erwähnt, wurde durch Ähnlichkeitsbetrachtungen ermittelt, dass die Daten, die sich aus den mit einer definierten Labormühle durchgeführten Versuche ergeben, auf die tatsächlichen Verhältnisse übertragen lassen. So liegt der Wert für Bauxit für Hydrargillit bei ca. 20 kWh/t und für Diaspor bei 35 kWh/t. Die Körnungskurve wird einheitlich auf optimale Werte für den Bayer-Prozess definiert. Bei dem gewünschten bzw. vorhandenem Durchsatz für Bauxit kann nun der Durchmesser der Kugelmühle aufgrund von Erfahrungswerten mit ausgeführten Anlagen geschätzt werden. Der Füllungsgrad liegt im Allgemeinen bei 40 %.

Auf der Basis der im Versuch gemessenen spezifischen Leistung wird nun die erforderliche Mahlleistung ermittelt:

$$P_{ges} = P_{spez} \cdot Q \quad (31)$$

Bild 1.13: *Mahlanlage: Die heute üblichen großen Produktionszahlen erfordern den Parallelbetrieb vieler Anlagenkomponenten, so auch bei der Mahlanlage.*

mit der Durchsatzmenge Q in t/h. Bei den heute üblichen Produktionszahlen der Tonerdefabriken ist es durchaus wahrscheinlich, dass die Durchsatzrate der Mahlanlage auf mehrere Mühlen verteilt werden muss (**Bild 1.13**). Der Vergleich mit vorhandenen Mühlen führt zur Schätzung des Durchmessers der Mühle. Unter der Annahme eines Füllungsgrads mit Mahlkörpern, der i. d. R. 40 % beträgt, kann nun die Mahlkörpermenge ermittelt werden:

$$G = \frac{P_{ges}}{\left(32{,}9 \cdot c \cdot \sqrt{d}\right)} \qquad (32)$$

Hieraus und aus dem Durchmesser muss nun die Länge der Mühle geschätzt werden. Bei den heute üblichen Mahlanlage liegt das Verhältnis L/d bei ca. 2. Aufgrund der Daten von bereits vorhandenen Mühlen lassen sich nun die Abmessungen bestimmen. Eine genaue Berechnungen dieser Werte anhand von exakten mathematische Formeln ist, so wie auch bei anderen Anlagenkomponenten in der Aluminiumindustrie, nicht möglich. Erst die Kenntnisse und Erfahrungen des Planungsingenieurs führen hier zu optimalen Lösungen.

Mahlverfahren

Ursprünglich wurde das angelieferte Bauxit in der Tonerdefabrik zunächst zerkleinert und anschließend geröstet. Der Grund dafür war, dass die Abscheidung von Rotschlamm verbessert werden sollte. Ein weiterer Vorteil wurde darin gesehen, dass Verunreinigungen durch den Einfluss von organischen Bestandteilen verhindert wurde. In heutigen Anlagen wurden diese Probleme durch Verbesserungen im Prozess, so beispielsweise durch Anwendung von Flockungsmitteln bei der Rotschlammabscheidung, weitestgehend minimiert. Auch das Ausrühren des Hydroxids funktioniert durch die Anwendung von großen Mengen an Impfstoff einwandfrei, wodurch der Einfluss von organischen Bestandteilen ohne Bedeutung wird.

Beim Nassvermahlen (**Bild 1.14**) wird Natronlauge dem Mahlgut beigefügt. Dadurch verringert sich der Energiebedarf gegenüber der Trockenmahlung erheblich. Gemeinsam mit dem Fortfall der aufwändigen Trocknungsanlagen ergibt sich eine Energieeinsparung von rund 40 %. Der zusätzliche Aufwand durch das Verdampfen des mit dem Bauxit eingebrachten Wassers ist in diesem Zusammenhang ohne Bedeutung. Zusätzlich Energieeinsparung wird dadurch erreicht, dass durch effiziente Vorzerkleinerung eine relativ kurze Rohrmühle eingesetzt werden kann.

Vor dem Beschicken der Rohrmühle wird der auf < 60 mm vorgebrochene Bauxit durch eine Walzenmühle auf eine Korngröße von < 10 mm zerkleinert. Die Walzenmühle bietet besondere Vorteile, da sie infolge ihres Zerkleinerungs-

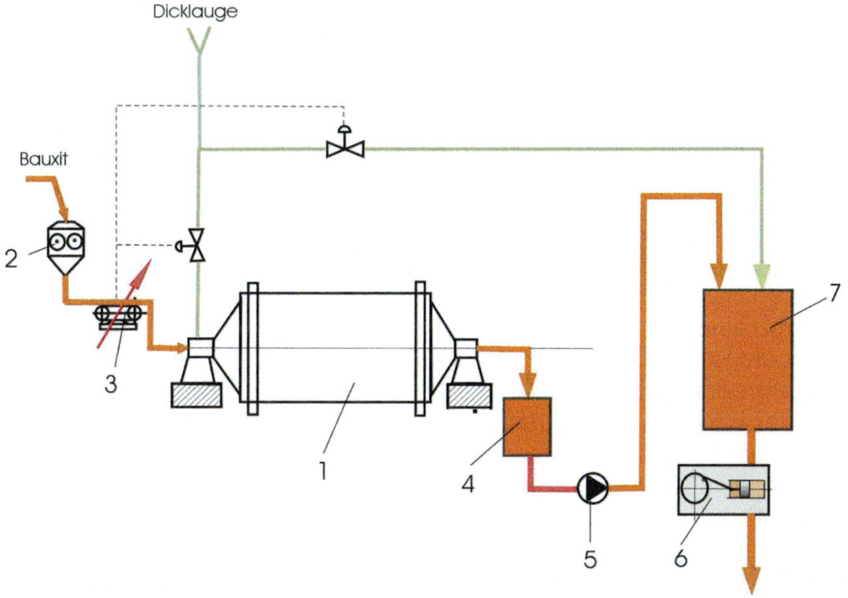

Bild 1.14a: *Verfahrensschema einer Mahlanlage: Das Schema zeigt das heute übliche Verfahren des Nassaufschlusses. Zum Mahlen wird bereits eine bestimme Menge Dicklauge gesetzt.*

Bild 1.14b: *Membrankolbenpumpe: Der erforderliche Druck für Aufschlussanlage kann nur durch Kolbenpumpen erzeugt werden. Metallische Berührung des Kolbens mit dem abrasiven Material muss dabei vermieden werden. Daher wirkt der Kolben über eine verschleißfeste Membrane aus speziellem Kunststoff.*

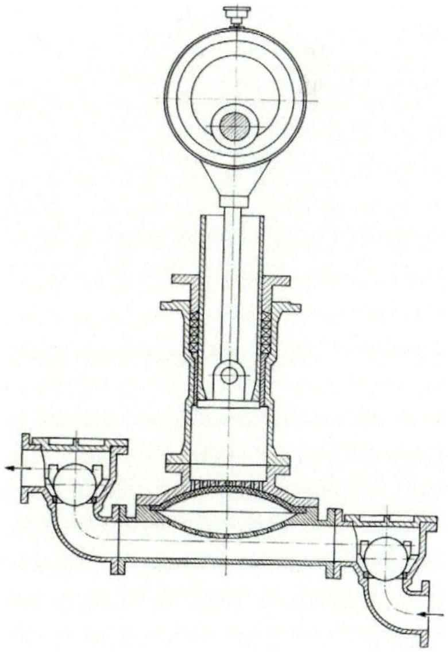

systems durch rotierende Walzen nur geringe Mengen an Feinanteil produziert. Aus einem nachgeschalteten Dosierbehälter wird das zerkleinerte Material mittels Schwingrinne abgezogen Die Fördermenge der Schwingrinne kann auf einen festen Wert eingestellt werden. Danach richtetet sich dann die Menge der zugeführten Natronlauge. Die Genauigkeit dieses System reicht i. d. R. aus, da das Mahlgut vor dem Aufschluss in einen Mischbehälter gefördert wird, aus dem Material in konstantem Strom in die Aufschlussanlage gefördert wird. Größere Genauigkeit und damit bessere Anpassung an eventuell wechselnde Betriebsbedingungen kann die Installation einer Bandwaage bieten. Abhängig von der so chargierten und gemessene Bauxitmenge kann sich die Laugenzufuhr durch einen Stromregelventil einstellen. Die gemahlene Bauxitsuspension verlässt die Rohrmühle mit einem Feststoffgehalt von 600–1.000 g/l. Sie kann in relativ großen Speichersilos gesammelt werden, bevor sie zu dem Mischbehälter, der vor der Aufschlussanlage angeordnet ist, als Puffer für kurze Zeit gehalten wird. In diesem Vorratsbunker findet keine Entmischung statt, da die Suspension infolge des laufenden Betriebs nur kurze Zeit verweilt.

1.1.5 Aufschlussanlage

Das Aufschlussverfahren ist das eigentliche Herz der gesamten Anlage. Seit der Erfindung durch Bayer läuft der Aufschluss des Bauxits auch heute noch nach den grundsätzlichen Prinzipien ab: Die Tonerde wird aus dem Bauxit durch Natronlauge gelöst. Natürlich sind im Laufe der Jahrzehnte Verfahrensschritte verbessert und optimiert worden, um bessere Ausbeute, größere Durchsatzmengen und wirtschaftliche Verfahrensweise zu erzielen. Die Grundlage für den Bayer-Prozess beruht darauf, dass sich die Aluminiumhydroxide in wässriger Natronlauge mit einer Konzentration von 120–350 g/lNa_2O bei erhöhter Temperatur lösen. Dabei ist die Art des Bauxits von nur geringer Bedeutung, denn je nach Art der gewählten Aufschlussbedingungen kann jedes Aluminiumhydroxid gelöst werden. Allerdings spielt die Wirtschaftlichkeit des Prozesses eine wichtige Rolle. Das führt dazu, dass heute nur Bauixte mit einem hohen Gehalt an Böhmit und Hydrargillit verarbeitet werden.

1.1.5.1 Aufschluss von Bauxit

Für das Aufschlussverfahren sind einige Kriterien zu beachten. Zunächst entscheidend sind die Art des Bauxits und die damit verbundenen Unterschiede der Löslichkeiten. In Europa werden hauptsächlich Bauxite mit einem hohen Anteil von Böhmit verarbeitet. Hier ist eine Laugenkonzentration von 200–350 g/l üblich mit Aufschlusstemperaturen zwischen 160 und 240 °C. Das kaustische Verhältnis liegt dabei zwischen 2,3 und 3,8. Das „kaustische Verhältnis“ wird durch das Verhältnis von Na_2O/Al_2O_3 definiert. Dieses Verhältnis gilt als charakteristischer Wert bei fast allen folgenden Verfahrensstufen. In **Tabelle 1.2** sind die Werte für die unterschiedlichen Laugen aufgelistet. Ein weiterer wichtiger Faktor ist die Aufschlusstemperatur. Beide Faktoren – Laugenkonzentration und Temperatur – bestimmen entscheidend die Produktion. Kriterium ist dabei die Geschwindigkeit, mit der das Aluminiumoxid gelöst wird, wobei diese in der Reihenfolge Diaspor, Böhmit und Gibbsit (Hydrargillit) stark ansteigt. Dabei wirkt eine Temperaturerhöhung stärker als eine Erhöhung der Laugenkonzentration. **Bild 1.15** zeigt als Beispiel die Werte für einen böhmitischen Bauxit: Ab einer Laugenkonzentration von 200 g/l bleibt die Aufschlussgeschwindigkeit auf einem konstanten Wert, während sie mit zunehmender Temperatur weiter ansteigt. Daraus folgt, dass es wirtschaftlicher ist, die Anlage mit erhöhter Temperatur zu fahren, weil durch größere Mengen Na_2O mehr Energie für die Verdampfung von Dünnlauge in einer weiteren Prozessstufe erforderlich wäre.

Um eine möglichst gute Ausbeute zu erhalten, muss der gemahlene Bauxit in einem genau definierten Verhältnis mit der Lauge gemischt werden, die als Kreislauf aus den weiteren Verfahrensstufen anfällt. In einem Mischtank wird die für den Aufschluss erforderliche Konzentration der Lauge eingestellt. Hierzu wird Dünnlauge und Natronlauge beigemischt. Die Zufuhr von Natronlauge ist erforderlich, da währen der verschiedenen Prozessstufen NaOH verloren geht, so z. B. bei der Rotschlammabscheidung und der Filtration. Der Verbrauch an Natron beträgt 60–120 kg Na_2O je t Al_2O_3, der vor dem Aufschluss im Mischbehälter ersetzt wird. Bei der Zersetzung der Aluminatlauge während des

Tabelle 1.2: Laugendaten

Laugen Konzentration [Na_2O_3]

Dicklauge	250	gNa_2O/l
Mutterlauge	150	gNa_2O/l
Ausgerührte Lauge	145	gNa_2O/l
Dünnlauge	75	gNa_2O/l

Alumina Konzentration [$Aluminium_2O_3$]: bezeichnet den Anteil von in Lauge gelöstem Alumina.

Molverhältnis: bezeichnet das Verhältnis von Alumina ($Aluminium_2O_3$) zu Natrium Oxid (NaO).

Dicklauge	Molverhältnis	0,26
Mutterlauge	Molverhältnis	0,53
Ausgerührte Lauge	Molverhältnis	0,26
Dünnlauge	Molverhältnis	0,43

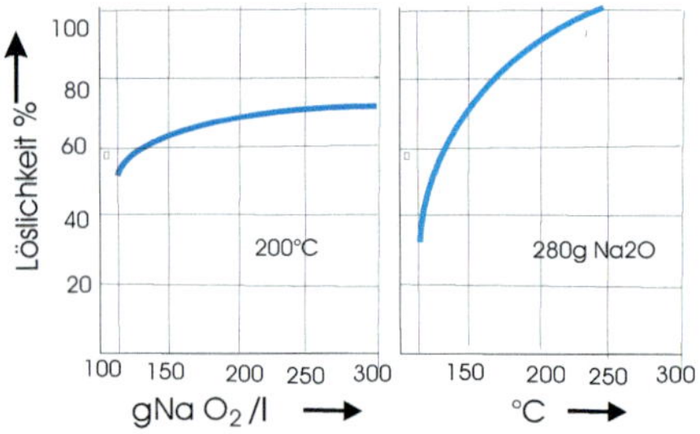

Bild 1.15: *Aufschlussausbeute in Abhängigkeit von Laugentemperatur und Alkalikonzentration. (nach Ginsberg): Beide Werte sind wichtige Parameter, die das Aufschlussergebnis beeinflussen. Eine sorgfältige Auswahl in Abhängigkeit von Voraussetzungen, wie z. B. der Bauxitsorte, ist daher erforderlich, um die optimale Produktion zu erreichen.*

Ausrührens wird nur etwa die Hälfte des gelösten Aluminats als Hydrargillit abgeschieden. Die Aufschlusslauge enthält daher noch einen hohen Anteil an Natriumaluminat. Für die Aufschlusslauge wird ein kaustisches Verhältnis von 3–3,8 eingestellt. Hierzu wird die aus der Rohrmühle kommende Suspension mit einem Feststoffgehalt von 1.000 g/l in einen Mischbehälter gefördert (Bild 1.13) und mit Lauge und Na_2O vermischt. Da in Europa oftmals böhmithaltige Bauxite verarbeitet werden, ist für die Konzentration der Lauge meist ein Gehalt von 200–300 gNa_2O/l üblich und eine hohe Zugabe von Na_2O zwingend erforderlich. Die relativ stabile Struktur bedingt dabei eine relativ hohe Temperatur von 230–280 °C. Die zugehörige Verdampfungstemperatur kann nur in geschlossenen Druckbehältern, in sogenannten „Autoklaven“ erreicht werden. Um den notwendigen Druck zu erzeugen, werden Membrankolbenpumpen eingesetzt. Allerdings ergeben sich bei den hohen Temperaturen und den damit verbundenen hohen Drücken sowie den hohen kaustischen Konzentrationen Probleme durch Korrosion und durch die Löslichkeit von anderen Oxiden durch die Natronlauge. Das alles würde zu einer Minderung der Produktqualität führen. Es ist also ein Kompromiss im Hinblick auf Prozessparameter gefragt. Moderne Anlagen in bestimmten Bereichen der Bauxitvorkommen sind daher oft auf die spezifischen Bedingungen des dortigen Bauxits abgestimmt. Im Allgemeinen sind die Anlagenparameter auf einen Temperaturbereich von 200–240 °C bei einem Systemdruck von etwa 30 bar abgestimmt. Dieser Druck ist erforderlich, um der Verdampfung von Wasser aus der Suspension entgegenzuwirken. Das bedeutet, dass der Aufschluss nur in geschlossenen Druckbehältern erfolgen kann. Hierbei sind zwei verschiedene Druckbehälter eingesetzt: Aufschlussbehälter, sogenannte „Autoklaven“ und Entspannungsbehälter, sogenannte „Flash Vessel“. Beide Typen werden sowohl für den Chargenbetrieb als auch für den kontinuierlichen Betrieb eingesetzt. Die Abmessungen der Autoklaven reichen von 20 m³ bis zu 50 m³. Die großen Volumina sind für den Chargenbetrieb erforderlich, um ausreichende Produktionskapazität sicher zu stellen. Von der technischen Ausführung her betrachtet stellen die Druckbehälter eine recht einfache Einrichtungen dar. Sie werden aus einzelnen Platten aus Kesselblech H2 als Schweißkonstruktion zusammengefügt. Dieser Stahl erfüllt sowohl die geforderten Festigkeitseigenschaften als auch die notwendige Wärmebeständigkeit. Bei Konstruktion, Fertigung und Betrieb der Druckbehälter sind allerdings, so wie allgemein in Deutschland üblich, zahlreiche Vorschriften und Verordnungen zu beachten.

Besondere Beachtung findet dabei die Dimensionierung der Mindestwandstärke.

In einem zylindrischen Behälter treten zwei Spannungszustände auf: Umfangsspannung σ_u und Längsspannung σ_l (**Bild 1.16a**). Für genauere Berechnungen werden verschiedene Festigkeitshypothesen zugrunde gelegt, nämlich die Gestaltsänderungshypothese (GE-Hypothese), die Schubspannungshypothese (Sch-Hypothese) oder auch die Normalspannungshypothese. Diese Hypothesen werden bei umfangreichen Softwareprogrammen genutzt, bei denen auch kritische Bereiche, wie z. B. Flanschanschlüsse oder Stützkonstruktionen, untersucht und grafisch dargestellt werden können. In Projektstudien oder bei der Projektplanung reichen jedoch überschlägige Berechnungen aus, um beispielsweise Gewichte berechnen zu können.

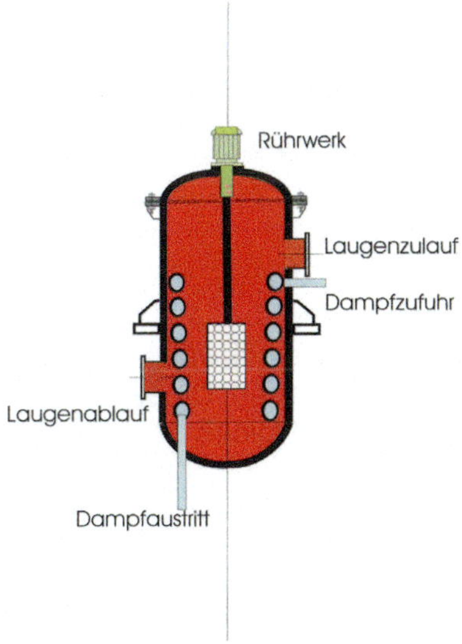

Bild 1.16a: *Autoklaven: Der Aufschluss von Bauxit erfordert je nach Bauxitsorte unterschiedliche Aufschlusstemperaturen. Der entsprechende Dampfdruck kann hohe Werte erforderlich machen. Daher sind die Autoklaven als Druckkessel konzipiert. Die Beheizung erfolgt durch Dampf aus der Entspannungskühlung.*

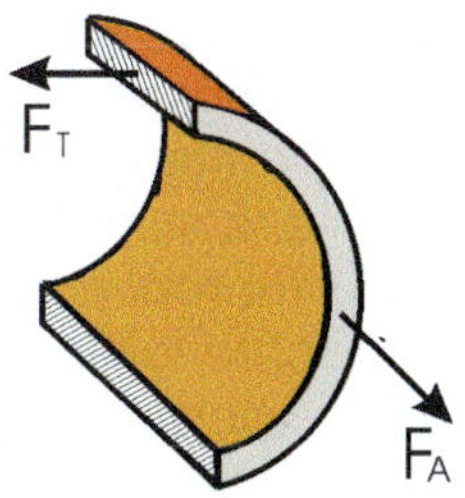

Bild 1.16b: *Duckkesselspannung: Die Wandstärke der durch den Innendruck des Behälters beanspruchten Wandung wird nach vereinfachten Kesselformel berechnet. Dabei werden zwei Spannungen berücksichtigt. Dabei zeigt sich, dass die Umfangsspannung doppelt so groß ist wie die Spannung in Längsrichtung. Die Kesselformel wird daher als „Bockwurst-Formel" bezeichnet, denn jeder kennt das Phänomen, dass eine Bockwurst bei übermäßigem Erhitzen stets in Längsrichtung platzt.*

$$\sigma_{it} = \frac{p \cdot d_m}{2s} \quad (33)$$

und

$$\sigma_{ia} = p \cdot d_m \quad (34)$$

Diese Kesselformel, die als „Bockwurstformel" bekannt ist, zeigt, dass die Längsspannung doppelt so groß ist, wie die Umfangspannung und dass darum die Würste bei übermäßiger Erwärmung stets in Längsrichtung platzen. Das gilt auch für Behälter und Rohrleitungen.

Aus der Formel ergibt sich für die Festlegung der Mindestdicke s_{min} in cm der Behälterwandung:

$$s_{min} = \frac{p \cdot d_m}{2\sigma_{szul}} + s_1 + s_2 \quad (35)$$

mit p in N/cm², σ_{izul} in N/cm² und d_m in cm.

Die Größen s_1 und s_2 sind Zuschläge für Korrosion und Fertigungstoleranzen.

Beispiel:

Wie groß ist die Mindestwandstärke bei einem Druckbehälter mit einem Durchmesser von 3,5 m bei einem Innendruck von 30 bar (300 N/cm²) und einem σ_{izul} von 16.000 N/cm², s_1 = 0,5 cm, s_2 = 0,3 cm ?

$$s_{min} = 300 \cdot 350/2 \cdot 16.000 \quad (36)$$

$$s_{min} = 3{,}2\ \text{cm} + 0{,}5 + 0{,}3 = 4\ \text{cm} \quad (37)$$

Die großen Druckbehälter sind aus mehreren Stahlplatten geschweißt. Deshalb fällt ein besonderes Augenmerk auf die Schweißverbindungen. Diese werden als V-Nähte ausgeführt, welche zwangsläufig die gesamte Dicke des Mantelblechens ausfüllen. Ganz unvermeidlich entstehen dabei lokale Hotspots, die dazu führen, dass sich das gesamte Werkstück verzieht und zudem unerwünschte lokale Spannungen unvermeidbar sind. Diese Probleme könnten durch nachträgliches Glühen beseitigt werden. Wegen der Größe des Behälters ist das aber meist nicht durchführbar. Deshalb ist ein durchdachtes Verfahren für die Schweißfolge unbedingt einzuhalten.

Weiterhin sind gute Lösungen für die unvermeidlichen Anschlussstutzen für die Zu- und Abflüsse für Suspension und Heißdampf sowie die Pratzen für die Tragkonstruktion unentbehrlich. Einige Besonderheiten ergeben sich aufgrund ihrer besonderen Funktion sowohl für die Autoklaven als auch für die Entspannungsbehälter.

Autoklaven

Ursprünglich wurden liegende Autoklaven verwendet, vor allem im Chargenbetrieb. Mit der mehr und mehr erfolgreichen Einführung der kontinuierlichen Verfahren wurden stehende Einheiten eingesetzt (**Bild 1.16**). Verfahrenstechnisch ergibt sich dadurch kein Unterschied.

Zum Aufheizen der Suspension sind die Autoklaven mit Rohschlangen ausgerüstet, durch die Heißdampf geleitet wird. Während des Aufschlusses bilden sich abhängig von Temperatur und Laugenkonzentration Siliziumverbindungen, die durch Vermischung mit Rotschlamm auf den Rohrschlangen dicke Krusten bilden. Diese können durch Auswaschen mit Wasser oder Natronlauge und anschließende Behandlung mit Säure entfernt werden. Oft ist aber Erhitzen mit Gasbrennern erforderlich, um die Verkrustungen abplatzen zu lassen. Im Extremfall ist ein manueller Einsatz von Geräten erforderlich. Die Rohrschlangen sollten daher in nicht zu geringem Abstand zueinander und mit ausreichender Distanz von der Behälterwand installiert werden. Auf jeden Fall ist für Inspektions- und Wartungsarbeiten Zugang zum Behälterinnenraum sicher zu stellen. Deshalb ist der obere Abschluss des Autoklaven als aufgeschraubter Deckel gestaltet. Bei der Auslegung der Schraubverbindungen ist darauf zu achten, dass die Schrauben nicht bis zur Dehngrenze angezogen werden, wie das bei einer normalen Schraubverbindung für den Kraftschluss von Bauteilen gewünscht und üblich ist. Bei einem Druckbehälter kommt noch die Beanspruchung durch die Längskraft, die sich aus dem Innendruck aufbaut, hinzu: Die Schrauben würden zwangsläufig reißen.

Der Behälterdeckel enthält im Zentrum die Flanschverbindung für die Aufnahme eines Rührwerks. Dieses besteht aus einem langsam laufenden Gitterrührer, der das Absetzen des Rotschlamms auf den Rohrschlangen zumindest reduzieren soll, denn das oben beschrieben Reinigungsverfahren ist sehr aufwändig und verlangt, dass der zu reinigende Druckbehälter außer Betrieb genommen werden muss. Rührer sind als solide Konstruktionen auf dem Markt verfügbar. Die Rührer werden als komplette Einheiten mit Dichtung, Lagerung und Antrieb geliefert.

Für höhere Drücke besteht die Dichtung aus einer Kombination von Stopfbüchse und Labyrinthdichtung, die bei höchster Beanspruchung mit Sperrflüssigkeit betrieben werden kann. Hierzu eignet sich Wasser, dass sicherlich in der Anlage frei verfügbar ist und nach dem Passieren der Autoklaven wieder in den Prozess zurückgeführt werden kann. Die Lagerung besteht i. d. R. aus schweren Pendelrollenlagern.

Entspannungskühler (Flash Vessel)

Die zum Aufschluss benötigte hohe Temperatur muss zur Weiterverarbeiten in der Anlage reduziert werden. Dies geschieht bei dem kontinuierlichen Verfahren durch sogenannte „Entspannungskühlung" (**Bild 1.17**). Durch schrittweise Reduzierung des Druckes in der Aufschlusslauge und das entsprechende Absenken des Dampfdrucks wird der Suspension Wärme entzogen, d. h., sie wird stufenweise bis auf die zur Rotschlammabscheidung gewünschte Temperatur gekühlt. Das Verfahren ist eigentlich recht simpel. In einer gesättigten Flüssigkeit herrscht thermodynamisches Gleichgewicht zwischen Druck und Temperatur (und gegebenenfalls Feststoff). Wenn ein Flüssigkeitsstrom über ein Stromregelventil in einen Behälter mit niedrigerem Druck fließt, entsteht sofort Heißdampf, der sich in dem Raum oberhalb des Flüssigkeitspegels sammelt. Hier ist also bei der Konstruktion ausreichend Raum vorzusehen. Der Heißdampf wird mit entsprechendem Druck zu anderer Verwendung abgeleitet, damit der Druck im System nicht wieder ansteigt. Die Verdampfung entzieht der Flüssigkeit Energie, wodurch die Temperatur sowohl für die Flüssigkeit als auch für den Dampf bis auf den Sättigungspunkt sinkt. Dieser Vorgang ist sicherlich bei der Alltagserfahrung mit zahlreichen Geräten bekannt. Allerdings darf der Druck im Zusammenhang mit dem Bauxitaufschluss nicht zu schnell und in einem Schritt auf beispielsweise Enddruck abgesenkt werden: Die Folge wäre eine Explosion.

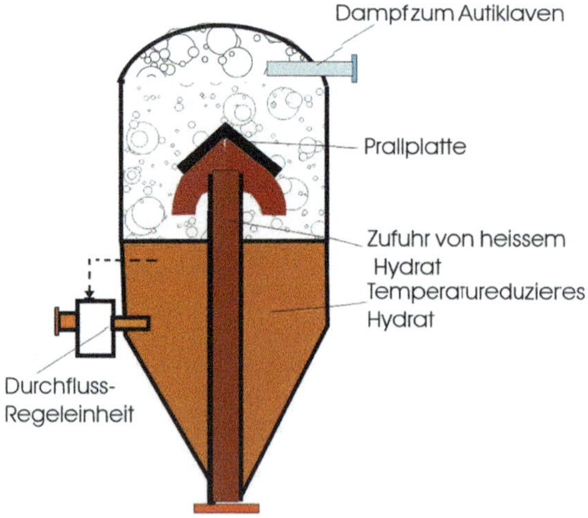

Bild 1.17: *Entspannungskühler: Die Kühlung der Lauge erfolgt in Entspannungskühlern. Durch Drucksenkung wird der Flüssigkeit Energie entzogen, was dazu führt, dass die Temperatur sinkt. Der dabei entstehende Dampf wird zum Erhitzen der Lauge in der entsprechenden Autoklavenstufe verwendet.*

Für die Ausführung der Suspensionszufuhr in den Entspannungsbehälter gibt es unterschiedliche Konzepte. Am wirkungsvollsten stellt sich wohl die Zufuhr über ein Steigrohr dar, bei dem der Flüssigkeitsstrom gegen eine Prallplatte mit Umlenkung strömt.

Für die Regelung der abfließenden Flüssigkeitsmenge dient der Füllstand der Lauge im Behälter als Führungsgröße.

Aufschlussverfahren

Der Aufschluss beginnt mit der Zufuhr von Dicklauge mit einem kaustischen Verhältnis von bis zu drei, mit einer relativ geringen Menge von Hydrat, was die Zeit zur Lösung auf bis zu 2 h reduzieren kann. Dabei wird angestrebt, das kaustische Verhältnis bis auf über 0,55 zu bringen, um so Mutterlauge zur weiteren Verarbeitung zu erzielen. Das ergibt sich zwangsläufig, da im Verlauf des Aufschlusses Natronlauge verbraucht wird und der Anteil an gelöstem Alumina zunimmt.

Zum Aufschluss wird die vorbereitete Suspension in Autoklaven gepumpt, unabhängig davon, ob es sich um Chargenbetrieb oder kontinuierliche Verfahrensweise handelt. Die Beheizung erfolgt über Röhrenwärmetauscher mit Dampf. Zudem sind die Druckbehälter mit einem Rührwerk versehen, der im Wesentlichen das Absetzen von Rotschlamm auf den Heizrohren verhindern soll. Um den erforderlichen Durchsatz zu erreichen, werden die Druckbehälter auf ein Volumen von etwa 20–50 m^3 ausgelegt. Diese werden liegend oder stehend angeordnet. Dabei bietet die stehende Anordnung Vorteile, da hier die Drehdichtung der Rührwerkswelle besser gegen schleifende Anteile aus dem Inhalt des Autoklaven geschützt werden kann und auch die Lagerung der Welle einfacher ist. Wie weiter oben angegeben, beträgt die reine Reaktionszeit um Aufschluss 2 h. Beim Chargenbetrieb wird der Druckbehälter entleert und wieder befüllt. Unter Berücksichtigung einer Aufheizzeit von ca. 3 h beträgt die gesamte Zykluszeit für eine Charge 8 h. Um eine kontinuierliche Produktion zu erreichen, sind mehrere Autoklaven parallel mit gegeneinander versetzten Zyklen in Betrieb.

Der Chargenbetrieb ist allerdings nur bei relativ kleinen Produktionsmengen vorteilhaft. Bei größerer Analgenkapazität – heute sind Produktionszahlen von 2 Mio. t/a durchaus nicht mehr ungewöhnlich – wird das Handling bei Chargenbetrieb zu umständlich und aufwändig. Deshalb kommt hier nur ein kontinuierlicher Betrieb infrage (**Bild 1.18**).

Für den kontinuierlichen Betrieb wird die Charge in Teilmengen mit steigender Temperaturen bis hin zu der erforderlichen Aufschlusstemperatur aufgeteilt.

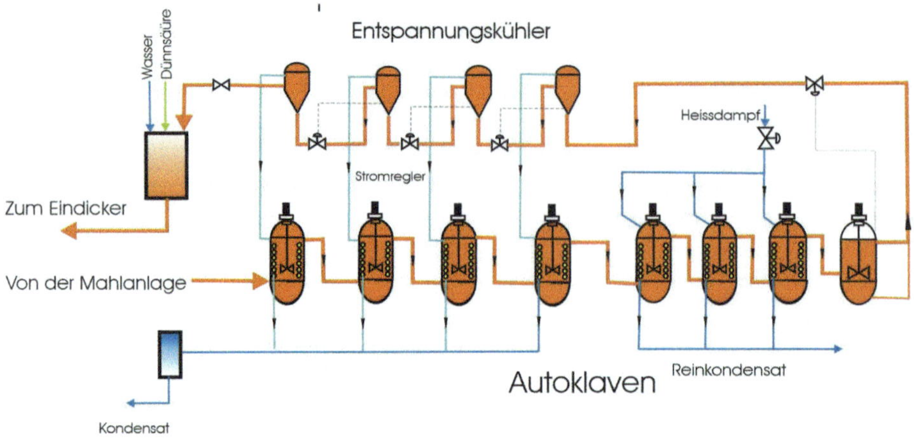

Bild 1.18: *Aufschlussverfahren: Zum Aufschluss wird die Suspension in Autoklaven, die in Reihe geschaltet sind, stufenweise erhitzt. Die Beheizung erfolgt durch Dampf aus der Entspannungskühlung. Lediglich die letzten Stufen erhalten ihre Energie durch Frischdampf. Das Kondensat wird in der Anlage z. B. als Waschwasser verwendet oder bei der Dampferzeugung genutzt.*

Dazu sind Autoklaven mit gleichen Abmessungen in einer Kolonne in Reihe angeordnet und können so in einem Durchlauf beschickt werden. Jeder der Autoklaven weist eine höhere Temperatur als der vorhergehende auf. Die Beheizung erfolgt durch überhitzten Dampf aus der Entspannungskühlung, der so unter Wärmeabgabe weiter entspannt wird. Der atmosphärische Duck wird durch einen Entspanner am Ende der Dampfkette erreicht. Ein Teil des Kondensats wird zum Anmischen der Aufschlusslauge verwendet, während der Rest dem Kraftwerk zugeleitet wird. Die letzten Autolaven in der Reihe werden direkt durch überhitzten Hochdruckdampf aus dem Kraftwerk beheizt. Das resultierende Reinkondensat fließt wieder zurück zum Kraftwerk.

Entspannungskühlung

Die aus dem letzten Autoklaven ausströmende hoch erhitzte Suspension durchströmt nun eine Reihe von Entspannungskühlern, in denen der Dampfdruck stufenweise verringert wird und die Lauge schließlich die Temperatur für die Rotschlammabscheidung erreicht. Die Entspannungsbehälter werden bei kontinuierlichem Betrieb ebenfalls in Kolonnen angeordnet. Da ihr Zweck jedoch die Abkühlung der Suspension ist, fällt auch mit sinkender Temperatur ein größeres Dampfvolumen an, was zwangsläufig zu größeren Behälterabmessungen führt. Die Anzahl der Autoklaven richtet sich nach der für den Aufschluss erforderlichen Temperatur und damit nach dem erforderlichen Druck. Entsprechend sind auch die Stufen für die Entspannungskühlung vorzusehen. Auf jeden Fall ergibt sich als Endstufe eine Temperatur von 95–105 °C. Damit findet bei normalem Betrieb weiterhin keine nennenswerte Verdampfung statt. Der Materialtransport im Bereich der Entspannungskühlung wird durch die Druckdifferenz zwischen den einzelnen Entspannungsbehältern initiiert. Die Druckdifferenz bestimmt die Ausströmgeschwindigkeit. Um die Entspannung und somit den Druck in den Behältern zu verringern, wird der Füllstand geregelt konstant gehalten und damit die ausströmende Flüssigkeitsmenge definiert. Wird nun die Abflussmenge aus der letzten Entspannungsstufe reduziert oder erhöht, setzt sich die Veränderung kaskadenförmig bis zur ersten Stufe fort. Diese Grundregelung wird durch überlagernde Regelkreise verfeinert, um beispielsweise die Reaktionszeit zu verringern. Nach Verlassen der Aufschlussanlage sind Druck und Temperatur der Hydratlauge auf Umgebungswerte eingestellt, da die weitere Verarbeitung in offenen Prozesseinheiten erfolgt. Durch die Abkühlung auf Umgebungstemperatur beginnt in geringem Maße die Kristallisation von Hydrat. Das stellt trotz der relativ geringen Menge einen Verlust dar, der vermieden werden sollte.

Die Aluminatlauge wird zur Vorbereitung der Rotschlammabscheidung in einen Sammelbehälter gefördert, wo die notwendige Absenkung der Laugenkonzentration durch Zufuhr von Dünnlauge erfolgt.

Die Abmessungen von Autoklaven und Entspannungsbehälter richten sich nach dem Konzept der Anlage. Durchmesser und Anzahl sind so zu wählen, dass die Verweilzeit im System den notwendigen Anforderungen entspricht. Zudem ist auch die Aufschlusstemperatur, die sich aus der Art des Bauxits ergibt, zu berücksichtigen. Aufgrund der hohen Temperatur, wie sie sich beispielsweise für den Aufschluss von Diaspor ergibt, ist auch eine größere Anzahl von Autoklaven und Entspannungsbehältern notwendig. Trotzdem ist für den kontinuierlichen Aufschluss insgesamt weniger Druckbehältervolumen erforderlich als beim chargenweisen Aufschluss. Infolge der Wärmerückgewinnung durch die Entspannungskühlung wird ebenfalls eine bessere Wärmenutzung als beim Chargenbetrieb erreicht. Durch die heutigen modernen Geräte für die Regelung von Füllstand und Dampfdruck mit ihrer ausgereiften elektronischen Steuerung lässt sich ein sicherer und störungsfreier Betrieb darstellen. Allerdings erfordern die Heizschlangen eine sorgfältige Beobachtung. Durch deren mögliche Verkrustung verringert sich der Wärmeübergang zwischen Heizschlangen und Aufschlusssuspension, was zu einer möglichen Störung der Dampfbildung in den Entspannungsbehältern führt. In einem solchen Fall ist eine Reinigung der Rohrbündel mit allen den verbundenen unangenehmen Betriebstörungen verbunden. Eine Möglichkeit, das Problem zu reduzieren, wird dadurch erreicht, dass Heizdampf direkt in die Lauge eingeblasen wird. Im gesamten Bereich der Autoklaven ist hoher Druck erforderlich, um eventuelle Verdampfung sicher zu unterdrücken. Das erfordert besondere Maßnahmen bei der Konstruktion der Rührwerksdichtungen.

Sowohl die Natronlaugenkonzentration als auch die Temperatur beeinflussen die Aufschlusszeit. Hierbei wirkt der Einfluss der Temperatur stärker als die Laugenkonzentration. Dabei ist zu bedenken, dass die Zersetzung der Aluminatlauge bei einer Konzentration von 100–170 g Na_2O stattfindet. Um diesen Wert zu erreichen, ist ein nicht unerheblicher Energieaufwand beim Eindampfen der Dünnlauge erforderlich. Es werden daher immer wieder Versuche unternommen, den Aufschluss bei niedrigeren Alkalikonzentrationen durchzuführen.

1.1.6 Abscheidung von Rotschlamm

In der Aufschlussanlage wird das Aluminiumoxid gelöst und es liegt nun eine Suspension von Aluminatlösung und den Anteilen der anderen Bestandteile des Bauxits vor, die wegen ihrer rötlichen Farbe als Rotschlamm bezeichnet werden.

1.1.6.1 Eindicker

Aluminatlauge und Rotschlamm müssen in der weiteren Prozessstufe getrennt werden. Das muss bei möglichst geringen Verlusten an Aluminiumoxid geschehen. In den ersten Jahren der industriellen Herstellung von Tonerde wurden hierzu meist Filterpressen eingesetzt. Dieses Verfahren erforderte nicht zuletzt durch die umfangreiche Wartung und Instandhaltung eine hohen Personalaufwand. Zudem war es notwendig, infolge der häufig erforderlichen Reinigungsarbeiten eine ausreichende Anzahl von Reserveeinheiten bereit zu halten In heutigen Anlagen wird daher diese Technik nicht mehr verwendet. Es wird ausschließlich das Verfahren der Schwerkrafteindicker (**Bild 1.19**) eingesetzt. Dazu wird die Suspension in große Becken gepumpt. Bei ausreichender Zeit setzt sich der Rotschlamm am Boden dieser Behälter ab und kann entfernt werden. Um hierbei einen kontinuierliche Betrieb zu ermöglichen, sind diese Behälter kreisrund und mit einem leicht konischen Boden gestaltet. Der sich am Boden sammelnde Rotschlamm fließt nun zum Zentrum des Behälters und kann von dort aus leicht abgezogen werden. Hierzu werden entweder regelbare Pumpen eingesetzt oder der Abzug erfolgt über ein Stromregelventil direkt in tiefer stehende Behälter. Bei beiden Methoden kann die Feststoffkonzentration von meist 200–300 g/l eingestellt werden. In den meisten Tonerdefabriken wird der direkte Abzug bevorzugt, da Pumpen bei dem abrasiven Material hohe Verschleißraten aufweisen. Zur Unterstützung der Bewegung des Rotschlammes sind die Behälter mit einem Krälwerk ausgerüstet. Dieses besteht aus zwei Doppelarmen, die als Stahlfachwerk ausgeführt sind. Am unteren Teil der Krälarme befinden sich Schaufeln aus Stahlblech, die den Transport des abgesetzten Rotschlammes sicherstellen. Für Reinigungs- und Wartungsarbeiten sowie bei Störungen können die Krälarme mechanisch angehoben werden Um keine Turbulenzen in der Suspension hervorzurufen, welche das Abscheiden des Rotschlammes behindern würden, drehen sich die Krälarme nur sehr langsam. Störungen können vor allen Dingen auftreten, wenn Anbackungen an Bauteile abplatzen, wodurch der Ablauf des Rotschlammes verstopft oder gar die Krälarme beschädigt werden können.

Der Zulauf der Lauge erfolgt über ein im Mittelpunkt des Eindickers angeordnetes System. Durch das Ausfällen der festen Bestandteile aus der Lauge nimmt der Feststoffanteil nach unten zu. Deshalb wird die Suspension durch einen Einlaufkasten bis in den mittleren Bereich des Behälters geführt. Ein Verteilkasten sichert eine turbulenzfreie und gleichmäßige Beschickung. Die Klarlauge sammelt sich im oberen Bereich des Eindickers. Durch die dort angeordneten Sammelkästen kann sie nun zu der nächsten Prozessstufe fließen.

Bild 1.19: *Eindicker: Die Trennung von Rotschlamm und Hydratlauge erfolgt in Eindickern. Da der Absetzvorgang relativ lange dauert, sind bei großen Anlagenkapazitäten mehrere Eindicker, mit oft stattliche Durchmessern von 100 m oder mehr, parallel angeordnet.*

Verfahrenstechnisch stellt die Schwerkraftabscheidung keine hohen Ansprüche. Allerdings sind einige kritische Parameter zu beachten. Für die Dimensionierung der Anlage und damit den Durchsatz ist das Absetzverhalten der mineralischen Bestandteile der Lauge besonders wichtig. Eine ganze Reihe von Faktoren beeinflusst das Absetzverhalten, welches nur sehr langsam abläuft. Wichtige Kriterien sind dabei Feststoffanteil und Temperatur der Suspension, die mineralogische Zusammensetzung, Gehalt an Mineralien wie Kalk und Ton, die bei der Mahlung entstandene Korngröße, die Dichte der Feststoffe, die Laugenkonzentration und viele andere mehr. Diese Parameter bestimmen die Absetzgeschwindigkeit und somit Oberfläche und Verweilzeit im Eindicker, die in den meisten Anlagen ca. 24 h beträgt. Um das Absetzen des Rotschlammes zu beschleunigen, wird Stärkelösung als Flockungsmittel zugesetzt. Diese reduzieren die Absetzzeit der Feststoffe erheblich. Die Lösung wird durch Aufkochen von Stärke, z. B. Kartoffelstärke, Maisstärke und Roggenmehl, in Waschwasser hergestellt und dosiert in den Einlauf des Eindickers gegeben. In neuerer Zeit werden statt Stärke synthetische Polymere verwendet, wobei sich Polyacrylate und Poly-Acrylamide als besonders wirkungsvoll erwiesen haben, die allerdings besondere Sorgfalt bei der Dosierung erfordern. Allerdings sind auch hierbei wieder Versuche erforderlich, da nicht alle Bauxitarten auf das bestimmte Flockungsmittel reagieren. Relativ zum gesamten Förderstrom ist der Anteil der zu dosierenden Flockungsmittel gering. Im Normalfall wird etwa 1 kg/t Al_2O_3 pro Tag eingesetzt. Diese Menge hängt von den erwähnten Parametern ab und kann in besonderen Fällen auch schon einmal bis zu 10 kg/t Al_2O_3 betragen. Die Zufuhr von Flockungsmitteln erfolgt direkt in die zufließende Lauge über eine Kreiselpumpe, die aus einem Vorratsbehälter die erforderliche Menge entnimmt.

Die bei der Auslegung zu berücksichtigenden Daten können nur durch Versuche ermittelt werden. Für eine stetige Produktion ist es wichtig, dass immer nur Bauxit einer bestimmten Herkunft bei der Produktion eingesetzt wird.

Die Aluminatlauge, die vom Verdünner zum Eindicker fließt, enthält ca. 50g/l Feststoff. Als Ergebnis der Eindickung wird ein Feststoffgehalt von normalerweise 200 g/l angestrebt. Das bedeutet, dass etwa 75 % der zugeführten Lauge als Klarlauge abfließt. Der Rest wird mit dem Rotschlamm abgezogen. Dieser Effekt wird erreicht, wenn für die Oberfläche der Eindicker ein Wert von 6–8 m²/t Al_2O_3 je Tag vorgesehen wird. Mit der stetigen Verbesserung der Zugabe von Flockungsmittel kann allerdings heute ein höherer Wert angenommen werden. Hieraus resultieren bei einer traditionellen Anlage mit einer Kapazität von 100.000 t/a etwa drei Eindicker mit einem Durchmesser von 27 m. Allerdings sind die Anlagenkapazitäten der Tonerdefabriken heute i. d. R. wesentlich höher. So sind Anlagen mit einer Produktionskapazitäten von 2 Mio. t/a fast die Regel. Entsprechend ist auch eine größere Fläche zum Eindicken erforderlich. Beispielsweise sind in einer Anlage zwei Produktionseindicker mit einem Durchmesser von je 90 m, mit einem Volumen von 3.300 m^3 in Reihe eingesetzt.

Der mit einem Mengenanteil von ca. 75 % abgezogene Rotschlamm enthält neben einem Anteil von Alumina von 1,3 % noch 1,3 % lösbares Na_2O. Diese Anteile müssen aus Kostengründen zurückgewonnen werden, wobei der Na_2O Anteil aus Umweltschutzgrünen auf 0,2–0,3 % reduziert werden muss. Der Rotschlamm wird daher nach Verlassen der Produktionseindicker gewaschen. Hierzu werden ebenfalls Eindicker verwendet, die in mehreren Stufen hintereinander angeordnet sind. Für die Anlage mit einer Produktionskapazität von 106 t/a sind sechs hintereinander geschaltete Wascheindicker im Einsatz. Für den Waschvorgang wird Wasser verwendet. Eine genauere Beschreibung des Waschvorganges ist in Band 1 dieser Buchreihe enthalten. Das Waschwasser wird in verschiedenen Bereichen der Anlage zur Verdünnung der Lauge eingesetzt. Ein weiteres Problem beim Abscheiden des Rotschlammes ist das frühzeitige Abscheiden von Aluminiumhydrat. Während des Aufschlussvorgangs wird Al_2O_3 in gewünschter Weise gelöst, dessen Anteil daher in der Aufschlusslauge stetig anwächst. Hierzu wird Na_2O verbraucht, mit entsprechendem sinkendem Anteil in der Lauge. Die Löslichkeit der Komponenten in der abgekühlten Lauge nimmt mit sinkender Temperatur ab, was bereits zur beginnenden Kristallisation von Hydrargillit und damit zu einem unerwünschten Verlust führt. Um diese frühzeitige Ausscheidung weitestgehend zu verhindern, wird durch Zusatz von Dünnlauge ein kaustisches Verhältnis von etwa 1,8 bei einer Laugenkonzentration von etwa 100–160 g Na_2O bei einer Temperatur von 95–105 °C eingestellt. Diese Werte werden im Allgemeinen als optimal betrachtet, wobei weiterhin versucht wird, die Konzentration der Lauge zu reduzieren, da der Verlust von Hydrargillit einen Kostenfaktor darstellt.

1.1.6.2 Klarfiltrieren

Die von dem Produktionseindicker abgezogene Lauge enthält noch Schwebestoffe, die beim Kristallisieren zu Aluminiumhydroxid ebenfalls ausfällen und das Endprodukt verunreinigen. Diese Feststoffteilchen durchlaufen daher vor dem Ausrühren eine sorgfältige Filtrationsstufe. Hierzu dienen sogenannte „Kellyfilter“. Durch diese Filtration erhält man sehr klare Laugen und auch dementsprechend ein sauberes Aluminiumoxid mit ausgezeichneter Reinheit.

Ein Kellyfilter, auch als Flachbettfilter oder Plattenfilter bezeichnet, ist eine Art von Filtergerät, das in der Erzaufbereitung und anderen industriellen Anwendungen eingesetzt wird, um feste Partikel aus Flüssigkeiten zu entfernen. Der Filterprozess erfolgt durch das Prinzip der mechanischen Filtration, bei dem das zu filtrierende Gemisch durch eine Reihe von Filterplatten oder -betten geleitet wird, die die Partikel zurückhalten und nur die saubere Flüssigkeit passieren lassen. Als Filterbespannung kann man sehr feine Gewebe, z. B. Nylon, Perlon oder auch Papier, verwenden. Vorteilhaft ist auch eine Lage von feinem Koks oder Kalkstein, die auf einem stützenden Stahlgewebe aufgebracht werden. Besonders hilfreich ist dabei auch eine Aufschlämmung mit Aluminiumhydroxid. Durch dieses Verfahren werden sämtliche Schwebestoffe in der Lauge niedergeschlagen.

Die grundlegende Funktionsweise eines Kellyfilters in der Erzaufbereitung umfasst folgende Schritte:

- Das zu filtrierende Gemisch, das die leicht verunreinigte Lauge enthält, wird in den Filter eingeleitet.
- Die Lauge wird gleichmäßig über die Oberfläche des Filterbetts oder der Filterplatten verteilt. Dies kann durch Schwerkraft oder mithilfe von Pumpen erfolgen.
- Während die Lauge durch die Filterplatten oder das Filterbett strömt, bleiben die festen Partikel, wie z. B. Schmutz, Schlamm oder Rotschlammpartikel, an der Oberfläche der Filtermedien hängen. Die Porengröße der Filtermedien ist so dimensioniert, dass sie Partikel oberhalb einer bestimmten Größe zurückhalten, während die Flüssigkeit hindurchfließen kann.
- Die so gereinigte Lauge, auch als Klarlauf bezeichnet, dringt durch die Filtermedien hindurch und sammelt sich auf der gegenüberliegenden Seite der Filterplatten oder des Filterbetts. Die festen Partikel, die sich auf der Oberfläche der Filtermedien angesammelt haben, bilden einen Filterkuchen. Dieser Filterkuchen wird regelmäßig entfernt, um den Filterprozess aufrechtzuerhalten und die Filtereffizienz nicht zu beeinträchtigen. Sobald sich der Durchlauf wesentlich verringert, müssen die Filtermedien gereinigt oder ersetzt werden, um eine optimale Filtration aufrechtzuerhalten. Dies kann durch Spülen, Rückspülen oder auch durch mechanisches Klopfen erfolgen, um den Filterkuchen zu entfernen. Normalerweise wird dazu der Filter geöffnet und der Belag durch geeignete Maßnahmen entfernt. Wird Aluminiumhydroxid als Unterschicht verwendet, löst man den gesamten Belag mit heißer Natronlauge, die anschließend in den Prozess zurückgeführt wird. Ein Verlust von Aluminiumhydroxid wird so ebenfalls vermieden. Da es nicht möglich ist, die Reinigung während des laufenden Betriebes durchzuführen, ist es erforderlich, eine ausreichende Anzahl von Reservefiltern vorzuhalten.

1.1.6.3 Abkühlen

Die von der Nachfiltration kommende Lauge muss vor dem Ausrühren abgekühlt werden. Es ist offensichtlich, dass die Kühlung der Lauge für die Ausscheidung des Hydroxids unbedingt erforderlich ist. Allerdings ist darauf zu achten, dass bei der Zersetzung der Lauge keine anderen Stoffe ausgeschieden werden. Ihre Endtemperatur muss nahe dem Zersetzungsvorgang, dem Ausrühren, mindesten 50 °C betragen, da die Kristallisation von unerwünschtem Natriumvanadat bei 35–40 °C erfolgt. Die Laugentemperatur wird zu Beginn des Zersetzungsvorgangs, also beim Eintritt in die Behälter, auf 60 °C eingestellt.

Als Kühler werden bei heutigen Anlagen Plattenfilter eingesetzt. Als Kühlflüssigkeit dient dabei die von der Hydroxidfltration zum Eindampfen strömende Dünnlauge. Dabei ist ein ideales Verfahren dadurch erreicht, dass die Volumina beider Laugenströme nahezu gleich sind. Die Klärlauge kühlt sich von 90–95 °C auf etwa 60 °C ab, während die Dünnlauge auf ca. 50 °C erwärmt wird. Durch Umschalten der Flüssigkeitsströme im Plattenfilter ergibt sich als Nebeneffekt, dass eine Verkrustung der Wärmetauscherplatten vermieden wird. Plattenfilter sind recht unkomplizierte und weitestgehend wartungsfreie Bauelemente. Probleme können nur hin und wieder bei Dichtungen durch unsachgemäße Montage oder falsche Materialauswahl auftreten.

1.1.6.4 Ausrühren

Bei der Gewinnung von Aluminium aus Bauxit spielt die Kristallisation eine entscheidende Rolle. Dieser Prozess ermöglicht die Umwandlung des gelösten Aluminiumhydroxids aus der Bauxitlauge in eine feste Form, die dann zu Aluminiumoxid Al_2O_3 weiterverarbeitet werden kann.

Natronlauge schließt in den Autoklaven das Aluminiumoxid aus dem Bauxit nach der folgenden Formel auf:

$$Al_2O_3 \text{ x } H_2O + NaOH \rightarrow 2\ NaAl_2O + (x + 1)\ H_2O \qquad (38)$$

Das hydrierte Alumina geht dabei in Lösung und wird dadurch von den ebenfalls vorhandenen unlöslichen Oxiden getrennt. Nach Abtrennung von diesen Oxiden wird eine Umkehrung des Vorgangs in der sogenannten „Zersetzung" eingeleitet.

$$2\ NaAl_2O + 4\ H_2O \rightarrow {}_2NaOH + Al_2O_3 \cdot 3\ H_2O \qquad (39)$$

Das entstandene Hydroxid kristallisiert bei Abkühlung der Lauge zu festen Partikeln.

Die Kristallisation findet in großen Behältern (**Bild 1.20**) statt, die ein Volumen von 1.500 m³ und mehr haben können. Diese Prozessstufe zeichnet sich durch

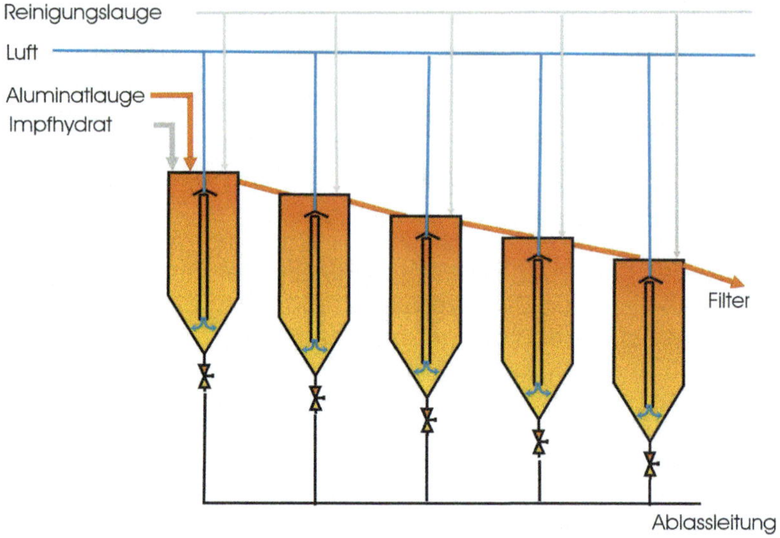

Bild 1.20: *Ausrührbehälter: Die Kristallisation der Aluminiumhydrat-Kristalle erfolgt sehr langsam. Zur Erhöhung der Verweilzeit wird die Lauge im Kreislauf geführt. Zudem werden bereits kristallisierte Partikel nach der Filtration nach Abscheiden des Produktionshydrates wieder in die Ausrührbehälter als Kristallisationskeime zurückgeführt. Um Ablagerungen an Rührflügeln zu vermeiden, wird stattdessen Luft zum Rühren eingeblasen.*

einen sehr langsamen Verlauf aus, bei dem selbst nach langer Haltezeit ohne zusätzliche Maßnahmen keine Abscheidung erfolgt. Um die Kristallisation zu initiieren, wird die abgekühlte Lauge mit Hydrat aus der Produktion geimpft. Dieses Impfhydrat dient als Keim für die Bildung neuer Kristalle.

Ein großes Behältervolumen ist erforderlich, um die notwendige Menge an Aluminiumhydroxid abzuscheiden. Mehrere Behälter werden in Reihe und in unterschiedlichen Höhen angeordnet, sodass der Überlauf von einem Behälter zum nächsten geleitet werden kann. Das große Behältervolumen allein reicht allerdings nicht aus. Daher wird eine Laugenmeng von 400–500 % des normalen Umlaufvolumens aus dem letzten Behälter abgezogen und nach Abscheiden der für die Produktion erforderlichen Menge wieder in den ersten Ausrührbehälter zurück gepumpt. Dadurch ist sichergestellt, dass nicht nur die Verweilzeit im Abscheidesystem erhöht wird, sondern dass ebenfalls eine große Menge an Impfhydrat zur Verfügung steht.

Die Zufuhr von Produktionshydrat, Impfhydrat und Kreislauflauge erfolgt in den ersten Behälter, während der Abzug im letzten Behälter stattfindet. Um das

Absetzen von Hydratkristallen zu vermeiden, wird ursprünglich mit Rührwerken gearbeitet, welche jedoch Nachteile wie Wartungsaufwand und Verkrustung mit sich bringen. Heutzutage wird mehrheitlich Druckluft durch ein nahe dem Behälterboden geführtes Rohr eingeblasen.

Die Abscheidemenge von Hydratkristallen ist abhängig von verschiedenen Faktoren wie der Laugentemperatur, der Menge und der reaktiven Oberfläche des Impfhydrats, Verunreinigungen (z. B. aus Flockungsmitteln bei der Rotschlammabscheidung) und nicht zuletzt von der Zeit und dem Laugenvolumen. Die Menge der abgeschiedenen Kristalle steigt mit zunehmender Zeit schnell an, flacht jedoch nach ca. 24 Stunden ab und steigt im Verlauf der Zeit nur noch geringfügig.

Im Ausrührbehälter werden durch die Kristallisation zunächst nur kleine Korngrößen erzeugt. Durch die Zufuhr von Impfhydrat und die Wirkung der Verweilzeit ist die Partikeldichte in der Lauge sehr hoch. Das führt zu zahlreichen Zusammenstößen von Kristallen. Durch Kollisionen werden diese agglomeriert und durch van-der-Waalsche-Kräfte zementiert, was ein stabiles und relativ grobes Korn (sandy Alumina) ergibt, wie es für die Elektrolyse gefordert ist (**Bild 1.21**).

Trotz aller Optimierungsmaßnahmen, insbesondere dem effektiven Einsatz von Impfhydrat, sind lange Ausrührzeiten von durchschnittlich 60 bis 120 h erforderlich. Der benötigte Ausrührraum beträgt für die Produktion von 50 bis 60 l Al_2O_3/l pro Tag. Weitere Abkühlungen können hilfreich sein, doch sind den Verbesserungen Grenzen gesetzt durch die Korngröße und Reinheit des Oxids. Zahlreiche Versuche, u. a. mit Zwischenkühlung, zielen darauf ab, die Ausrührzeit zu verringern.

Die Abnahme für die Produktion erfolgt aus dem letzten Behälter, wobei eine Klassierung in drei Stufen stattfindet: In der ersten Stufe wird grobkörniges Hydrat

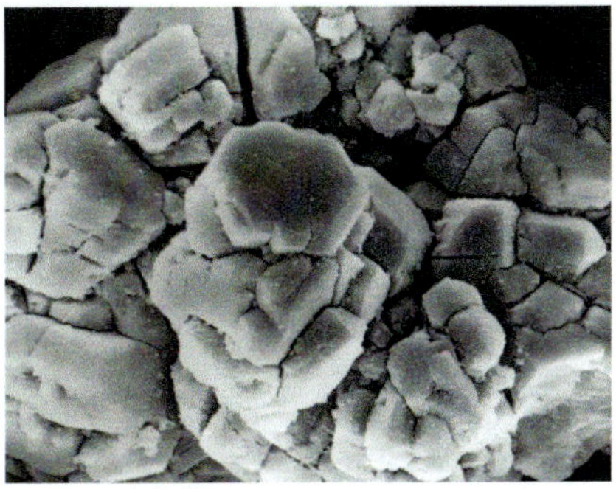

Bild 1.21: *Hydratkristalle: Die Vorgänge in den Ausrührbehältern bestehen in der Bildung von Kristallen, die zu Körner agglomerieren. Diese Körner sind sehr stabil und bleiben auch bei der Beanspruchung während der Kalzination und dem umfangreichen Handling sowie bei der Weiterverarbeitung weitestgehend intakt.*

in Produktionsmenge abgeschieden. Die Trennung fest-flüssig erfolgt durch Hydrozyklone oder Zentrifugen, wobei die Menge an Produktionshydrat so eingestellt wird, dass sie der Menge des mit der Bauxitaufgabe enthaltenen Al_2O_3 entspricht. Die Hydratsuspension mit hohem Feststoffgehalt wird zu der Kalzinieranlage gepumpt. Der Oberlauf geht zu der zweiten Klassierstufe. In dieser zweiten Stufe wird Feinkorn als Impfhydrat durch Schwerkraftabscheider oder ebenfalls mit Hydrozyklonen abgeschieden und, wie beschrieben, in den ersten Ausrührbehälter gepumpt. In der dritten Stufe erfolgt kaum noch Hydratabscheidung, wobei der Oberlauf als Dünnlauge in den Laugenkreislauf zurückgeführt wird. Der gesamte Kreislauf umfasst etwa 400 % des Volumens.

Die Kristallisation ist ein wesentlicher Schritt im Bayer-Verfahren zur Aluminiumgewinnung. Die detaillierte Betrachtung dieses essenziellen Schrittes erfordert ein tiefes Verständnis der physikalischen und chemischen Vorgänge, die während der Kristallisation stattfinden.

Um die Effizienz und Produktivität des Kristallisationsprozesses zu steigern, werden kontinuierlich Optimierungsstrategien entwickelt und implementiert. Ein wichtiger Ansatz ist die Verbesserung der Impftechnik, bei der die Qualität des Impfhydrats sowie die Menge und der Zeitpunkt der Zugabe optimiert werden, um die Kristallwachstumsraten zu maximieren und die Ausrührzeiten zu minimieren.

Die Verwendung von fortschrittlichen Rührtechniken und der Einsatz von Druckluft anstelle von mechanischen Rührwerken haben sich als effektive Maßnahmen zur Vermeidung von Verkrustungen und zur Reduzierung des Wartungsaufwands erwiesen. Die gleichmäßige Verteilung der Kristalle im Behälter und die Verhinderung des Absetzens sind für die Erzielung einer hohen Ausbeute und Qualität des Endprodukts entscheidend.

Die Steuerung von Laugentemperatur und Na_2O-Konzentration der Lauge sind weitere kritische Faktoren. Eine präzise Kontrolle dieser Parameter ermöglicht es, die Übersättigung der Lösung optimal zu gestalten, was eine direkte Auswirkung auf die Kristallisationskinetik und damit auf die Effizienz des Gesamtprozesses hat.

Trotz der Fortschritte in der Optimierung des Kristallisationsprozesses bleiben Herausforderungen bestehen. Die langen Ausrührzeiten und der hohe Energiebedarf sind wesentliche Aspekte, die weiterhin Verbesserungsbedarf aufzeigen.

Die Forschung konzentriert sich zunehmend auf die Entwicklung von Technologien zur Reduzierung der Ausrührzeiten durch verbesserte Impfstrategien und auf die Effizienzsteigerung durch die Integration von Wärmerückgewinnungssystemen. Darüber hinaus bieten fortschrittliche Materialien und Beschichtungen für die Ausrührbehälter Potenzial zur Verringerung der Instandhaltungskosten und zur Verlängerung der Lebensdauer der Anlagen.

Die Einführung von Echtzeit-Monitoringsystemen und die Anwendung von maschinellem Lernen zur Optimierung der Prozessparameter in Echtzeit sind weitere spannende Entwicklungen. Das gilt ebenso für die anderen Anlagenbereiche. Diese Ansätze können zu signifikanten Verbesserungen in der Prozesskontrolle führen, was die Effizienz und Nachhaltigkeit des Kristallisationsprozesses im Bayer-Verfahren weiter erhöhen wird.

Die Kristallisation ist ein komplexer, aber kritischer Schritt in der Aluminiumproduktion, der durch das Bayer-Verfahren ermöglicht wird. Durch kontinuierliche Forschung und Entwicklung, die Anwendung innovativer Technologien und die Optimierung der Prozessbedingungen lassen sich die Effizienz und Umweltverträglichkeit dieses Prozesses weiter steigern. Die zukünftigen Entwicklungen in diesem Bereich versprechen, die Aluminiumgewinnung noch nachhaltiger und kosteneffizienter zu gestalten. Wenn heute auch das Grundkonzept bei modernen Tonerdefabriken nahezu gleich ist, so wird doch in den einzelnen Anlagen konzentriert geforscht, um die Effizienz zu steigern und Kosten zu minimieren, sodass durchaus individuelle Lösungen zu beobachten sind, wobei natürlich das Umfeld und die zu verarbeitende Bauxitsorte eine Rolle spielen.

1.1.6.5 Kalzinierung von Aluminiumhydroxid

Kalzinierbedingungen und Tonerdecharakteristik

Anforderungen an die Tonerde zur Metallgewinnung

Tonerde dient als Ausgangsmaterial in der Metallgewinnung und spielt eine wichtige Rolle als Wärmeisolator zur Minimierung von Wärmeverlusten über die Zellenoberfläche. Sie bedeckt die vorgebrannten Anoden, um deren Abbrand zu verhindern, und fungiert als Reaktionsmedium für die Abgasreinigung. Entscheidend sind hierbei geringe Verunreinigungen und spezifische physikalische Eigenschaften der Tonerde, wie eine Korngröße unter 40 Mikrometern und eine BET-Oberfläche von über 50 m^2/g.

Die Umwandlung von Aluminiumhydroxid ($Al_2O_3 \cdot 3H_2O$) in reines Aluminiumoxid (Al_2O_3) ist ein wesentlicher Schritt als letzte Stufe im Bayer-Prozess bei der Gewinnung von Rohmaterial für die Aluminiumproduktion. Diese Transformation erfolgt durch die Entfernung von Kristallwasser aus dem Hydrat, was durch

Erhitzen erreicht wird. Die Reaktion wird durch die folgende Gleichung beschrieben:

$$Al_2O_3 \cdot 3H_2O \rightarrow Al_2O_3 + 3H_2O \quad (40)$$

Der Prozess beginnt bei etwa 200 °C, wobei verschiedene Kristallmodifikationen durchlaufen werden, bis bei einer Temperatur von über 1.100 °C die α-Modifikation (Korund) entsteht, ein hartes Mineral, vergleichbar mit Diamant. Diese Form ist in älteren Elektrolysetechnologien mit offenen Zellen von Bedeutung, wo eine stabile Ofenkruste benötigt wird. In neueren geschlossenen Elektrolysezellen wird eine automatische Tonerdezufuhr eingesetzt, die eine Gamma-Modifikation der Tonerde erfordert und bei Temperaturen zwischen 900 und 1.000 °C kalziniert. Es ist entscheidend, dass der Anteil der alpha-Modifikation unter 60 % bleibt, um eine ausreichende Fließfähigkeit zu gewährleisten.

1.1.6.6 Kalzinierung

Waschfiltration

Vor der Kalzinierung wird das klassierte Hydrat gewaschen, um Verunreinigungen zu entfernen. Dies erfolgt mithilfe runder und rotierender Vakuum-Planfilter, die auf einer Stützkonstruktion aus Stahl montiert sind. Das Waschwasser aus der Endkühlung nach der Kalzinierung wird als Dünnlauge zur Eindickung wieder verwendet.

Ein rundes Plansieb als Vakuumfilter ist eine spezialisierte Form eines Filtrationssystems, das häufig in der chemischen, pharmazeutischen und Lebensmittelindustrie eingesetzt wird. Dieser Typ von Filter besteht aus einem horizontal angeordneten, kreisförmigen Tisch, der sich um seine Achse dreht. Der Tisch ist in mehrere Sektionen unterteilt, wobei jede Sektion mit einem Filtermedium bedeckt ist, das in der Lage ist, Feststoffe aus einer Flüssigkeit zu entfernen.

Der Betrieb des Vakuumfilters beginnt damit, dass die Hydrat-Suspension (eine Mischung aus flüssigen und festen Bestandteilen) gleichmäßig über die Oberfläche des rotierenden Tisches verteilt wird. Während der Tisch rotiert, wird ein Vakuum unter dem Filtermedium angelegt. Dieses Vakuum zieht die Flüssigkeit durch das Filtermedium, während die Feststoffe auf der Oberfläche zurückbleiben. Die filtrierten Feststoffe bilden einen Kuchen auf dem Filtermedium, der dann mechanisch entfernt wird, sobald der Tisch weiter rotiert und die Filtersektion aus dem Schlammbecken heraus und in eine Kuchenabladestation bewegt wird.

Der Vorteil dieses Systems liegt in seiner kontinuierlichen Betriebsweise, die eine effiziente Trennung von Feststoffen und Flüssigkeiten in einem Durchlauf ermöglicht. Zusätzlich ermöglicht die Vakuumunterstützung eine effektivere Filtration, da das Vakuum hilft, mehr Flüssigkeit aus dem Filterkuchen zu extrahieren, was zu einem trockeneren Kuchen und einer klareren Filtratflüssigkeit führt.

1.1.6.7 Kalzinieröfen

In klassischen Verfahren werden Drehrohröfen verwendet, die innen mit feuerfestem Material ausgekleidet sind. Sie ermöglichen eine Kaskadenumwälzung des Brenngutes, was wichtig für den Wärmeübergang ist. Neuere Anlagen setzen zunehmend auf Wirbelschicht-Kalzinierung, die effizienter ist und weniger Energie verbraucht. Hierbei kommen Systeme wie die zirkulierende Wirbelschicht von Lurgi und das Alcoa-Fluid-Flash-Verfahren zum Einsatz.

Drehrohröfen

Drehrohröfen waren für eine lange Zeit die zentralen Elemente in der traditionellen Kalzinierung von Aluminiumhydroxid zu Aluminiumoxid. Sie zeichnen sich durch ihre langgestreckte zylindrische Form aus, die eine effiziente Wärmeübertragung und Materialbewegung ermöglicht.

Die Öfen sind typischerweise bis zu 70 m lang und haben Durchmesser von bis zu 6 m. Sie sind innen mit feuerfestem Material ausgekleidet, um den hohen Temperaturen und der korrosiven Umgebung standzuhalten.

Der Ofen rotiert langsam um seine Achse, typischerweise mit zwischen ein und drei Umdrehungen pro Minute. Diese Rotation unterstützt die Bewegung des Aluminiumhydroxids vom Einlauf zum Auslauf, wobei das Material durch die Schwerkraft entlang der leicht geneigten Achse (ca. 3° bis 4°) transportiert wird.

Drehrohröfen sind zentrale Elemente in der traditionellen Kalzinierung von Aluminiumhydroxid zu Aluminiumoxid. Sie zeichnen sich durch ihre langgestreckte zylindrische Form aus, die eine effiziente Wärmeübertragung und Materialbewegung ermöglicht.

Die Beheizung erfolgt durch große Brenner, die entweder am Einlauf- oder Auslaufende angebracht sind. Die Brenngase bewegen sich i. d. R. im Gegenstrom zur Bewegungsrichtung des Materials, was eine hohe thermische Effizienz gewährleistet.

Ein Drehrohrofen ist in drei Hauptzonen unterteilt: die Vorwärmzone, die Kalzinierzone und die Kühlzone. In der Vorwärmzone wird das Material durch die von der Kalzinierzone aufsteigende heiße Luft vorgewärmt, in der Kalzinierzone erfolgt die eigentliche chemische Umwandlung und in der Kühlzone wird das Aluminiumoxid abgekühlt, bevor es ausgetragen wird.

Die Vorteile des Drehrohrofens bestehen in der gleichmäßigen Wärmebehandlung des Materials, der Skalierbarkeit und der relativ einfache Kontrolle des Prozesses.

Der hohe Energieverbrauch und die erheblichen Maßnahmen an Wartung und Instandhaltung, aufgrund der mechanischen Belastung und der korrosiven Prozessbedingungen, stehen dem entgegen.

Wirbelschichtkalzinieröfen

Wirbelschichtkalzinatoren sind eine neuere Entwicklung in der Technologie zur Herstellung von Aluminiumoxid und bieten erhebliche Vorteile in Bezug auf Energieeffizienz und Produktqualität.

Das Grundprinzip besteht darin, das Material (in diesem Fall Aluminiumhydroxid) in einem Wirbelschichtofen durch einen aufwärts gerichteten Gasstrom in einem Reaktionsbehälter in der Schwebe gehalten wird. Dies ermöglicht eine nahezu homogene Reaktionstemperatur und schnelle Wärme- und Stoffübertragung.

Haupttechnologien bei der Wirbelschichtkalzinierung sind die Verfahren von Lurgi und Alcoa, an die sich die Verfahren anderer Firmen anlehnen.

Das Lurgi-Verfahren (**Bild 1.22**) basiert auf der zirkulierenden Wirbelschicht (Circulating Fluidized Bed, CFB). In dieser Konfiguration wird das Material kontinuierlich durch den Reaktor zirkuliert, wodurch eine gleichmäßige Temperaturverteilung und eine effiziente Wärmenutzung gewährleistet werden. Das zirkulierende System besteht typischerweise aus einem vertikalen Reaktor, in dem das Material durch einen kraftvollen Luftstrom aufgewirbelt wird. Das feine Pulver wird oben im Reaktor abgezogen und über Zyklone, die das Material von den Gasen trennen, zum Boden des Reaktors zurückgeführt.

Bei dem Alcoa-Fluid-Flash-Verfahren, im Verfahrensbeispiel detailliert beschrieben, wird das Aluminiumhydroxid in einem speziellen Reaktionskammerdesign erhitzt, wodurch das Material schnell erhitzt und kalziniert wird, bevor es in einem separaten Kühler gekühlt wird.

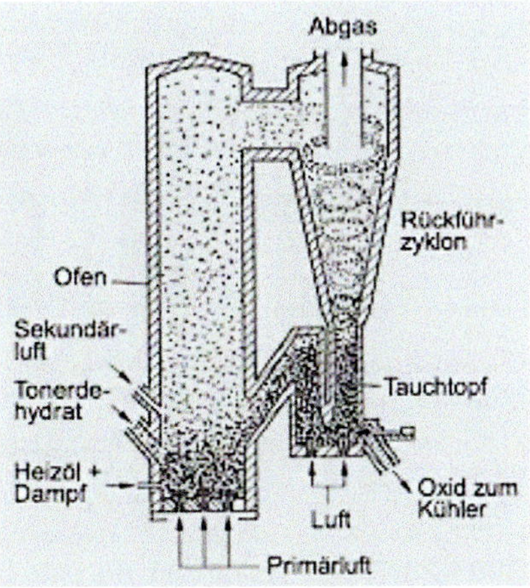

Bild 1.22: *Zirkulierende Wirbelschicht: Als Alternative für die Drehtrommelöfen wurde das Wirbelschichtverfahren entwickelt, um den Energiebedarf zu senken und um einen bei neueren Anlagen erforderlichen größeren Durchsatz bei der Kalzinierung zu erreichen. Um die notwendige Verweilzeit zu erreichen, wird das Hydrat in einem geschlossenen Kreislauf im System zirkuliert. Aus dem Kreislauf wird die erforderliche Menge entnommen, wobei man davon ausgehen kann, dass diese Mengen nach dem mehrmaligen Durchlauf kalziniert ist.*

Der Vorteil besteht in einer sehr effizienten Wärmeübertragung und der gleichmäßigen Produktqualität bei geringem Kornbruch und hoher Reaktionsfähigkeit der Tonerde.

Die Vorteile der Wirbelschicht-Technologie bestehen vor allem in reduziertem Energieverbrauch im Vergleich zu traditionellen Drehrohröfen von 500–600 MJ (140–170 kWh) pro t Alumina, wobei bei der Wirbelschichtkalzinierung eine Einsparung von 30–40 % erzielt wird. Zudem wird i. d. R. die Produktqualität durch geringeren Kornbruch und bessere Kontrolle über die Produktcharakteristika verbessert.

Herausforderungen sind höhere Anfangsinvestitionen und technische Komplexität im Betrieb sowie die Notwendigkeit einer genauen Steuerung der Betriebsparameter.

Zusammengefasst bieten beide Technologien spezifische Vorteile für die Aluminiumoxidproduktion. Die Auswahl des geeigneten Ofentyps hängt von den spezifischen Anforderungen der Produktion, den verfügbaren Ressourcen und den Umweltüberlegungen ab.

Verfahrensbeispiel

Als Beispiel für eine Wirbelschichtkalzinierung soll das Alcoa-Fluid-Flash-Verfahren etwas mehr im Detail beschrieben werden (**Bild 1.23**).

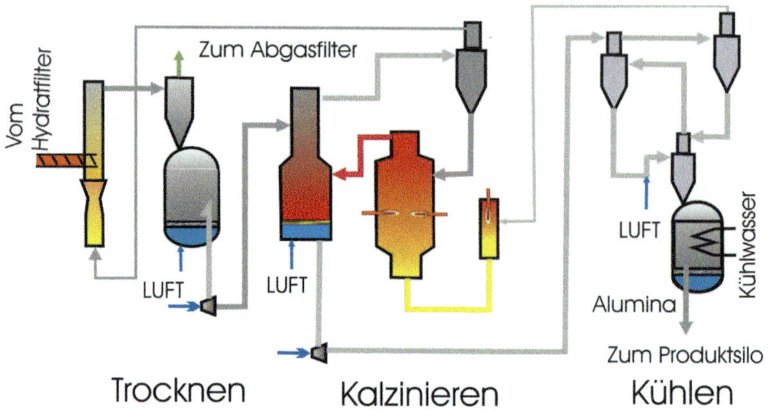

Bild 1.23: *Alcoa-Verfahren: Als eine besonders effiziente Variante des Wirbelschicht-Verfahrens wurde der Fluid Flash Calciner von Alcoa entwickelt. Dieses System zeichnet sich durch eine weitestgehende Schonung der Kristallagglomerate und damit durch einen sehr geringen Kornbruch aus. Voraussetzung ist fließfähiges Hydrat bzw. Alumina. Traditionell wurde in den USA in der Elektrolyse „Sandy Alumina" verwendet, was ein Fließbett im Kalzinierer statt einer zirkulierenden Wirbelschicht ermöglichte, mit dem Vorteil der schonenden Behandlung des Materials.*

Vortrocknung und Erhitzung:

Das Rohmaterial, Aluminiumhydroxid, wird zunächst in einem Luftstromtrockner vorgewärmt. Die Luft wird auf etwa 350 °C erhitzt und dient dazu, das Hydratwasser aus dem Aluminiumhydroxid zu entfernen und das Material auf die Kalzinierung vorzubereiten.

Die Abluft aus diesem Trocknungsschritt wird in nachfolgenden Prozessschritten wieder verwendet, um Energie zu sparen und die Effizienz des Gesamtsystems zu erhöhen.

Überführung in den Reaktor:

Nach der Vortrocknung gelangt das Material in eine spezielle Reaktionskammer. In dieser Kammer befindet sich ein Brenner, der das Material direkt beheizt, um die eigentliche Kalzinierungsreaktion zu beschleunigen.

In der Reaktionskammer wird das Material auf Temperaturen von etwa 1.050 °C erhitzt, was zur Entfernung des restlichen Kristallwassers und zur Bildung von Aluminiumoxid führt.

Halteofen und Fließbett:

Nach der Reaktionskammer wird das Alumina in einen Halteofen überführt, wo es in einem Fließbett gehalten wird. Das Fließbett ermöglicht eine gleichmäßige Verteilung der Wärme und eine kontrollierte Abkühlung des Materials.

Dieses Stadium ist entscheidend für die endgültige Qualität des Aluminas, da es die Korngröße und die morphologischen Eigenschaften des Produkts beeinflusst.

Kühlsystem und Endverarbeitung:

Das nunmehr fertig kalzinierte Alumina wird durch Zyklone geleitet, die als Trennsysteme dienen, um das feste Produkt von den Trägergasen zu separieren. Die letzte Stufe der Kühlung besteht aus einem Fließbett-Kühler mit Wasserkühlung. Das im Kühler erwärmte Wasser wird als Waschwasser für die Planfilter vor der Kalzinierung verwendet.

Nachdem das Alumina gekühlt wurde, wird es als Vorbereitung für das Zwischenlager und den Transport in die dafür vorgesehenen großen Silos gefördert.

Verbrennungsluft:

Die Verbrennungsluft wird durch große Radialgebläse erzeugt. Eine komplexe Regelung der Luftmengen für die verschiedenen Verbraucher ermöglicht eine optimale Nutzung der Abgaswärme. Moderne Brennersysteme sind zudem auf die Verwendung von Erdgas-Wasserstoffgemischen oder reinem Wasserstoff einstellbar, was zukünftige Anpassungen an neue Brennstoffe erleichtert.

Abgasreinigung:

Die gesamte Abgasmenge, die aus den Verbrennungsprodukten und dem abgeschiedenen Kristallwasser besteht, wird aus dem ersten Zyklon, der vor dem Fließbetttrockner angeordnet ist, zu einem Elektrofilter geleitet. Die hier abgeschiedenen Feststoffe, die aus kalziniertem Material bestehen, werden zu dem fertigen Produkt nach dem Fließbettkühler addiert.

Vorteile der Wirbelschichtverfahren

Durch den Einsatz von Hochleistungsbrennern direkt in der Reaktionskammer ermöglichen die Wirbelschichtverfahren eine sehr schnelle Aufheizung des Materials. Diese direkte Erhitzung reduziert die Kalzinierungszeit erheblich und verbessert die Energieeffizienz des Prozesses. Die Wärmerückgewinnung aus der Abluft des Trockners und die Nutzung von Heißluft aus dem Halteofen für weitere Prozessschritte tragen zu einer deutlichen Reduktion des Energiebedarfs bei. Das Fließbett im Halteofen des Alcoa-Verfahrens sorgt für eine sehr gleichmäßige Körnigkeit und hohe Reaktivität des Aluminiumoxids, was in der Aluminiumelektrolyse von Vorteil ist.

Vorteile der Verfahren sind eine hervorragende Energieeffizienz durch reduzierten Brennstoffverbrauch durch integrierte Wärmerückgewinnung und effiziente Prozessgestaltung. Hohe Produktqualität wird durch Erzeugung von Alumina mit sehr gleichmäßiger Partikelgröße und geringem Anteil an feinen Partikeln erreicht.

Die Umweltverträglichkeit wird gesichert durch geringere Emissionen durch optimierte Verbrennung und effektive Nutzung der Prozessgase.

1.1.7 Laugenkreislauf

Im Rahmen des Bayer-Verfahrens wir die gesamte Lauge im Kreislauf geführt (**Bild 1.24**). Für die verschiedenen Verfahrensschritte ist es allerdings erforderlich, die Konzentration der Lauge an die erforderlichen Reaktionen anzupassen. Das betrifft ebenfalls die Konzentration des Aluminiumoxids.

Zudem ist durch die Kreislaufführung nicht zu vermeiden, dass ein Anteil des Oxids in der Lauge verbleibt. Je nach Prozessstufe verändert sich die Konzentration der Lauge ebenso wie der Gehalt an Aluminiumoxid. Eine entscheidende Kennzahl ist die kaustische Konzentration, meist als „Molverhältnis“ (Na_2O/Al_2O_3) bezeichnet.

Die erste Verfahrensgruppe, bei der das Molverhältnis angepasst werden muss, ist der Bauxit-Aufschluss.

Die Dicklauge aus dem Laugenkreislauf wird über einen Vorlagetank dem Aufschluss zugeführt. Dabei wird die während des Gesamtprozesses verlorene Natronlauge (durch Rotschlamm, Undichtigkeiten und Alumina) ergänzt.

Der Verbrauch an zu ersetzendem Na_2O variiert je nach Bauxitsorte zwischen 60 und 120 kg je 1.000 kg Alumina.

Für den Aufschluss ist eine hohe Konzentration von Na_2O erforderlich, um Aluminiumoxid in Lösung zu bringen. Das Molverhältnis liegt hier zwischen 3,2 und 3,8 bei einem Na_2O-Gehalt von 200–350 g/l, abhängig von der zu verarbeitenden Bauxitart. Während des Aufschlussvorgangs nimmt der Anteil an

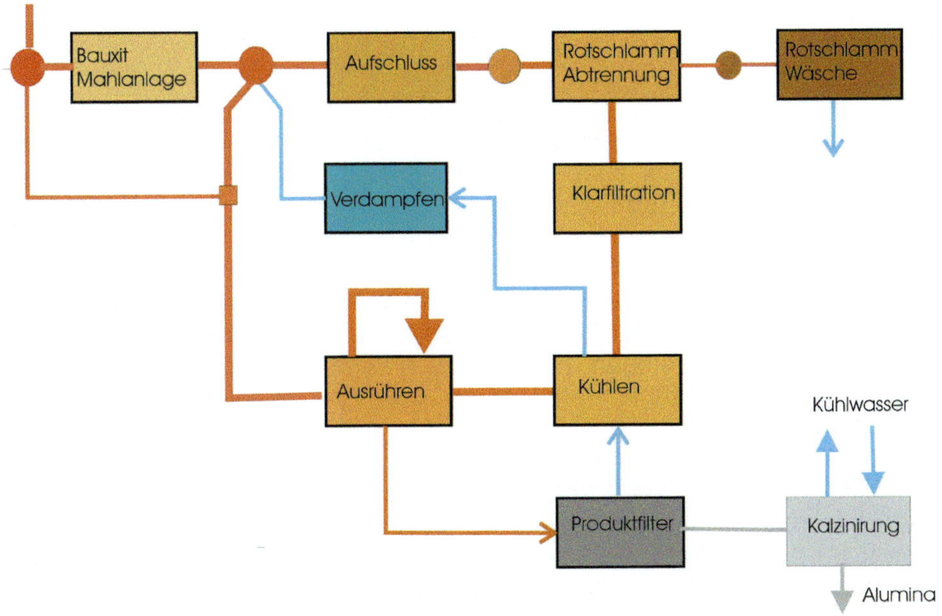

Bild 1.24: *Laugenkreislauf: Im Bayer-Prozess wird die Lauge im Kreis geführt. Für die einzelnen Verfahrensschritte wird die Konzentration der Natronlauge angepasst. Zudem treten unterschiedliche Anteile an Aluminiumhydrat auf, d. h., das Molverhältnis (Na_2O/Al_2O_3) ändert sich und muss jeweils korrigiert werden. Das geschieht i. d. R. durch Zufuhr von Wasser, das andererseits durch Verdampfen entfernt wird. Die Anpassung des Molverhältnisses ist entscheidend für den jeweiligen Verfahrensschritt und muss sorgfältig beobachtet und angepasst werden.*

Al_2O_3 zu, während Na_2O verbraucht wird. Nach dem Passieren der Autoklaven beträgt das kaustische Verhältnis 1,8 – ein Wert, der nicht überschritten werden sollte, um bei einer Temperatur von höchstens 110 °C das Ausscheiden von Hydrargillit zu vermeiden. Um die Sättigung zu reduzieren und Aluminiumoxidverluste bei der Rotschlammabsonderung zu vermeiden, wird der Lauge Waschwasser oder Dünnlauge zugesetzt.

Im weiteren Prozessverlauf wird die Lauge abgekühlt und gelangt zur Kristallisation von Aluminiumhydrat in die Ausrührbehälter. Sinkende Temperatur und reduzierte Laugenkonzentration, neben dem Impfen mit Produktionshydrat, fördern die Kristallisation aus der Mutterlauge. Zum Filtern wird Suspension aus den Ausrührbehältern abgezogen. In der ersten Stufe der Filtration wird grobkörniges Hydrat abgeschieden. Etwa 20 % des abgeschieden Hydrats werden der Kalzination zugeführt. Diese Menge entspricht dem Durchsatz für die Alumina-Produktion. Der Rest geht als Impfhydrat zurück in die Ausrührerei.

In der nachgeschalteten Filtrationsstufe wir feineres Hydrat abgeschieden und ebenfalls in die Ausrührbehälter zurückgefördert. In der Endfiltration wird zusätzlich Waschwasser zugeführt und der Klarlauge am Zulauf zum ersten Ausrührbehälter beigefügt. Das reduziert die Na_2O-Konzentration und schafft einen internen geschlossenen Kreislauf von 300–400 %.

Die Mutterlauge hat dann eine Konzentration von 130–150 g/l bei einem kaustischen Verhältnis von 1,9–1,8. Die sich aus dieser letzten Filterstufe ergebene Dünnsäure wird gemeinsam mit der Dünnlauge aus der Endfiltration dem Laugenkreislauf zugeführt.

Um die Lauge weiterhin für den Aufschluss nutzen zu können, ist es erforderlich, die Konzentration der Lauge zu erhöhen. Dazu wird das gesamte überschüssige Wasser verdampft. Das bedeutet, dass etwa die Hälfte des Volumens eingedampft werden muss.

Für die Verdampfung wird eine mehrstufiges Vakuum-Verdampfung, ein effizientes Verfahren zur Konzentration von Flüssigkeiten, welches in vielen Bereichen in der Chemieindustrie eingesetzt wird, gewählt. Wie in Band 1 dieser Buchreihe beschrieben, wird das Verfahren auch bei der Salzaufbereitung in Sekundär-Aluminiumanlagen eingesetzt. Dieses Verfahren nutzt die Senkung des Siedepunkts von Flüssigkeiten bei reduziertem Druck, um die Verdampfungstemperatur zu senken und somit Energie zu sparen. Meist wird ein mehrstufiges System angewendet.

Die mehrstufige Vakuum-Verdampfung umfasst mehrere Verdampferstufen, in denen die Flüssigkeit schrittweise verdampft wird. Jede Stufe arbeitet unter einem niedrigeren Druck als die vorherige, was eine kontinuierliche Senkung des Siedepunkts ermöglicht.

Die Verdampferanlage besteht aus folgenden Komponenten:

- Vorwärmer zum Erhitzen der Eingangslauge zur Verbesserung der Energieeffizienz
- Verdampferstufen, in Serie geschaltet, wobei jede Stufe unter einem niedrigeren Druck als die vorherige Stufe arbeitet
- Kondensator zum Nutzen des entstehenden Dampfes zur Rückgewinnung von Wasser
- Vakuumpumpe für den Unterdruck in den Verdampferstufen.

Funktionsweise

Zunächst wird die Lauge durch Wärmetauscher vorgewärmt und anschließend in die erste Verdampfungsstufe geleitet. In der ersten Verdampferstufe verdampft die vorgewärmte Lauge bei einem bestimmten Druck und einer definierten Temperatur. Der entstehende Dampf wird in die nächste Stufe geleitet.

In den folgenden Stufen wird der Druck weiter reduziert, was eine weitere Verdampfung der Lösung bei niedrigeren Temperaturen ermöglicht. Jede nachfolgende Stufe nutzt die Wärme des Dampfes aus der vorherigen Stufe.

Der Dampf aus der letzten Verdampferstufe wird im Kondensator wieder zu Flüssigkeit kondensiert.

Im Gegensatz zu anderen Verdampfersystemen bietet die Vakuum-Verdampfung den Vorteil, dass durch die Nutzung von Wärme aus den vorherigen Stufen der Energieverbrauch erheblich reduziert wird. Dadurch ergibt sich für den Produktionsbetrieb eine deutliche Kostenersparnis. Ein Merkmal ist auch der verbesserte Umweltschutz, da Wasser zurückgewonnen und für den Prozess verwendbar ist. Das Kondensat aus der Anlage kann in der Dampfkesselanlage zur Bereitstellung des benötigten Prozessdampfens ohne Probleme verwendet werden. Insgesamt muss die Hälfte des Volumens eingedickt werden.

Lediglich die Vakuumpumpe und die Wärmetauscher erfordern eine sorgfältige und regelmäßige Wartung. Als wichtige Prozesseinheit muss die Verdampferanlage selbstverständlich auch in das Prozessleitsystem eingebunden werden.

Die Lauge verlässt die Verdampferanlage mit einer Konzentration von 250–350 g/l und wird in den Mischbehälter vor der Aufschlussanlage gepumpt.

1.1.8 Mess- und Regelungstechnik

1.1.8.1 Vor-Ort-Geräte

Bei einer Tonerdefabrik nach dem Bayer-Verfahren finden viele komplexe Verfahrensschritte statt, bei denen die einzelnen Funktionsgruppen durch Parameter aus anderen Anlagenbereichen beeinflusst werden, was ja durchaus beabsichtigt ist. Allerdings gelingt es nicht immer, die entsprechenden Durchsatzmengen aufeinander abzustimmen. Daher sind Zwischenbunker bzw. Ausgleichtanks vor bestimmten Verfahrensgruppen angeordnet, so z. B. zwischen Mahlanlage und Aufschluss. Die Zwischenbunker werden ebenfalls genutzt, um die erforderlichen wichtigen Betriebsdaten, wie beispielsweise Laugenkonzentrationen, einzustellen. Für den präzisen Ablauf des gesamten Prozesses sind an vielen Stellen zahlreiche Parameter wie Durchflussmengen, Drücke, Temperaturen und Konzentrationen oder Leistungsaufnahmen der Pumpen zu erfassen und zu regeln. Zusätzlich sind an besonders kritischen Anlagenkomponenten Möglichkeiten für manuelle Probenahmen erforderlich. Die vor Ort einzusetzenden Geräte müssen gegen Laugen und auch gegen den Angriff von schleißenden Materialien beständig sein und so eine akzeptable Lebensdauer gewährleisten. Das trifft besonders auf die Pumpen zu, deren Laufräder aus hoch legiertem Stahlguss bestehen. Bei hohem Druck, wie er zum Beschicken der Autoklaven erforderlich ist, kommen Membranpumpen mit verschleißfester und laugenbeständiger Membrane aus speziellem Kunststoff zum Einsatz. Ähnliche Anforderungen gelten auch für Mengenregelventile und Druckregler. Für die Temperaturmessung werden Thermoelemente mit Schutzrohr verwendet, die regelmäßig und mit relativ geringem Aufwand ausgewechselt werden können. Ähnliches gilt für die Geräte zur Erfassung der Laugenkonzentration. Ein schwieriges Problem ist die Dichtemessung der den Prozess durchlaufenden Suspension. Hier werden meist Geräte eingesetzt, die auf dem Markt nicht verfügbar sind und daher von den Produktionsbetrieben selbst entwickelt wurden.

1.1.8.2 Steuerung und Regelung

Für die Regelung und Steuerung der Vor-Ort-Instrumente und deren Regelung sowie die Erfassung und Auswertung der Daten werden Frei Programmierbare Steuerungen (PLC oder SPS) eingesetzt. Alle für den sicheren und effektiven Betrieb einer Anlage erforderlichen Algorithmen können individuell definiert werden. Für die häufigsten Anwendungen sind vom Herstellerwerk bereits Bausteine in der PLC integriert, sodass lediglich die Randbedingungen und Grenzwerte erfasst werden müssen.

1.1.8.3 Frei Programmierbare Steuerungen

Frei Programmierbare Steuerungen (PLCs) sind spezialisierte Computer, die zur Steuerung von Maschinen und Prozessen in industriellen Umgebungen eingesetzt werden. Sie bieten eine hohe Flexibilität und Zuverlässigkeit bei der Automatisierung und Steuerung komplexer Systeme.

PLCs verfügen über eine Vielzahl von vorprogrammierten Funktionen, die die Implementierung von Steuerungsaufgaben erheblich vereinfachen. Dazu gehören unter anderem:

Regler (z. B. PID-Regler,Proportional-Integral-Derivative): Regler sind grundlegende Werkzeuge in der Prozesssteuerung. Sie halten Prozesse stabil, indem sie kontinuierlich den Ist-Wert mit dem Soll-Wert vergleichen und entsprechende Korrekturen vornehmen. Viele PLCs bieten integrierte PID-Regler, die einfach konfiguriert und angepasst werden können.

Folgesteuerungen: Diese Funktionen ermöglichen die sequenzielle Steuerung von Maschinen und Anlagen. Mit Folgesteuerungen können Techniker logische Abfolgen von Ereignissen programmieren, um komplexe Steuerungsaufgaben zu realisieren. Dies ist besonders nützlich in Produktionsprozessen, bei denen bestimmte Schritte in einer festgelegten Reihenfolge ablaufen müssen.

PLCs sind in der Lage, große Mengen an Daten in Echtzeit zu erfassen, zu verarbeiten und zu sammeln. Das sind Daten von verschiedenen Sensoren und Aktoren, die in die Steuerungsprozesse eingebunden sind. Diese Daten können zur Überwachung, Analyse und Optimierung der Prozesse verwendet werden.

Moderne PLCs bieten umfangreiche Möglichkeiten zur Datenspeicherung. Dies kann intern auf dem Speicher des PLCs oder extern auf angeschlossenen Datenbanken oder Cloud-Systemen erfolgen. Die gespeicherten Daten können für Langzeitanalysen, Berichte und zur Einhaltung von Vorschriften genutzt werden.

Ein weiteres wichtiges Merkmal von PLCs ist die Fähigkeit, Daten grafisch darzustellen. Dies umfasst die grafische Darstellungen von Trends und historischen Daten, welche Technikern helfen, Muster und Anomalien zu erkennen. Dies ist entscheidend für die vorausschauende Wartung und Optimierung der Prozesse. Darüber hinaus wird die Implementierung und Wartung von Steuerungssystemen vereinfacht. Weiterhin ermöglichen sie eine effektive Datenerfassung, -speicherung und grafische Darstellung, die Technikern hilft, Prozesse zu überwachen, zu analysieren und zu optimieren.

PLCs sind oft mit HMIs (Human Machine Interfaces) oder SCADA-Systemen (Supervisory Control and Data Acquisition) verbunden, die eine visuelle Darstellung der Prozesse bieten. Techniker können diese Tools nutzen, um Prozessdaten in Echtzeit zu überwachen, Alarme zu visualisieren und manuelle Eingriffe vorzunehmen.

Es ergibt sich allerdings die Frage, ob es sinnvoll ist, für jede einzelne Anlage alle Möglichkeiten der PLC zu nutzen. Meist reicht die Verbindung zu einem sinnvollen Programm für einen PC, auf dem alle wichtigen Daten und Trendkurven dargestellt sind und der ohnehin für eine sinnvolle Kommunikation mit der PLC erforderlich ist.

Ein zentrales Prozessleitsystem, mit dem die individuellen Anlagen PLC kommunizieren und Daten tauschen, dürfte ohnehin die optimale Lösung darstellen. Mithilfe einer KI könnte ein solches Prozess-Leitsystem Bestandteil eines übergeordneten Verwaltungssystems für die gesamte Tonerdefabrik sein und wichtige Daten, z. B. für Rohstoffbeschaffung und Produktionsdaten und die damit verbundenen Kosten, liefern.

Räumliche Anordnung

Räumlich direkt neben der SPS sind die Komponenten für die Motorsteuerung von Antrieben angeordnet und können so direkt verbunden werden. Die PLC werden als modulare Einschubeinheiten geliefert und in Schaltschränke eingebaut. Die notwendigen Verbindungen werden von den Anlagenbauern hergestellt, die auch die Programmierung für die gelieferten Anlagenkomponenten vornehmen. Die Schaltschränke werden in gesonderten Räumen aufgestellt. Je nach Umweltbedingungen sind die Räume mit leichtem Überdruck der Umgebungsluft ausgestattet oder zumindest klimatisiert. Das dürfte für die meisten Tonerdefabriken zutreffen, deren Umweltbedingungen nicht gerade freundlich sind. Die Steuerungen für jeden Bereich sind autark, d. h., sie können unabhängig von anderen Anlagenbereichen gefahren werden. Allerdings besteht immer eine Sicherheitsverbindung der Anlagen untereinander, um zu vermeiden, dass infolge unbedachter Fahrweise Gefahr für nachfolgende Anlagen entstehen könnte. Meistens ist hier das Prozessleitsystem für die Gesamtanlage gefragt.

1.1.9 Hilfs- und Nebenbetriebe

Komplexe Anlagen wie der Bayer-Prozess erfordern eine Reihe von Hilfsbetrieben für eine sichere Produktion. Das sind zunächst einmal die Lager für Bauxit, fertige Tonerde und Natronlauge sowie die Bereitstellung von Energie in Form von Dampf und elektrischer Energie. Werkstätten und Ersatzteillager sind ebenfalls wichtige Elemente der Anlage. Für das Wohl des Personals gibt es eine Cafertia, die 24 h geöffnet ist, Waschräume und – ganz wichtig – Werksarzt und Erste-Hilfe-Station. Und da nichts ohne Bürokratie geht, wird auch eine Verwaltung benötigt. Unverzichtbar sind Werkschutz und Feuerwehr.

1.1.9.1 Lagerbereiche

Bauxitlager

Um die Produktion störungsfrei auch bei unregelmäßiger Lieferung von Bauxit zu sichern, ist eine mehr oder weniger umfangreiche Lagerhaltung erforderlich. Im Idealfall liegt die Tonerdefabrik nahe der Bauxitmine. Allerdings ist auch in diesem Fall die Möglichkeit eines Transportes per Schiff eigentlich unentbehrlich, da bei Belieferung einer Aluminiumhütte deren Tonerdehandling berücksichtigt werden muss. Viele Tonerdefabriken befinden sich jedoch nicht nahe einer Bauxitmine, sondern sind auf die Lieferung aus z. B. Australien, Afrika oder Brasilien angewiesen. Dementsprechend muss die Vorratshaltung relativ umfangreich sein. In der Vergangenheit betrug die Kapazität einer Tonerdefabrik 100.000–500.000 t/a. Dabei betrug der Jahresbedarf an Bauxit 200.000–1.000.000 t/a. Die Vorratshaltung für drei Monate oder ein halbes Jahr ist relativ überschaubar und erfolgte teilweise sogar in abgedeckten Lagern. Natürlich war auch hier schon die Lage der Anlage am Wasser mit eigenem Hafen fast unumgänglich. Der heutige Trend bei den Tonerdefabriken geht zu Kapazitäten von mindestens 1.000.000 t/a und Anlagengrößen mit einer Produktion von 2.000.000 t/a sind nicht mehr ungewöhnlich. Die entsprechende Vorratshaltung, erforderlich, um Unregelmäßigkeiten bei der Lieferung zu kompensieren, wird daher sehr umfangreich, zumal wenn noch strategische Überlegungen dazu kommen. Lagerung in Hallen wäre viel zu aufwändig und wird durch Haldenlagerung ersetzt.

Ein Beispiel beschreibt eine solche Haldenlagerung

Ein Greifer mit hoher Leistung erfasst den vorzerkleinerten Bauxit und lädt ihn auf einen Gurtförderer. Dieser übergibt das Material auf einen Gurtförderer, der seitlich der Halde angeordnet ist. Dort übernimmt ein Stacker-Reclaimer, der auf Schienen neben der Halde verfahrbar ist. Das Gerät besteht aus einem Grundgestell mit Antrieb, das den gesamten Oberbau trägt. Dieser besteht im Wesentlichen aus einem schwenk- und drehbaren Auslegerarm als Verbundkonstruktion aus Stahlprofilen. Zwischen den Außenträgern des Schwenkarms verläuft ein Gurtförderer, der das Material sowohl zum Ablegen auf der Halde als auch beim Rückladen fördert. Zum Beladen wird das Material vom Gurtförderer in der gewünschten Position abgeworfen. Für das Rückladen ist der Ausleger mit einem Schaufelrad versehen. Über den internen Gurtförderer gelangt das Material zu der zentralen Ablaufschurre und wird von dort aus auf ein Förderbandsystem zum Beschicken des Betriebslagers übergeben. Um diese Bewegungen ausführen zu können, ist der gesamte Oberbau auf einem Rollensystem gelagert. Zusätzlich kann der Ausleger durch einen Hydraulikzylinder gehoben oder gesenkt werden. Zum Ausgleich des Auslegergewichtes ist ein weiterer Ausleger mit Gegengewicht als Teil des Oberbaues unvermeidbar, um ein Kippen der gesamten Konstruktion zu vermeiden.

Die Übergabe des Materials vom Gurtförderer, der das Gut von der Schiffsentladung her anliefert, erfolgt über einen speziellen klappbaren Bandschleifenwagen, der das Material auf einem Bandsystem zum Gurtförderer im Ausleger transportiert. Je nach Bauhöhe des Stacker-Reclaimers kann sich eine dabei ziemlich große Bandlänge ergeben, da die Steigung des Bandes nicht zu steil sein darf, damit das Material nicht zurückrollt (**Bild 1.25**).

Von der Halde gelangt jeweils ein Anteil in ein meist überdachtes Betriebslager. Mithilfe eines Schaufelladers wird Bauxit über ein Siebgitter auf Hallenniveau in einen Tiefbunker als Aufgabebunker für die Bauxitmalanlage befördert.

Lagerung der Natronlauge

Im Bayer-Prozess wird die Lauge im Kreislauf geführt. Wie beschrieben, geht während des Prozesses allerdings Lauge verloren, so im Rotschlamm oder auch im Aluminiumoxid. Dieser Verlust summiert sich auf 60–120 kg Na_2O je 1.000 kg Al_2O_3. Daher ist es erforderlich, Lauge bereit zu halten, mit der dann die Kreislaufmenge wieder aufgefüllt wird. Hierzu wird in einem Tank 50-%ige

Bild 1.25: *Bauxitlagerung: Haldenentnahme: Bei den heute üblichen großen Anlagenkapazitäten erfolgt die Bevorratung von Bauxit auf Halden (stacking). Handling mit Schaufelladern reicht aus Kapazitätsgründen nicht mehr aus. Daher werden Stacker-Reclaimer eingesetzt, die selbst schon eine recht umfangreiche Anlage darstellen. Durch ein Schaufelrad wird Material von der Halde entnommen und über ein internes Fördersystem dem Förderband zum Transport zum Produktionslager übergeben.*

Natronauge gelagert, aus dem die erforderliche Menge in den Mischbehälter vor der Aufschlussanlage gefördert werden kann.

Produktlager

Die Bayer-Anlage liefert ein kontinuierlich fertiges Produkt, das aber nicht genau so gleichförmig abgeliefert werden kann. Heute befinden sich die Oxidfabriken oft in der Nähe der Bauxitgruben. Das bedeutet, dass die Versorgung der Aluminiumhütten, die sich meist dort befinden, wo Energie reichlich vorhanden und damit billiger ist, über große Distanz, also z. B. von Australien nach Dubai, vorzugsweise per Schiff erfolgt. Das bedeutet für die Tonerdefabriken, dass schubweise große Mengen an Tonerde verladen und somit bereitgehalten werden müssen. In früheren Jahren lagen Aluminiumhütten und Tonerdefabriken räumlich in nicht allzu großer Entfernung voneinander, sodass ein Transport mit Spezialfahrzeugen über die Straße oder auch per Eisenbahn für einen quasi kontinuierlichen Abtransport sorgten. Im Zusammenhang mit den kleineren Produktionszahlen reichten Tonerdesilos von relativ geringem Fassungsvermögen von einigen hundert Tonnen aus.

Um den oben beschriebenen Anforderungen zu genügen, sind Tonerdesilos mit einem Fassungsvermögen von 20.000–30.000 t üblich. Diese werden als Stahlkonstruktion oder vielfach auch aus Beton hergestellt. Da heute im Wesentlichen sandige Tonerde verwendet wird, die im Gegensatz zu mehliger Tonerde ein gutes Fließvermögen aufweist, bietet der Abzug von Material aus den großen Silos kaum Probleme. Grundsätzlich sind alle Silos für den Bodenabzug vorgesehen. Zur Sicherheit sind an mehreren Stellen fluidisierte Abzugsrinnen vorgesehen. Zusätzlich erhalten die Siloböden einen Belag von porösen Platten, durch die geringe Mengen von Luft eingeblasen werden. Dadurch ist eine Brückenbildung innerhalb der Silos sicher vermieden.

Die Beschickung der Silos und der Transport von Bauxit innerhalb der Anlage erfolgen über Gurtförderbänder, die eine sichere und verschleißarme Lösung bieten. Zur Überwindung von großen Höhenunterschieden werden auch Gurtbecherwerke eingesetzt. In einigen Fällen haben sich auch pneumatische Förderer bewährt. Nachteil dieser Systeme ist der relativ hohe Energieverbrauch und der Verschleiß insbesondere an den Krümmern der Rohrleitungen. Zudem erfordert der unvermeidliche Staubanfall zusätzliche Entstaubungsanlagen.

1.1.9.2 Energieversorgung

In der Anlage wird sowohl elektrische Energie benötigt als auch Thermoenergie, im Wesentlichen in Form von Dampf. Diese Energie wird im Kesselhaus für zwei Bereiche bereitgestellt.

Überhitzter Dampf wird in der Autoklavenanlage zum Aufschluss des Bauxits benötigt. Er wird durch isolierte Rohrleitungen direkt zu der Anlage geliefert. Elektrische Energie wird für große Verbraucher benötigt. Die größte Menge an elektrischer Energie dürfte auf die Mahlanlage entfallen. Aber die große Anzahl an Pumpen ebenso wie Filter verbrauchen eine erhebliche Menge an elektrischer Energie, ebenso Feststoffförderanlagen oder auch Druckluftkompressoren in verschiedene Anlagenbereichen. Nicht zuletzt sind die Netzdienste, z. B. die Beleuchtung und viele elektrische Kleinverbraucher, zu versorgen.

Im Kesselhaus wir daher sowohl überhitzter Dampf für den Aufschluss als auch für die Dampfturbinen erzeugt. Die benötigte Energie wird in vielen Anlagen durch Kohle erzeugt. Wo entsprechende Vorkommen verfügbar sind, wird auch Erdgas eingesetzt.

Als Ersatz für Kohle und Erdgas könnte in Zukunft die Versorgung mit Wasserstoff – die entsprechende Infrastruktur vorausgesetzt – eine gute Alternative für die Energieversorgung werden.

1.1.9.3 Hilfsdienste

Werkstatt

Eine komplexe Anlage wie die Oxidfabrik besteht aus einer Vielzahl von unterschiedlichen Apparaten und Maschinen, die permanent Wartung und Instandhaltung erfordern. Immer wieder müssen Störungen schnellstens behoben werden, um teure Stillstände der Anlagen zu vermeiden. Die Werkstatt ist daher mit allen erforderlichen Bearbeitungsmaschinen ausgerüstet. Ein wesentlicher Faktor ist hoch qualifiziertes Fachpersonal, sowohl für die Arbeiten an der Mechanik der Anlage als auch für die immer komplexer werdende Mess- und Regelungstechnik. Wesentliche Bestandteile der Anlage bestehen aus Rohrleitungen, die zu einem hohen Anteil Flüssigkeiten unter hohem Druck fördern, und Druckbehältern, wie z. B. die Behälter im Aufschlussbereich. Für Arbeiten in diesem Bereich sind nur Schweißer mit spezieller Ausbildung und entsprechendem Zeugnis zugelassen.

Der Bereich für die Wartung der Fahrzeuge mit entsprechendem Fachpersonal ist ebenfalls ein wichtiger Bestandteil der Werkstatt.

Ersatzteillager

Der Werkstatt angeschlossen ist ein umfangreiches Ersatzteillager. Neben den üblichen Standardelementen wie Schrauben, Muttern und Zubehör enthält das

Lager einen umfangreichen Bestand an kompletten Pumpen der unterschiedlichen Bauarten, so wie sie in der Anlage eingebaut sind. Infolge der Vielzahl der Pumpen ist eine genaue Klassierung wünschenswert, um den Lagerbestand auf einer überschaubaren Größe zu halten. Das gilt auch für andere Bauelemente. Anlagenbauer definieren daher bei Projekten eine Liste mit zu verwendenden Bauelementen. Das wird zwar von vielen Firmen oft als Schikane betrachtet, ist aber für die Lagerhaltung des Produktionsbetriebes unabdingbar. Das gilt im Übrigen wohl für alle großen Industrieanlagen.

Da die Ersatzteile für wichtige Anlagenteile oft eine lange Lieferzeit haben, würden fehlende Ersatzteile einen sehr langen Produktionsausfall bedeuten. Da das wohl nicht zu akzeptieren ist, werden für besonders kritische Komponenten komplette Baugruppen vorgehalten. Das ist zwar mit hohen Kosten verbunden, im Vergleich mit einem langen Produktionsausfall aber sicher wirtschaftlich zu vertreten.

Labor

Ein gut ausgestattetes Labor mit entsprechend qualifiziertem Personal ist unabdingbar. Kritische Materialparameter müssen kontinuierlich überwacht und eingestellt werden. Zusätzlich ist eine gute Qualitätskontrolle des Endproduktes erforderlich.

Sozialdienste

Obwohl die Anlage in weiten Bereichen automatisch betrieben wird und auch die Anwendung von künstlicher Intelligenz zunehmen dürfte, ist Fachpersonal für den Betrieb der Anlage unerlässlich. Das umfasst spezialisierte Ingenieure ebenso wie fachlich versierte Facharbeiter als Schichtmeister, Vorarbeiter und zuverlässiges Personal für die Bedienung der Maschinen und Apparaturen in den verschiedenen Anlagenbereichen. Viele dieser Fachleute werden in der Anlage qualifiziert für ihre Aufgaben geschult. Da dieses Personal den größten Teil des Tages in der Produktionsanlage verbringt, ist es unbedingt erforderlich, für ihr Wohlergehen zu sorgen.

Dafür gibt es in der Anlage folgende Einrichtungen:

Cafeteria: Die Produktion läuft 24 h an sieben Tagen pro Woche. Deshalb muss die Küche ununterbrochen während der gesamten Tageszeit Essen und Getränke in guter Qualität anbieten.

In dem Gebäude der Cafeteria sind weitere Einrichtungen angegliedert:

Wasch- und Umkleideräume: Für die Straßenkleidung und ebenso für die Arbeitskleidung müssen für jeden Mitarbeiter Wasch- und Umkleideräume vorhanden sein. In der Produktion, wo an vielen Stellen mit ätzenden Flüssigkeiten und Stoffen gearbeitet wird, müssen neben den normalen Duschen spezielle Duschen vorhanden sein, um im Notfall die gefährlichen Stoffe unverzüglich abwaschen zu können.

Schulungsräume: Für die Bedienung der einzelnen Anlagen sind spezielle Kenntnisse mit unterschiedlichem Level erforderlich. Zur Schulung des Personals für die Bedienung, aber auch für den Unfallschutz sind entsprechende Räume erforderlich. Wünschenswert ist auch ein Versammlungsraum, der bei Veranstaltungen genügend Platz bietet.

Erste-Hilfe-Station: In einer Großanlage mit zahlreichen Mitarbeitern und komplexen Maschinen und Anlagen sind Unfälle unvermeidbar, obwohl sich das Management bemüht, die Unfallzahlen so gering wie möglich zu halten. In einer Bayer-Anlage kommen noch spezielle Verletzungen durch Verätzung mit Laugen dazu. Hier ist schnelles Handeln durch entsprechend geschultes Personal erforderlich.

Verwaltung: Ohne Bürokratie geht es auch in einer hoch automatisierten Produktionsanlage nicht. Deshalb sorgt eine effiziente Verwaltung eines selbständigen Unternehmens für einen reibungslosen Betrieb der Anlage. Hierzu wird den meisten Anlagen ein attraktives Verwaltungsgebäude angegliedert.

Werksschutz: Hochwertige Industrieanlagen sind anfällig für willkürliche Störungen. Gerade in der heutigen Zeit gibt es zahlreiche Weltverbesserer und Aktivisten, die glauben, dass die Sabotage von Industrieanlagen hilft, die Probleme der Welt zu lösen.

Deshalb ist ein effektiver Werksschutz unbedingt erforderlich, um Zwischenfälle frühzeitig auszuschalten.

Eine weitere Aufgabe des Werksschutzes ist die Kontrolle von ein- und ausfahrenden Fahrzeugen mit den entsprechenden Gütern sowie die Kontrolle des Personenverkehrs.

Interne Sicherheit ist ebenfalls eine Aufgabe des Werksschutzes.

Werksfeuerwehr: Dadurch, dass viele Prozesse mit feuergefährlichen Verfahren arbeiten, ist eine effiziente Werksfeuerwehr erforderlich, die schneller zur Stelle ist als die öffentlichen Feuerwehren. Das bezieht sich auch auf die Rettung von Menschen bei schweren Unfällen, die hoffentlich nie eintreten.

2 Aluminiumelektrolyse

2.1 Aluminiumreduktion

Das Produkt der Aluminiumoxid-Raffinerie ist das raffinierte Erz, das in der Elektrolysehalle weiterverarbeitet wird. Obwohl Aluminiumoxid vielfältig eingesetzt werden kann, wird der größte Teil zur Herstellung von Aluminium-Metall verwendet.

Die chemischen und physikalischen Eigenschaften von Aluminiumoxid erlauben nicht die Gewinnung des Metalls durch ein karbon-chemisches Verfahren. Trotz vieler Versuche ist es bisher nicht gelungen, Aluminium in größeren Mengen herzustellen. Allerdings besitzt Aluminiumoxid, mit einem Schmelzpunkt von über 2.000 °C, eine hohe Löslichkeit in geschmolzenem Kryolith (Na_3AlF_6). Dadurch ist es möglich, Aluminium und Sauerstoff bei Temperaturen zwischen 950 und 980 °C in einem elektrolytischen Prozess zu trennen. Basierend auf dieser Eigenschaft entwickelten Hall in den USA und Héroult in Frankreich auf der Grundlage der Arbeiten von Neville und Bunsen das elektrolytische Aluminium-Extraktionsverfahren, das zu Ehren der beiden Erfinder als Hall-Héroult-Verfahren bezeichnet wird. Interessanterweise wurden beide Männer 1836 geboren und starben 1914. Beide meldeten 1886 ihr Patent an, mit einem zeitlichen Unterschied von nur drei Monaten. Das elektrolytische Verfahren ermöglichte die industrielle Herstellung von Aluminium und die ersten Schmelzhütten entstanden bald in Neuhausen am Rheinfall und an den Niagarafällen in den USA, weil an beiden Standorten ausreichend elektrische Energie erzeugt werden konnte.

2.2 Das Hall-Heroult-Verfahren

Dr. Roman Düssel

2.2.1 Einleitung

Wann die Geschichte der Aluminiumelektrolyse eigentlich beginnt, weiß bis heute niemand so genau. Historiker haben das Jahr 1886 als Beginn festgelegt, in dem Hall (in den USA) und Héroult (in Frankreich) kurz nacheinander zu einem gleichen Verfahren gekommen sind (**Bild 2.1**). Seither konnte man in wirtschaftlich lohnenden Mengen Aluminium herstellen und an der grundlegenden Methode hat sich bis heute kaum etwas geändert. 1854 kamen Robert Bunsen (in Deutschland) und Sainte Claire Deville (in Frankreich) auf eine ähnliche Methode zur Herstellung von Aluminium, ihnen fehlte jedoch die Möglichkeit zur Herstellung von genügend Strom, die erst Werner von Siemens mit dem Dynamo brachte. Bereits 1782 setzte der Chemiker Lavoisier den Wettlauf zur wirtschaftlichen Produktion von Aluminium in Gang. Seine Vermutung war, dass Tonerde wahrscheinlich das Oxid eines Metalls ist, dass mit Sauerstoff eine so starke Bindung eingeht, dass es durch kein bekanntes Reduktionsmittel aufgespalten werden kann. Der Verlauf der Erfindungen, 1807 Davy, 1825 Oersted, 1827 Wöhler, bis hin zu den genannten, bestätigte Lavoisiers These.

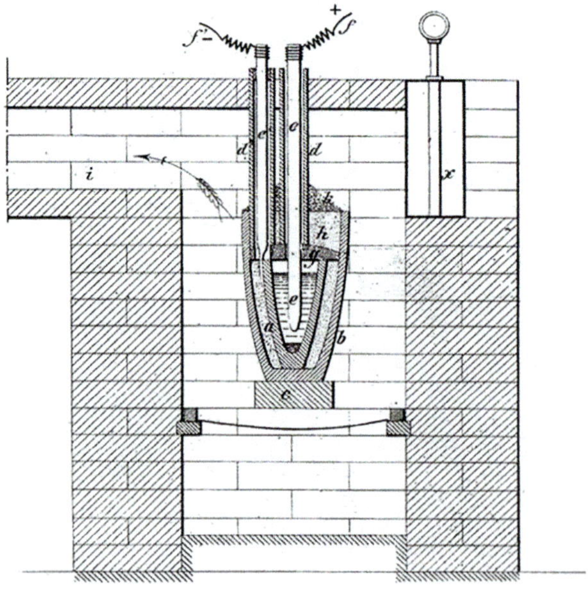

Bild 2.1: *Patentzeichnung von Heroult aus dem Jahr 1886 [2.7]*

Dies und das von Bayer entwickelte Verfahren zum Aufschluss von Bauxit erlaubten die Herstellung von Aluminium im industriellen Maßstab und ließen den Preis bis zum Jahr 1900 von 2.400 RM/kg auf 25 RM/kg fallen [2.7].

2.2.2 Grundlagen

Aluminium wird durch Reduktion aus seinem Oxid Al_2O_3 (Tonerde) gewonnen. Dabei wird Tonerde in geschmolzenem Kryolith Na_3AlF_6 mit einem Überschuss an AlF_3 bei ca. 960 °C gelöst und das Aluminium durch die Schmelzflusselektrolyse an der Kathode abgeschieden. Die Anode des Ofens wird von mehreren Kohlenstoffblöcken und die Kathode von dem bereits abgeschiedenen flüssigen Aluminium gebildet. Der hoch lösungsfähige Elektrolyt und das flüssige Aluminium befinden sich in einer Stahlwanne, die mit einer Auskleidung aus Kohlenstoff und keramischem Isolationsmaterial versehen ist (**Bild 2.2**)

$$2 \cdot Al_2O_3(s) + 3 \cdot C(s) \rightarrow 4 \cdot Al(l) + 3 \cdot CO_2(g) \qquad (2.1)$$

Bei der chemischen Reaktion nach Formel (2.1) wird der elektrische Ladungszustand des Aluminiumions geändert. Es geht dabei von seinem positiv dreiwertigen Ionenzustand (Al^{3+}) in den elektrisch neutralen Zustand über. Dazu werden nach dem Faraday'schen Gesetz pro Aluminiumion drei Elektronen (e^-) oder, anders ausgedrückt, drei Mole Elektronen pro Mol Aluminium benötigt.

$$Al^{3+} + 3e^- = Al \qquad (2.2)$$

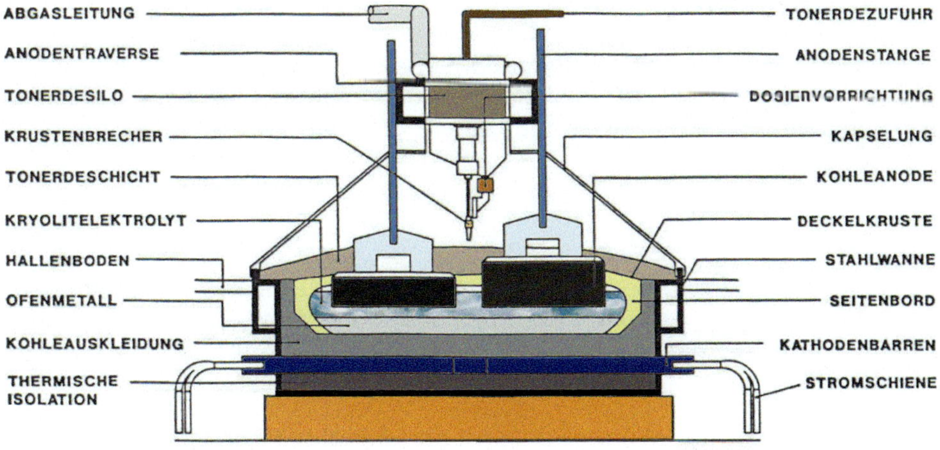

Bild 2.2: *Querschnitt einer Aluminiumelektrolysezelle*

Wird elektrischer Strom I durch eine Elektrolysezelle während der Zeit t geleitet, so wird nach genannten Gleichungen für die Entladung von vier Aluminiumionen die elektrische Ladung von zwölf Elektronen benötigt. Die theoretische Produktion berechnet sich daraus wie folgt:

$$m_{Al.th.} = \frac{4 \cdot M_{Al} \cdot I \cdot t}{12 \cdot F} \tag{2.3}$$

In der Praxis wird weniger Aluminium produziert als die der berechneten Menge aus dem Faraday'schen Gesetz. Das Verhältnis von theoretischer und der nach Formel (2.3) produzierten Menge wird als Stromausbeute bezeichnet.

$$\eta = \frac{m_{Al.Pr}}{m_{Al.th.}} \tag{2.4}$$

Nach Pearson und Waddington [2.18] ist die Verlustmenge zurückzuführen auf die Reoxidation des Kohlendioxids nach:

$$4Al + 6CO_2 = 2Al_2O_3 + 6CO \tag{2.5}$$

Somit kann mit Einbezug der Stromausbeute folgende Gleichung angewandt werden:

$$2\eta Al_2O_3 + 3C = 4\eta Al + 3(2\eta - l)\ CO_2 + 6(l - \eta)\ CO \tag{2.6}$$

oder nach Anwendung in Formel (2.3):

$$m_{Al.Pr} = \frac{4 \cdot M_{Al} \cdot I \cdot t \cdot \eta}{12 \cdot F} \tag{2.7}$$

Weitere Einflussfaktoren, mit deutlich kleinerer Auswirkung auf die Stromausbeute, sind Oxidationen und Reduktionen von anderen löslichen Elementen, die mehrwertig und ionisierbar sind, Stromleitung über flüssiges Aluminium bei Kurzschlüssen über die Anode sowie Verlust von Aluminium in die Ofenauskleidung.

2.2.2.1 Der Elektrolyt

Der Elektrolyt ist Hauptbestandteil des Hall-Héroult-Prozesses. In ihm findet das Auflösen, Erwärmen und Zersetzen des Aluminiumoxids statt. Die Eigenschaften des Elektrolyten sind dabei maßgeblich für den Produktionsprozess verantwortlich, darunter insbesondere folgende [2.14]:

- Liquidustemperatur: Wärmetransport und Randkrustenausbildung

- Elektrische Leitfähigkeit: ohmsche Elektrolytspannung und damit direkt für die Wärmeerzeugung und auch für den spez. Energieverbrauch
- Löslichkeit von Al_2O_3: Bildung und Auflösung von Tonerde auf der Kathodenoberfläche
- Löslichkeit von Al: Stromausbeute (s. oben)
- Viskosität: Abhängig von der Liquidustemperatur, oft auch in Zusammenhang mit dem Superheat beschrieben und in direktem Zusammenhang mit der Auflösung des Aluminiumoxids
- Grenzflächenspannung: Anodeneffekte
- Dichte: elektromagnetische Effekte.

In der Praxis wird die Zusammensetzung des Elektrolyten als ein Gemisch aus Kryolith (Aluminiumtrinatriumhexafluorid) mit einem Überschuss an AlF_3 angegeben. Der gelöste Anteil an Aluminiumoxid beträgt 2 bis 8 % mit einem idealen Wert von ca. 3 % (ähnlich **Bild 2.3**). Zusätzliche Inhaltsstoffe, abhängig von den Materialien, die beim Ofenbau verwendet wurden, und den Stoffen, die mit dem Aluminiumoxid in den Ofen gelangen, mit einem Gesamtbestandteil von weniger als 8 %, sind NaF, CaF_2, MgF_2, LiF und wenige andere. Der Elektrolyseprozess wird weltweit bei einer Temperatur von ca. 955 bis 965 °C betrieben [2.17]. Dabei ist die Zusammensetzung des Elektrolyts so gewählt (Bild 2.3), dass die Schmelz-(Liquidus-)Temperatur ca. 5 bis 10 °C unter der Prozesstemperatur liegt. Diese Differenz wird Superheat genannt und ist maßgeblich für die Lösungsfähigkeit des Aluminiumoxids.

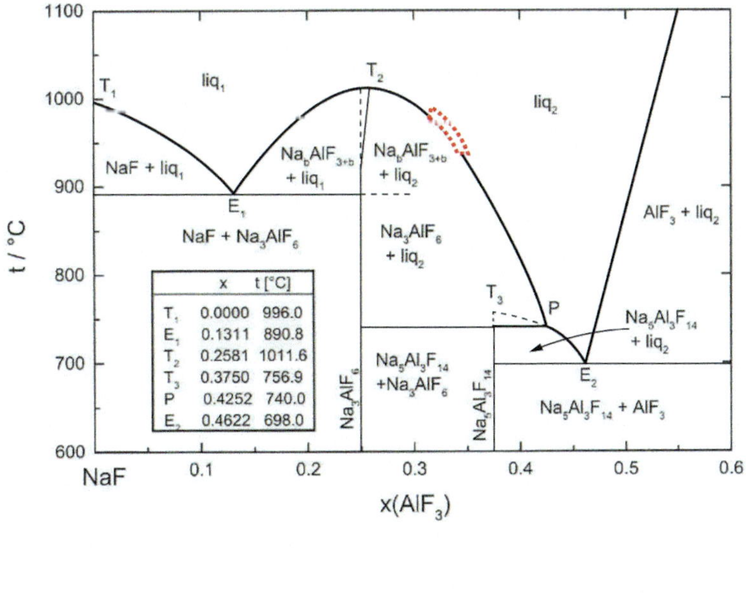

Bild 2.3: *Phasendiagramm NaF-AlF_3 [2.15]*

2.2.2.2 Energieanforderungen

Eine elektrochemische Zelle benötigt zur Erzeugung von chemischen Reaktionen ein angelegtes elektrisches Potenzial. Nach der Gleichung von [2.12] wird die Ofenspannung in drei Gruppen eingeteilt, welche eine ungefähre Größe wie in **Bild 2.4** gezeigt besitzen.

$$U_{cell} = E_{rev} + [\eta_{CC} + \eta_{AA} + \eta_{AC}] + [I \cdot (R_{Anope} + R_{Gas} + R_{Elektrolyt} + R_{Kathode} + R_{Extern})] \quad (2.8)$$

Der erste Teil ergibt sich aus dem Elektrodenpotenzial (Gleichgewichtsspannung, Zersetzungsspannung) von Formel (2.1) und wird mithilfe der Nernst-Gleichung bestimmt. Formel (2.9) ist die Grundgleichung, bei der E^0 das Standardpotenzial bildet, während in Formel (2.10) [2.12] bereits die Anzahl der übertragenen Elektronen (Equivalentzahl) eingetragen ist. Die Aktivität von Aluminium und Kohlenstoff liegt bei eins und die von Kohlendioxid nahe eins; somit bleibt die einzige Variable die Aktivität des Aluminiumoxids. [2.12] und auch [2.8] berechneten eine Zersetzungsspannung von ca. 1,2 V.

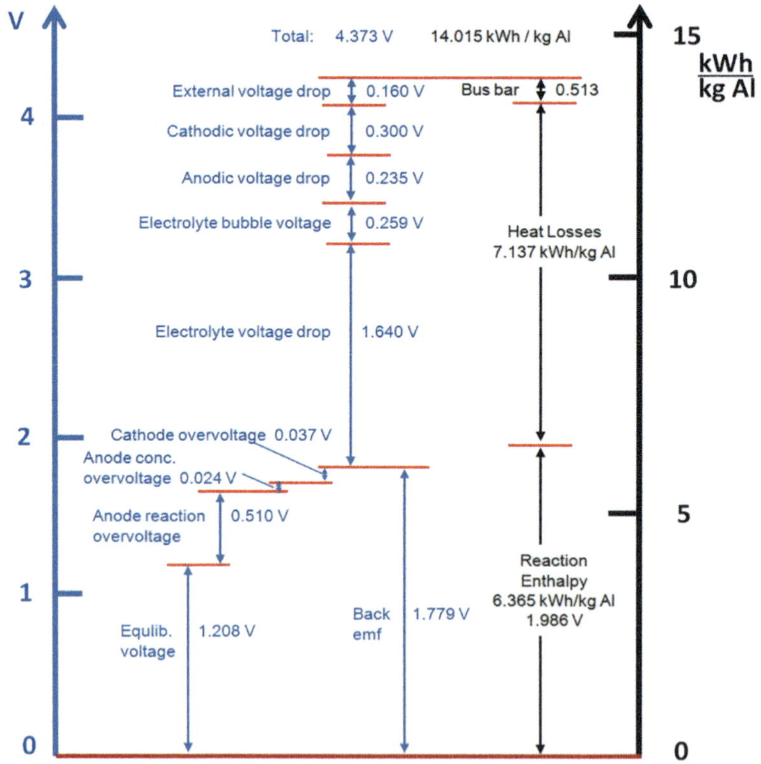

Bild 2.4: *Spannungsverteilung eines Elektrolyseofens [2.8]*

$$E = E^{o} + \frac{RT}{z_{e}F} \ln \frac{\alpha_{Al}^{4} \cdot \alpha_{CO_2}^{3}}{\alpha_{Al_2O_3}^{2} \cdot \alpha_{C}^{3}} \tag{2.9}$$

$$E = -\frac{\Delta G^{o}}{6F} + \frac{RT}{6F} \ln \left(\frac{\alpha_{O_{x(ges.)}}}{\alpha_{O_x}} \right)^{2,77} \tag{2.10}$$

Der zweite Teil besteht aus den Reaktions- und Überspannungen und ist stark von der Temperatur und der Stromdichte an Anode und Kathode abhängig. Die Polarisation an der Anode hat eine Reaktions- und eine Konzentrationsüberspannung. Die Reaktionsspannung hat mit ca. 0,5 V einen großen Einfluss, während die Konzentrationsüberspannung erst bei niedrigem Aluminiumoxidgehalt ansteigt.

Der dritte und für die Untersuchungen zur Flexibilisierung des Energieeintrags maßgebliche Teil wird durch die ohmschen Widerstände der einzelnen Ofenmaterialien multipliziert mit der Hallenstromstärke bestimmt. Dieser Teil ist auch maßgeblich für die Wärmeerzeugung im Ofen. Die externen Spannungsverluste können für die Untersuchungen vernachlässigt werden, da sie keine Wärme im Ofen erzeugen. Jedoch wird die Ofenspannung immer inklusive externe Spannungsverluste angeben, sodass sie zur Subtraktion ermittelt werden muss. Aufgrund der nahezu identischen Schienenführung der Öfen sind die externen Spannungsverluste, bis auf die der Endöfen der Ofengruppen, für alle Öfen gleich. Der Spannungsabfall über die Anoden und Kathoden ist vor allem durch den Kontaktwiderstand vom Übergang von Gusseisen auf den Kohlenstoff sowie durch den Materialwiderstand des Kohlenstoffs selbst bestimmt. Anodenzapfen, Anodenjoch sowie Kathodenbarren sind aus Stahl und haben einen geringen Widerstand. Bei der Kathode spielt die Oberfläche noch eine besondere Rolle. Sind hier Ablagerungen durch Elektrolyt vermischt mit Aluminiumoxid vorhanden, hebt das den Widerstand stark an. Der Widerstand, erzeugt durch Gasblasen unter der Anode, hängt stark von deren Form und von der Metallwölbung ab. Die Metallwölbung entsteht durch die Badbewegung des starken Magnetfeldes und durch konvektive Strömungen im Metallbad. Der Abstand zwischen Anode und Kathode muss daher auf eine Minimalgröße festgelegt werden, um einen Kurzschluss zu vermeiden. Der entsprechende Widerstand wird im Weiteren besonders betrachtet. Der mit wenigen Zentimetern recht kleine Teil des Elektrolyten trägt den mit Abstand größten Teil der Spannung, erzeugt durch das ohmsche Gesetz. Er ist nicht nur proportional zum Anoden-Kathoden-Abstand (ACD), sondern ebenfalls stark abhängig von Temperatur und chemischer Zusammensetzung des Elektrolyten. Der Einfluss von Aluminiumoxid und dem ACD auf die Ofenspannung ist in **Bild 2.5** dargestellt. Dabei ist der Anstieg mit fallendem Aluminiumoxidgehalt auf die Konzentrationsüberspannung an der Anode und der Anstieg mit stei-

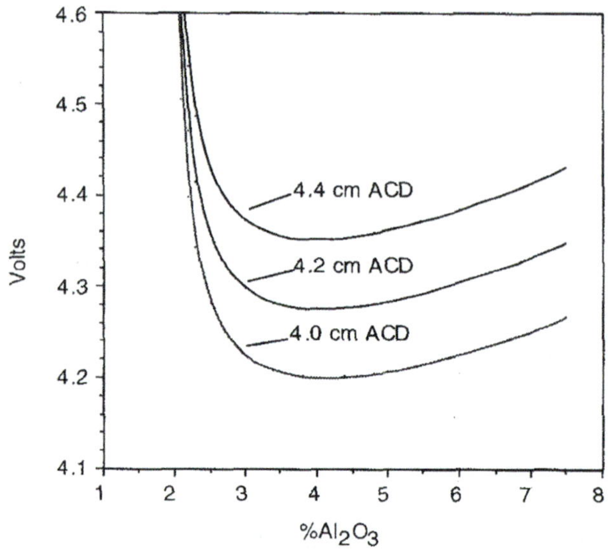

Bild 2.5: *Ofenspannung bei versch. ACD's [2.8]*

gendem Alumiumoxidgehalt auf die ohmsche Widerstandserhöhung des Elektrolyts zurückzuführen.

2.2.3 Rohstoffe

Mit über 90 % (**Bild 2.6**) Kostenanteil sind die Rohstoffe die Kostentreiber in der Aluminiumindustrie. Dabei nimmt Strom den mit Abstand größten Betrag ein. Das ist weltweit nicht einheitlich, wie der Vergleich in Bild 2.6 deutlich zeigt. Die Kosten für den Bau eines Aluminiumwerks, mit ca. 5.000 bis 9.000 US$ pro Tonne Jahresproduktion [2.2], [2.3], lassen sich dann leicht gegen den Strompreis des Standorts sowie den deutlich besseren Energieverbrauch einer

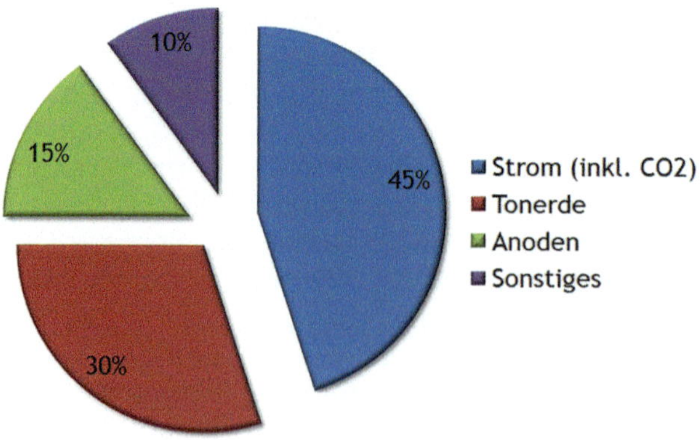

Bild 2.6: *Kostenstruktur von Elektrolysen in Europa*

neuen Ofentechnologie rechnen. Allerdings dürfte sich heute infolge der gestiegenen Investitionskosten und der Energiepreise ein deutlich verschobenes Bild in Richtung Energiekosten ergeben. Nicht umsonst werden dort neue Hütten gebaut, wo Energie zu günstigen Konditionen verfügbar ist. Anoden und Tonerde nehmen bei der Entscheidung kaum Einfluss, da ihr Preis ein weltweit gleichwertig gehandelter ist. Diese Gegebenheiten lassen also vermuten, dass neue Produktionsstandorte hauptsächlich in Ländern mit niedrigen Energiekosten entstehen. Diese Annahme ist jedoch falsch, da z. B. die Transportkosten aus und nach Russland den günstigen Wasserstrom übertreffen. Des Weiteren wird in China mittlerweile 60 % des weltweiten Primäraluminiums produziert (**Bild 2.7**), und zwar nur, weil das politische Interesse die hohen Stromkosten überwiegt.

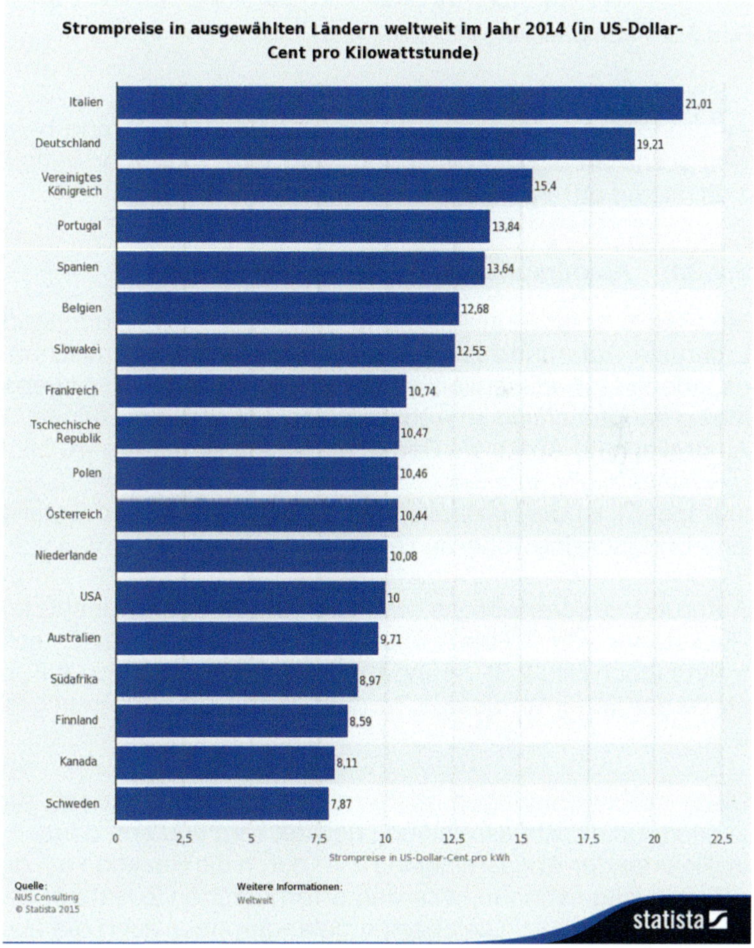

Bild 2.7: *Weltweite Primäraluminiumproduktion [2.1]*

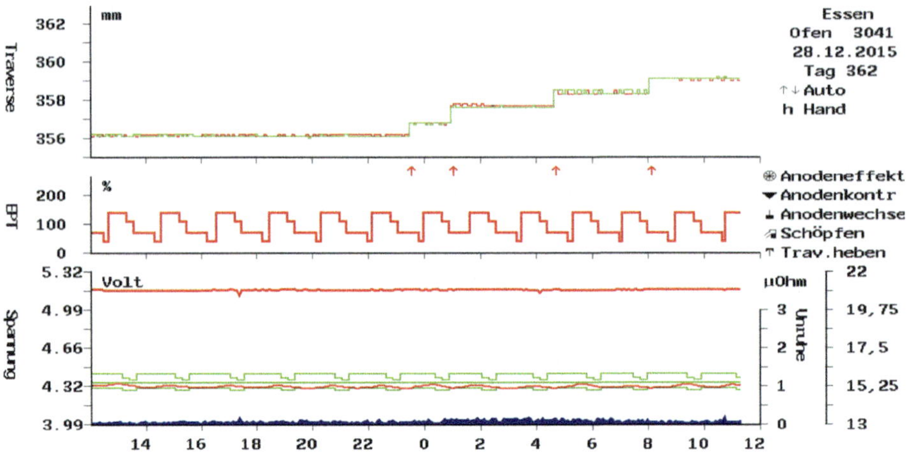

Bild 2.8: *Strompreisvergleich 2014 [2.4]*

Aufgrund der politischen Situation dürfte Deutschland bei den Stromkosten weit vorne an der Spitze liegen (**Bild 2.8**). Eine Aluminiumproduktion dürfte z. Zt. wenig attraktiv sein.

2.2.3.1 Aluminiumoxid

Mit über 8 % ist Aluminium das dritthäufigste vorkommende Element in der Erdkruste. Aufgrund seines sehr niedrigen elektrochemischen Potenzials kommt es jedoch fast ausschließlich in oxidierter Form vor. Abgebaut wird Aluminiumoxid hauptsächlich im Äquatorgürtel (+/-20°) bei Guinea, Jamaika, Brasilien, Australien und Afrika als Bauxit mit einem Anteil von 40 bis 60 %.

In Kapitel 1. ist die Herstellung von Aluminiumoxid im Detail beschrieben. Das Ergebnis ist reine Tonerde (Al_2O_3).

Aufgrund des Verfahrens sind allerding in der eingesetzten Tonerde immer Rückstände von 0,3 bis 0,5 % Na_2O, welche die Liquidustemperatur des Elektrolyts (nach Bild 2.3) verändern und eine Zugabe von AlF_3 erfordern. Inhaltsstoffe der Tonerde, die das Produkt Aluminium verunreinigen, sind SiO_2, Fe_2O_3 u. w.

Diese Verunreinigungen reichern sich an, weil die frisch zugeführte Tonerde zunächst in die Abgasreinigung geleitet wird und erst danach in die Elektrolyse. Im Reaktor der Abgasreinigung wird durch die Reaktion mit dem Elektrolysegas AlF_3 zurückgewonnen, was den erforderlichen Zusatz in der Elektrolysezelle deutlich verringert. Gleichzeitig gelangen aber auch die unerwünschten Verunreinigungen in die Tonerde, was zu einem Anreichern dieser Elemente im Aluminium führt. Daher ist es erforderlich, der Tonerde nach dem Passieren der Abgasreinigung frische Tonerde beizumischen, um den Anteil der Verunreinigungen zu kontrollieren.

Die Verdünnung des AlF_3-Überschusses im Elektrolyt ist nach den beiden folgenden Formeln beschrieben:

$$3Na_2O + 4AlF_3 \rightarrow 2Na_3AlF_6 + Al_2O_3 \tag{2.11}$$

$$3CaO + 2AlF_3 \rightarrow 3CaF_2 + Al_2O_3 \tag{2.12}$$

2.2.3.2 Kohlenstoffanoden

In den meisten Aluminiumelektrolysen werden vorgebrannte Anoden eingesetzt. In Russland existieren zum Teil noch vereinzelte Elektrolyseöfen, bei denen der Brennprozess der Anode mit im Elektrolyseofen, etwa 1 m über dem flüssigen Elektrolyt, stattfindet. Dies sogenannten Söderbergöfen werden allerdings sukzessive auch in Russland durch moderne Anlagen ersetzt, um auch dort die Umweltbedingungen auf den neuesten Stand zu bringen.

Neben ihrer Fähigkeit als Stromleiter dient die Kohlenstoffanode hauptsächlich als Reaktionselement zur Bildung von CO_2 mit dem Sauerstoff des Aluminiumoxids. Anoden werden aus kalziniertem Petrolkoks hergestellt, welcher zusammen mit Reststücken mit dem Bindemittel Steinkohlenteerpech vermischt wird. Dabei sind Korngrößen und Verteilung äußerst wichtig für die späteren Eigenschaften wie z. B. einen niedrigen Luftabbrand, eine hohe Dichte und eine hohe elektrische Leitfähigkeit.

Die Anodenfertigung ist im Detail in Kapitel 3 beschrieben.

2.2.3.3 Kathoden und Isolation

Die Anforderungen an die chemische Reinheit der Kathoden sind weitaus geringer als an die der Anoden. Dafür sind ihre elektrische Leitfähigkeit und mechanische Festigkeit von höchster Bedeutung. Die Lebensdauer einer Kathode beträgt 1.500 bis 2.500 Tage und ist maßgeblich durch die elektrochemische und mechanische Abnutzung bestimmt. Des Weiteren ist eine möglichst geringe Porosität von Vorteil, sodass nur geringe Mengen an Elektrolyt in die Kathode eindringen können, die bei Erstarrung Teile der Kohle abtrennen [2.6].

Die Herstellung der Kathoden ist im Prinzip die Gleiche wie die der Anodenherstellung. Allerdings folgt nach dem Prozess im Brennofen eine Graphitisierung, bei der der Kohleblock durch elektrischen Strom unter Luftabschluss erhitzt und so die Kohle in Graphit umgewandelt wird.

Die Isolation des Ofens muss neben einer niedrigen thermischen Leitfähigkeit eine gute Beständigkeit gegen Elektrolyt und Aluminium aufweisen. Gerade beim Start eines neu zugestellten Ofens kann flüssiges Material bis zur Isolationsschicht vordringen. Art und Dicke der Ausmauerung wird so gewählt, dass über die Seiten genug Wärme abfließt, dass sich eine stabile Randkruste im Ofen bildet, die den Ofen schützt.

2.2.4 Regelungsgrundsatz

Ziel jeder wirtschaftlichen Produktion ist es, mit möglichst wenig Aufwand viel zu erreichen. Dieser Grundsatz gilt auch für die Regelung der Aluminiumproduktion. Die Regelung soll so eingestellt werden, dass Rohstoffeinsatz, Energieverbrauch, Wertminderung und Arbeitspraxis möglichst im Optimum gehalten werden. Dabei spielt die Regelung der Wärmebilanz des Ofens eine übergeordnete Rolle, da sie Einfluss auf alle genannten Größen nimmt.

Obwohl an allen Elektrolyseöfen einer Ofenhalle die gleiche Stromstärke anliegt und sie ähnlichen Umgebungsbedingungen ausgesetzt sind, ist es unumgänglich, jeden Ofen einzeln zu regeln. Die verschiedenen prozesstechnischen und operationellen Eingriffe (beschrieben in den folgenden Kapiteln) stören den Prozess des einzelnen Ofens immens und erzeugen Abweichungen der Regelgrößen. Hinzu kommt, dass die Öfen auf die meisten Störgrößen nicht direkt reagieren, sondern ein dynamisches Verhalten besitzen. Jedoch haben alle Eingriffe einen direkten oder indirekten Einfluss auf die Wärmebilanz des Ofens, die es zu regeln gilt. In den nachfolgenden Kapiteln wird beschrieben, welche grundlegenden Regelungen in allen Elektrolysezellen weltweit eingesetzt werden. Dabei sind die Hauptkriterien [2.12]:

- Das Prozessfenster so wählen, dass die Ofenparameter nah am Optimum liegen
- Den Effekt manueller Eingriffe in die Regelung integrieren (Anodenwechsel, Schöpfen)
- Kontrolle der Stellgrößen, die sofortigen Einfluss haben (Anoden-Kathoden-Abstand, Al_2O_3-Fütterung, AlF_3-Fütterung)
- Präventive und störungsbedingte Reaktion auf Anomalien (Anodeneffekt (AE), Unruhe, Schlammbildung).

Ein perfekt geregelter Aluminiumelektrolyseprozess läuft bei einer konstanten Temperatur, einem konstanten Anoden-Kathoden-Abstand (ACD), oft auch

Interpolardistanz genannt, und einer konstanten chemischen Zusammensetzung ab [2.10]. Eine Berechnung des ACD's über die kontinuierlich aufgenommene Ofenspannung ist theoretisch möglich, jedoch können Temperatur und chemische Zusammensetzung des Elektrolyten nicht kontinuierlich überwacht werden. Der Elektrolyt würde die Sensoren in kürzester Zeit zerstören. Somit bleiben dem Kontrollsystem lediglich die Stromstärke und Spannung als direktes Kontrollsignal. Dabei wird zur Regelung der Ofenwiderstand, berechnet aus Spannung und Stromstärke, genutzt, da dieser ein Signal frei von kleinen Stromstärkeschwankungen liefert. Ein oder zwei Öfen werden dabei von einer Process Control Unit (PCU) geregelt, welche die Signale aufnimmt.

Die Regelung erfolgt in einem geschlossenen Regelkreis. Dabei gibt ein Messglied den Wert der zu regelnden Größe x auf und gibt sie an den Regler weiter. Dieser rechnet nach definierten Regeln die Abweichung Δx und die Korrektur Δy für die Stellung des notwendige Stellung des Regelgerätes aus. Für das zeitabhängige Verhalten des Regelkreises gibt es verschiedene Regelsysteme:

Der Proportional-Regler (P-Regler) reagiert mit einem Signal y, welches proportional der Größe der Abweichung Δx von der Einstellgröße x ist. Gut eingestellt reagiert der Regler sehr schnell. Allerdings bleibt eine unveränderte Abweichung von der Einstellgröße.

Der Integral-Regler (I-Regler) reagiert auf die Geschwindigkeit der Korrekturgröße: Da diese sich während des Regelvorganges stetig verändert, addiert/ integriert der Regler diese Regelungsschritte zu einem Gesamtwert; daher Integral-Regler. Der Regler muss sehr genau eingestellt werden, da er entweder zu langsam reagiert oder auch zum Schwingen des Regelkreises führen kann.

D-Regler (Differential-Regler): Die Regelgröße ist proportional der Größe der Geschwindigkeitsänderung. Der Regler reagiert sehr langsam, aber er verhindert ein Überschießen der Regelwerte. Praktisch kann dieser Regler nur in Verbindung mit einem P-Regler realisiert werden.

Eine technisch sinnvolle Anwendungen ergibt sich durch eine Kombination der drei Regelsysteme als PID-Regler. Der PID-Regler kombiniert die schnelle Reaktion des P-Reglers und des I-Reglers mit der Genauigkeit des D-Reglers.

Zur Regelung nutzt die PCU einen PID-Regler. So können die Abhängigkeiten von thermischen und chemischen Einflüssen auf den Widerstand differenziert werden.

2.2.4.1 Widerstandsregelung

Aufgrund seiner geometrischen und materiellen Gegebenheiten ist jeder Elektrolyseofen für einen gewissen Wärmeverlust ausgelegt und somit bedarf es auch eines notwendigen Energieeinsatzes. Dieser muss so gewählt werden, dass die Temperatur im optimalen Prozessfenster liegt. Dabei sollte die Elektrolyttemperatur so tief wie möglich gehalten werden, um energieeffizient zu produzieren, und gerade so weit über der Liquidustemperatur liegen, dass Tonerde optimal gelöst werden kann und so nah an der Liquidustemperatur, dass eine ausreichende Randkruste entsteht, die den Ofen schützt. Aus diesem Grund wird eine für den Ofen angepasste Prozess-Setpoint-Spannung (PSP) vorgegeben, die nach dem ohmschen Gesetz den zu regelnden Widerstand wiedergibt. Diese Regelung ist ausschließlich über das System Anode-Kathode möglich, da die verschiedenen Widerstände innerhalb der Elektrolysezelle und die dadurch erzeugten Spannungsverluste an den Bauteilen nicht verändert werden können, demnach also fixe Werte darstellen. Die Spannung zwischen Anode und Kathode wird durch den Interpolarabstand ACD bestimmt. Deshalb ist die Änderung dieses Abstandes die einzige Stellgröße. Bei sinkender Spannung muss die Interpolardistanz reduziert, bei steigender Spannung vergrößert werden. Während des Prozesses verändert sich der Abstand, da der Metallspiegel durch Abscheidung von Aluminium ansteigt. Es ist als eine fortlaufende Korrektur erforderlich.

Zur Vermeidung von zu vielen Traversenbewegungen wird um den Widerstand ein Prozessfenster (grüne Linien in der Spannungsebene) gelegt, in dem die Widerstandsregelung den Widerstand des Ofens (untere rote Linie innerhalb der Spannungsebene) halten soll. Die genannten Graphen in **Bild 2.9** beziehen

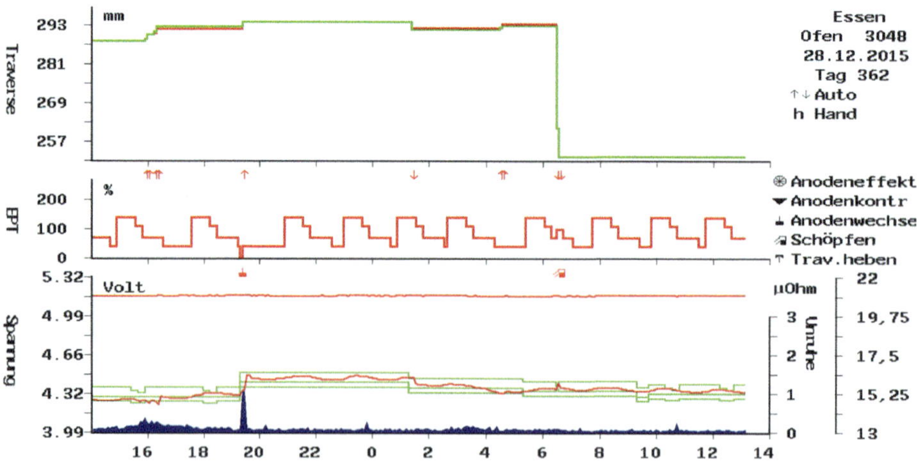

Bild 2.9: *Ansicht eines Prozesskontrollsystems*

sich auf die äußerste rechte Achse und liegen bei ca. 15,5 µΩ. Läuft der Widerstand aus dem Prozessfenster (ca. 0 Uhr und folgende Zeiten), so wird die Traverse (grüne und rote Linie der Traversenebene) angehoben, um den ACD zu vergrößern (hier um ca. 1 mm). Bei dieser Regelung werden Mittelwerte des Widerstands über einen Zeitraum von 2 bis 8 Minuten gebildet und nach diesen geregelt. Für hochfrequente Widerstandsveränderungen ist die Unruhekontrolle zuständig.

2.2.4.2 Anodenefekt

Bei Überschreitung von Grenzwerten für bestimmte Zeiten gibt es weitere Regelmechanismen. Wird z. B. eine Spannung von 8 V für drei Sekunden überschritten, so unterliegt der Ofen einem Anodeneffekt. D. h., der Aluminiumoxidgehalt im Elektrolyt ist abgefallen und die Kompensationsüberspannung der Anode rapide angestiegen. Es bilden sich mehr und mehr Gasblasen unter der Anode und verhindern ein Benetzen der Anode mit Elektrolyt. Der Widerstand steigt weiter und das entweichende Gas ist nun fast ausschließlich CO mit einem steigenden Anteil an CF_4 [2.12]. Die Ofenkontrolle reagiert mit einer massiven Aluminiumoxidfütterung zur Anhebung der Konzentration sowie mit dem pumpartigen Absenken der Traverse zur Beseitigung der Gasblasen um die Anode. Weitere Widerstandsregelungen wie die Aluminiumoxidregelung und Anpassungen an manuelle Eingriffe werden in den folgenden Kapiteln beschrieben.

2.2.4.3 Aluminiumoxidregelung

Aufgrund der direkten Abhängigkeit des Aluminiumoxidgehalts im Elektrolyten und der elektrischen Spannung über den Elektrolyten (Bild 2.9) wird die Aluminiumoxidzugabe anhand der Ofenspannung geregelt. Die Regelung ist jedoch nicht trivial, da die Spannung, beim Verlassen des optimalen Bereichs der Konzentration mit Zunahme und Abnahme der Aluminiumoxidkonzentration zunimmt. Aus diesem Grund wird die Aluminiumoxidzugabe in mind. zwei Phasen betrieben. Aus einer zeitlich fest bestimmten Überfütterungsphase (z. B. 140 % der benötigten Menge pro Zeiteinheit) wird in eine Unterfütterungsphase (z. B. 70 %) übergeleitet, und zwar so lange, bis die Spannung des Ofens wieder ansteigt. Die Zeit der Überfütterungsphase wurde vorher so bestimmt, dass die Konzentration, mit Ende der Phase, in jedem Fall über der der Spannungsminimum-Konzentration liegt. Dieses Verfahren kann mit weiteren Zwischenphasen so optimiert werden, dass sich der Prozess möglichst im Optimum befindet.

2.2.4.4 Manuelle Eingriffe

Alle weiteren Prozessparameter werden in der Aluminiumelektrolyse manuell geregelt. Ziel ist es, die beiden vorher genannten Regelungen so wenig wie möglich durch die manuellen Eingriffe zu beeinflussen. Die Eingriffe sind:

Anodenwechsel: Pro kg produziertem Aluminium wird ca. 1 kg Anodenkohle verbraucht. Für ein sinnvolles Verfahren werden Anoden in unterschiedlichem Abbrandstadium über den Anodenbaum automatisch abgesenkt. Abgebrannte Anoden müssen ersetzt und durch neue ausgetauscht werden.

Der Anodenwechsel ist der größte thermische Eingriff in die Energiebilanz eines Elektrolyseofens [2.19]. Zuerst werden eine oder zwei heiße Anodenreste inklusive Zapfen, Joch und Anodenstange aus dem Ofen entfernt. Danach werden heißes, in den Ofen gefallenes Eindeckmaterial und Randkruste aus dem Ofen gebaggert. Zuletzt werden eine oder zwei neue Anoden mit Umgebungstemperatur in den Ofen gesetzt und diese zwei bis acht Stunden später mit Eindeckmaterial abgedeckt. Der Elektrolyt rings um die neuen Anoden erstarrt und es kommt zu einem Ungleichgewicht der Stromverteilung im Ofen und einem Anstieg des AlF_3-Gehalts aufgrund des reduzierten flüssigen Elektrolytvolumens. Ohne die zusätzliche Energie, die dem Ofen durch einen erhöhten ACD gegeben wird, würde die Temperatur im Ofen abfallen. Die Reihenfolge des Anodenwechsels ist dabei maßgeblich für eine gute Temperaturverteilung und Stromausbeute [2.9]. Das Eindeckmaterial spielt dabei eine wichtige Rolle in der Wärmebilanz. Durch Stärke, Zusammensetzung und Korngrößenverteilung kann der Wärmeverlust beeinflusst werden.

Metallsaugen: Das produzierte Aluminium setzt sich auf der Kathode des Ofens ab und wird, alle ein bis zwei Tage, abgesaugt. Dabei ist das Intervall versetzt zu dem des Anodenwechsels, sodass sich die Störeffekte der Änderungen nicht aufschaukeln. Obwohl die Menge des entnommenen Aluminiums nur ein Bruchteil der Ofenmasse ist, hat die Veränderung massiven Einfluss auf die Wärmeverluste. Das flüssige Aluminium ist ein guter Wärmeleiter und trägt die Energie sehr gut über die Seitenwände ab. Bei kleinerem Volumen verringert sich die Übertragungsfläche und der Ofen heizt sich zunehmend auf.

Temperaturmessung: Die Temperaturmessung mit z. B. dem Fiberlab-System (von Heraseus Electro-Nite) hat deutlich weniger Einfluss auf die Produktion. Durch das geöffnete Loch in der Kruste wird ein Fiberdraht in das Elektrolyt gehalten und nach Messung der Temperatur wird eine Probe des Elektrolytes entnommen. Über den Fiberdraht in der Probe wird die Temperatur kontinuierlich weiter gemessen und über eine Zeitachse dargestellt. Durch das Freiwerden von Energie beim Phasenübergang von flüssig nach fest ändert sich die Steigung der Abkühlkurve kurzzeitig. So können innerhalb weniger Sekunden

Temperatur und Erstarrungstemperatur bestimmt werden. Verfolgt man die Abkühlkurve über drei Minuten, so können über zwei weitere Steigungsänderungen AlF_3- und Al_2O_3-Gehalt bestimmt werden. Das geöffnete Loch in der Kruste wächst, abhängig von der Temperatur, innerhalb von 10 bis 60 Minuten wieder zu.

Traverse heben: Um den erforderlichen ACD zu halten, werden die Anoden kurz bevor der Anodenbaum seine minimale Position erreicht hat und eine Verringerung des ACD's nicht mehr möglich ist mithilfe einer Traverse wieder angehoben. Die Traverse wird auf dem Ofen abgesetzt und hält alle Anoden fest, während der Anodenbaum etwas unter die höchste Position fährt. Dabei ist größte Sorgfalt erforderlich, denn durch Abrutschen einer Anode oder einer nicht richtigen Verbindung von Anodenstange und Anodenbaum nach dem Traverseheben kann es zu einer ungleichmäßigen Stromverteilung oder sogar zu einem Kurzschluss kommen. Spannungsschwankungen werden allerdings durch die Unruhekontrolle erkannt und der Defekt wird manuell beseitigt.

Um den manuellen Eingriffen entgegenzuwirken, gibt es verschiedene Maßnahmen, um diese zu kompensieren. Die meisten Maßnahmen werden manuell durch einen Mitarbeiter eingeleitet. So wird beispielsweise, mit Start des Anodenwechsels und des Eindeckens, die Aluminiumoxidzugabe für einen Zeitraum

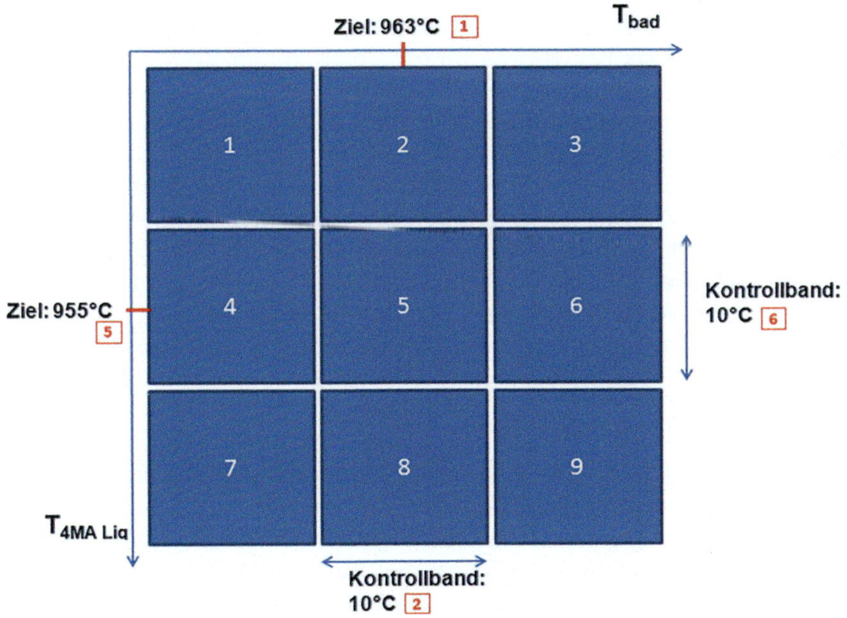

Bild 2.10: *Ansicht des Prozesskontrollsystems inkl. Anodenwechsel*

gedrosselt oder ganz ausgestellt, da bereits Aluminiumoxid der Eindeckung während des Wechsels in den Ofen fällt. In **Bild 2.10** ist zu erkennen, dass kurz vor 20 Uhr die Aluminiumoxiddosierung (rote Linie der EPT-Ebene) auf 0 % gestellt wird. Des Weiteren wird der Sollwert zusammen mit der oberen und unteren Grenze der Widerstandsregelung angehoben (grüne Linien der Spannungs-Ebene), um mehr Energie in den Ofen zu geben, damit die neu gesetzten Anoden aufgeheizt werden können. Für das Traverseheben und Saugen muss die Widerstandsregelung ausgesetzt werden. So wird beispielsweise beim Saugen der Anodenbaum so verfahren, dass der ACD konstant oder, anders ausgedrückt, der Widerstand im Prozessfenster bleibt (s. sechs Uhr Traversen-Ebene).

2.2.4.5 Regelungskonzept 9-Box-Algorythmus

Die für Messsensorik kritischen Umgebungsbedingungen machen es schwierig, den Prozess durchgehend zu überwachen. Lediglich Hallenstromstärke und -spannung sowie Ofenspannungen werden kontinuierlich gemessen. Es existieren jedoch viele weitere chemische und thermische Größen, die für die Regelung des Ofens äußerst wichtig sind und mit deren Kenntnis die Energie- und Massenbilanz effizienter geregelt werden können.

Die Trimet hat 2003 zusammen mit Heraeus Electro-Nite ein neues Regelungskonzept eingeführt. Mithilfe eines neuen Messgeräts wurden Temperatur und Liquidustemperatur des Elektrolyts innerhalb von sechs Minuten bestimmt. So konnte, mittels eines 9-Box-Konzeptes, innerhalb kürzester Zeit auf den aktuellen thermischen und chemischen Zustand des Elektrolyseofens reagiert werden. Die grundlegende Strategie des Konzeptes ist es, den Ofen in einem Koordinatensystem in neun Regelzonen einzuteilen. Dabei wird die Ziel-Temperatur (z. B. 963 °C) auf der einen Achse und die Ziel-Liquidustemperatur (z. B. 955 °C) auf der anderen Achse eingetragen (**Bild 2.11**). Um beide Temperaturen wird ein Regelbereich (z. B. +/-5 °C) eingetragen, dessen vier Schnittpunkte das Rechteck der Zielbox 5 bilden. In allen anderen Boxen (1 bis 4 und 6 bis 9) gibt es unterschiedliche Aktionen, die den thermischen und chemischen Zustand des Ofens wieder in Box 5 bringen sollen. Eine Grundlegende Regelgröße ist dabei der Superheat, die Differenz von Temperatur und Liquidustemperatur.

Das Ziel des 9-Box-Regelalgorithmus‘ ist die Variation von Temperatur, Liquidustemperatur und Superheat über alle Öfen zu minimieren und den Ofen bei einer exakten Betriebstemperatur mit möglichst niedrigem Superheat zu betreiben [2.9]. Durch die Senkung der Liquidustemperatur konnte die Stromausbeute verbessert werden, da mithilfe einer höheren AlF_3-Konzentration die Aluminiumlöslichkeit im Elektrolyt verschlechtert wurde. Des Weiteren konnten durch

Bild 2.11: *9-Box-Regelungskonzept*

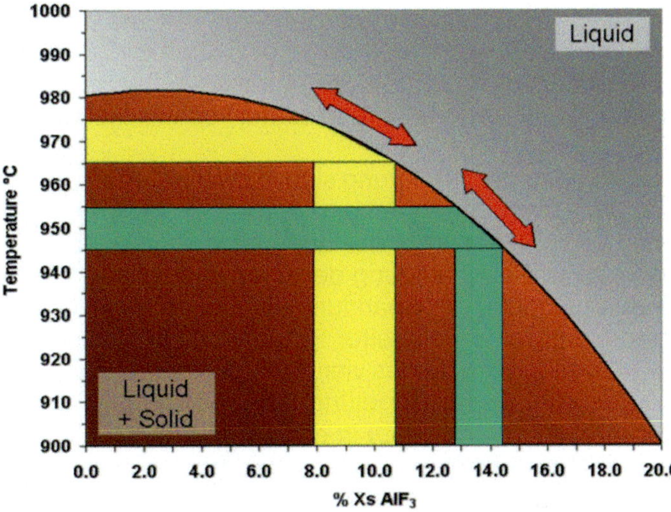

eine niedrigere Badtemperatur und einen niedrigeren Superheat die Wärmeverluste und vor allem der Energieverbrauch gesenkt werden [2.10], [2.11], [2.12]. Im Phasendiagramm in **Bild 2.12** ist zu erkennen, dass der neue Betriebsbereich (grün) anfälliger gegenüber chemischen Veränderungen ist, da die Temperaturkurve steiler ist. Des Weiteren hat der Elektrolyt mit höherem AlF_3-Gehalt eine schlechtere Lösungsfähigkeit für Aluminiumoxid. Aus diesem Grund wurde

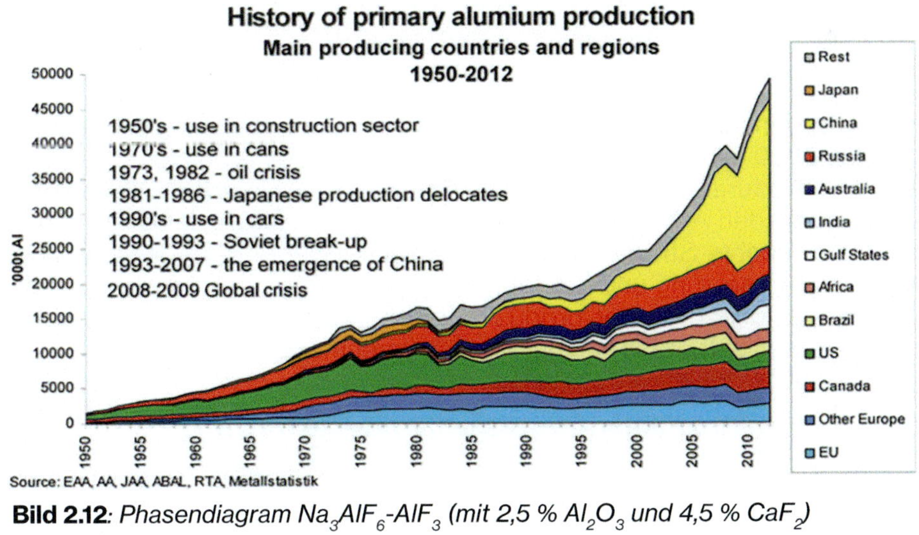

Bild 2.12: *Phasendiagram Na_3AlF_6-AlF_3 (mit 2,5 % Al_2O_3 und 4,5 % CaF_2)*

eine Bodenspannungsmessung eingeführt, mit welcher eine Tonerdeschlammbildung auf der Kathode erkannt wird. Übermäßiger Schlamm kann u. a. zu einer ungleichen kathodischen Stromverteilung führen und somit den Ofen (besonders die Spannung und Temperatur) schwanken lassen [2.16].

Die Aktionen der Steuerung sind in zwei Kategorien einzuordnen. Die Spannung des Ofens wird entsprechend der Abweichung von der Temperatur des Ofens berechnet. Dabei dient der Superheat als zusätzliche Regelgröße zur Verhinderung der Beschädigung der Ofenwand. Nach Veröffentlichung [2.5], [2.20] der Verwendung der Spannung als Stellgröße mithilfe des Superheats ist diese Vorgehensweise weltweiter Standard. Der zweite Schritt ist die Änderung der AlF_3-Zugabe anhand des vier Tage gleitenden Durchschnitts der Liquidustemperatur. Ziel dieser Regelung ist es, die Liquidustemperaturänderung durch Verunreinigungen (Na_2O) in der Tonerde zu kompensieren. Dabei ist der gleitende Durchschnitt hilfreich, um kurzfristige Änderungen auszugleichen. Diese können auftreten durch thermische oder manuelle Änderungen, wie das Anodenwechseln, die eine chemische Änderung aufgrund von Aufschmelzen oder Erstarren der Randkruste, welche einen niedrigeren AlF_3-Gehalt besitzt [2.21], verursachen.

2.2.5 Zukunft

Der folgende Beitrag von Dr. Düssel ist bereits in Band 1 dieser Buchreihe erschienen. Infolge der gegenwärtigen öffentlichen Diskussion im Bereich der Energiewirtschaft scheint es wichtig, die dargestellten Ausführungen den Lesern zu vermitteln, die nicht im Besitz von Band 1 sind

2.2.5.1 Virtuelle Batterie

Der Anteil der erneuerbaren Energien (EE) an der Stromerzeugung in Deutschland soll bis 2050 mindestens 80 % betragen. Die Realisierung dieses Ziels ist jedoch mit strukturellen Anpassungen verbunden. Das betrifft z. B. den bis dahin zunehmenden Anteil an fluktuierenden Energiequellen, der eine schnell reagierende, flexible Stromversorgung erfordert. Neben dem Netzausbau, europäischer Vernetzung und der Integration von Stromspeichern kann auch das Last-Management in der produzierenden Industrie – wie etwa bei der Aluminiumherstellung – eine wichtige Rolle einnehmen.

2.2.5.2 Flexible Produktionsprozesse für flexible Netze

Eine Studie des Öko-Instituts zur Modellierung des zukünftigen Stromsystems hat ergeben, dass ab 2020 eine residuale Spitzenlast von 60 bis 70 GW verbleibt – unabhängig vom wachsenden EE-Anteil. Das bedeutet, dass in dieser Größenordnung flexible Leistung bereitgestellt werden muss. Potenziale, um mit dieser Herausforderung umgehen zu können, bietet insbesondere die Industrie, die mit einem Energieverbrauch von ca. 250 TWh pro Jahr knapp die Hälfte der elektrischen Energie in Deutschland nutzt. Eine mögliche Herangehensweise stellt die Flexibilisierung energieintensiver Produktionsprozesse dar. Die größten Potenziale schreibt das Öko-Institut der Papier- und Zementindustrie sowie der Chlorelektrolyse zu. Doch was ist mit der Aluminiumherstellung?

Primäres Aluminium wird in einer Schmelzflusselektrolyse aus Aluminiumoxid (Al_2O_3) hergestellt. Das Verfahren ist sehr energieintensiv, da das chemisch sehr stabile Aluminiumoxid „aufgebrochen" werden muss. Der größte Teil der Energie geht dabei nicht verloren, sondern wird chemisch im Aluminium gespeichert. Ca. 3 % des gesamten Energieverbrauchs weltweit werden für die Aluminiumherstellung benötigt. Die Aluhütten der Trimet in Essen, Hamburg und Voerde verwenden jährlich 6 Mrd. kWh Strom – das entspricht dem Verbrauch der Großstädte Essen, Bochum und Dortmund zusammen. Die Stromkosten machen daher den größten Teil unter allen Kosten aus. Eine Preiserhöhung von nur einem Cent pro kWh kostet Trimet 60 Mio. €.

2.2.5.3 Abschaltbare Lasten unterstützen bei der Sonnenfinsternis

Die Produktionsprozesse können als Puffer zwischen Angebots- und Nachfrageseite dienen. Das ist erst mal nichts Neues, denn gemäß der Abschaltbare Lasten Verordnung (AbLaV) leistet Trimet schon seit Jahren einen Beitrag zur Netzstabilisierung. Während der Sonnenfinsternis im März 2015 wurden die Aluwerke in Hamburg und Essen fünfmal für mehrere Minuten abgeschaltet (das Aluwerk in Voerde zweimal). Damit wurden über 600 MW innerhalb kürzester Zeit bereitgestellt. Doch für eine flexible Netzstabilisierung, wie sie für die Energiewende notwendig ist, reicht das nicht aus. Anstatt die Produktion komplett an- oder abzuschalten, kann über eine Flexibilisierung des Prozesses viel mehr erreicht werden.

2.2.5.4 Die Idee der „virtuellen Batterie"

Für die Schmelzflusselektrolyse nach dem derzeit weltweit eingesetzten Prozess ist eine absolut gleichbleibende Energiezufuhr der wichtigste Garant für eine stabile und energieeffiziente Produktion. Die Elektrolysezellen einer Aluminiumhütte transformieren elektrische in chemische Energie, indem sie ein Ausgangsprodukt (Aluminiumoxid) mit niedrigem Energieinhalt in ein Produkt mit hohem Energieinhalt (Aluminium) umwandeln. Sie machen damit nichts anderes als jeder Akkumulator beim Ladevorgang. Dieser Prozess ist im Prinzip umkehrbar, d. h., die Batterie lässt sich als Stromspeicher, aber auch als Stromspender verwenden. Wird der Ladestrom und damit die Erzeugung des Energiespeicherprodukts Aluminium zeitlich variiert, entspricht die dadurch erzielte, steuerbare Energieaufnahme exakt der Funktion einer Batterie. Gemeinsam mit der Bergischen Universität Wuppertal entwickelte Trimet erstmals ein Verfahren für die flexible Energiezufuhr.

Die Elektrolyseöfen sind für eine bestimmte Stromstärke und Energiezufuhr konstruiert. Bei Änderung der Stromstärke und Energiezufuhr ändert sich auch die sehr sensible Energiebilanz des Ofens. Wird dabei das Prozessfenster, für das der Ofen entworfen wurde, verlassen, führt dies zu Effizienzverlusten, massiven Prozessstörungen oder sogar zum irreparablen Ausfall der Öfen.

Die pro Zeiteinheit produzierte Menge Aluminium ist bei konstantem Wirkungsgrad proportional zur Stromstärke, mit der die Öfen betrieben werden. Der elektrische Widerstand des Elektrolyseofens ist durch die gegebene Geometrie und die eingesetzten Materialien festgelegt. Somit sind auch die zugeführte elektrische Energie und damit auch die im Ofen entstehende Wärme eine Funktion der Stromstärke. Um die Leistungsaufnahme zu variieren und damit eine flexible Last zur Verfügung zu stellen, muss der Ofen mit veränderbarer Stromstärke betrieben werden können. Ebenso muss der Ofen auf unterschiedlich hohe Wärmeentwicklung einstellbar sein.

2.2.5.5 Wärmetauscher als Lösung

Die Flexibilisierung der Aluminiumproduktion führt daher wesentlich über die bisher nicht mögliche gezielte Steuerung des Wärmeverlusts der einzelnen Elektrolysezellen. Hierzu wurden regelbare Wärmetauscher (Shell Heat Exchanger (SHE)) entwickelt, deren Aufgabe es ist, die Energiebilanz im Ofen bei unterschiedlichen, aus einer Veränderung der zugeführten elektrischen Energie resultierenden Belastungssituationen aufrecht zu erhalten. Demnach muss bei erhöhter Energiezufuhr Wärme abgeführt und bei verringerter Energiezufuhr der Ofen isoliert werden. Zur aktiven Kühlung wird mithilfe steuerbarer Ventilatoren Umgebungsluft an der Ofenwand vorbeigeführt (**Bild 2.13**). Dabei dient der Wärmetauscher zur Führung des Kühlmediums. Bei verringerter Wärmezufuhr in den Ofen wird die Luft im Wärmetauscher gestaut und erzeugt eine isolierende Schicht. Aufgrund der hohen Stromstärke unterliegt das Metall im Elektrolyseofen einer durch das Magnetfeld erzeugten Wölbung. Bei einer Leistungsänderung verändert sich die Stärke des Magnetfeldes und somit die Wölbung des Metalls im Ofen. Dies hat einen massiven Einfluss auf die Effizienz der Aluminiumproduktion und kann im Extremfall zu einem Ausfall der Produktionsanlage führen. Der Effekt kann verringert werden, wenn das Stromschienensystem eines Ofens so ausgelegt wird, dass es das im Ofen entstehende

Bild 2.13: *Gasströmung um die Ofenwanne einer Elektrolysezelle*

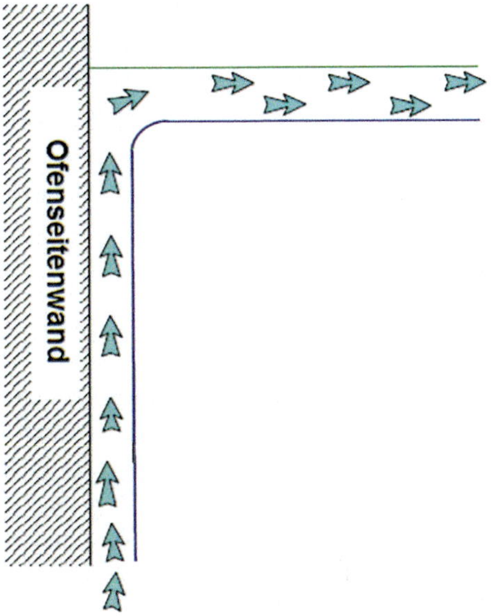

Magnetfeld kompensiert. Um signifikant unterschiedliche Leistungsaufnahmen gewährleisten zu können, muss das Stromschienensystem entsprechend optimiert werden. Die auf maximale Wärmeübertragung optimierten Wärmetauscher werden direkt an der Ofenwand angebracht und die Umgebungsluft vertikal entlang der Zellwand und dann vom Ofen weggeführt.

Vorteil des Wärmetauschers ist die Möglichkeit der variablen Luftzu- und -abfuhr sowie der Nutzung des Wärmetauschergehäuses als Isolator. Bei Verringerung der Luftwärmemenge im Vergleich zu der durch Konvektion erzeugten Menge ohne Wärmetauscher dient dieser ohnehin bereits als isolierendes Medium. Diese Eigenschaft ist auf der anderen Seite ein gewisser Nachteil der Wärmetauschervariante: Bei Ausfall des Luftstroms steigen die Außenwandtemperaturen in Minuten in einen für den Ofen kritischen Temperaturbereich.

Die Flexibilisierung der Aluminiumelektrolyse ist grundsätzlich mit einer Verschlechterung des Prozesswirkungsgrades verbunden, die nach Erfahrungen mit dem Demonstrator ohne weitere vorgesehene Optimierungsmaßnahmen in der Größenordnung von 5 % liegt. Durch weitere innovative Verbesserungsmaßnahmen soll jedoch die Energieeffizienz trotz flexibilisiertem Betrieb erhalten bzw. verbessert werden.

2.2.5.6 Aluminiumsee dient als Puffer

Ein weiteres Problem stellt der Produktionsablauf dar. Während der Energieeintrag in die Elektrolysezelle flexibilisiert wird, soll der Produktaustritt möglichst stabil bleiben, um den nachfolgenden Gießerei-Produktionsablauf nicht zu stören. Der in der Zelle vorhandene „Aluminiumsee" (flüssiges Aluminium) dient dazu als Puffer, der ca. 48 h vorhalten kann. Bei Mehr- oder Minderproduktion soll dieser Inhalt variieren, um so einen gleichbleibenden Aluminiumfluss zu nachfolgenden Produktionsabteilungen zu gewährleisten.

2.2.5.7 Beitrag zum Klimaschutz – Vorreiter der KlimaExpo.NRW

Die aus dem Forschungsprojekt gewonnenen Erkenntnisse wurden bei Trimet in Essen in einer Pilotanlage in die Praxis umgesetzt. Die dadurch erzielte Flexibilisierung des Prozesses ermöglicht die Nutzung der Aluminiumelektrolyse als virtuelle Batterie mit einer Speicherkapazität von ca. 110 MWh. Für einen Großversuch im industriellen Maßstab plant Trimet den Umbau einer ganzen Elektrolyselinie mit insgesamt 120 Elektrolysezellen im Werk in Essen. Wenn das Modell Erfolg hat, stünden mit dieser ersten Umsetzung allein in Essen 1.100 MWh Kapazität und 23 MW Speicherleistung zur Verfügung. Mit den vier Elektrolysen in Deutschland könnte eine gesamte Speicherleistung von +/-275 MW bei einer Kapazität von 13.200 MWh bereitgestellt werden. Dies entspricht einem Zuwachs von einem Drittel der gesamten bisherigen Pumpspeicherkapazität in Deutschland.

Die Verfügbarkeit der Aluminiumelektrolyse als steuerbare Last ist größer als 99,7 %. Ein weiterer Vorteil dieser neuen Speicherform ist, dass kein Landschaftsverbrauch stattfindet; somit ist nicht mit gesellschaftlichen Akzeptanzproblemen zu rechnen. Gleichzeitig sind die Speicherkosten relativ gering, die Wirkungsgrade aber hoch.

So hilft die virtuelle Batterie, den Einsatz fossiler Ergänzungskraftwerke und damit deren CO_2-Emissionen zu reduzieren. Mithilfe des zur Verfügung gestellten Stromspeichers wird die Integration volatiler erneuerbarer Energiequellen wie Wind und PV in das deutsche Stromnetz bei gleichzeitiger Erhaltung der Versorgungssicherheit umweltfreundlich und strukturverträglich unterstützt. Das ist auch der Grund, warum das Projekt „Virtuelle Batterie" als Vorreiter-Projekt für die KlimaExpo.NRW qualifiziert wurde.

2.3 Auslegungskriterien für Elektrolyseanlagen für Aluminium

2.3.1 Abgeschiedene Aluminiummenge

Die Größe einer Elektrolysezelle wird durch Faradays Gesetz bestimmt. Die Menge q in g/h des abgetrennten Metalls ist proportional zum elektrischen Strom I in A und der Zeit t in Stunden gemäß der folgenden Gleichung:

$$q = c \cdot I \cdot t \qquad (2.13)$$

Dabei ist c das elektrochemische Äquivalent von 0,335 g/Ah für Aluminium, das nach dem Faradayschen Gesetz ermittelt wird.

$$c = \frac{M}{(z \cdot F)} \qquad (2.14)$$

Hierin ist M die molare Masse des abgeschiedenen Stoffes, für Aluminium also 27, der Faktor z die Wertigkeit, also 3 für Aluminium, und F die Faraday-Konstante 96.485 C/mol. Nach dem Faradayschen Gesetz besagt diese Konstante, dass die Ladungsmenge von 96.483 C/mol notwendig ist, um ein Mol eines einwertigen Stoffes abzuscheiden. Wie in allen technischen Anlagen treten auch bei der Aluminiumelektrolyse Verluste auf. Diese werden durch den Faktor Stromanalyse (η) berücksichtigt:

$$c = \frac{M}{(z \cdot F)} \cdot \eta \qquad (2.15)$$

Für die meisten modernen Hütte liegt die Ausbeute bei über 90 %.

Für Aluminium ergibt sich damit unter Berücksichtigung der Ausbeute:

$$c = \frac{27 \cdot 3600}{(3 \cdot 96483)} \cdot 0{,}9 = 0{,}3\ \text{g / Ah}$$

Die Gleichung zeigt die Notwendigkeit, mit hohem elektrischem Strom zu arbeiten, um eine akzeptable Ausbeute der Elektrolyse zu erzielen. Angenommen, die Stromstärke beträgt 100.000 A, so beträgt die Kapazität einer Elektrolysezelle:

$$Q = 0{,}3 \cdot 100.000 = 30.000\ \text{g/h oder}\ 30\ \text{kg/h}$$

2.3.2 Stromstärke und Magnetfeld

Es gibt jedoch noch weitere Einschränkungen für die Auswahl der Stromstärke, welche bedeutenden Einfluss auf die Konstruktion hat. Die Stromdichte der Anoden ist auf maximal 1 A/cm² der Anodenoberfläche begrenzt, wobei moderne Anlagen mit noch niedrigeren Stromdichten arbeiten. Das bedeutet, dass eine Anodenfläche von 100.000 cm² oder 10 m² erforderlich ist, um eine Menge von 30 kg Aluminium pro Stunde zu produzieren. Die resultierende Elektrolysezelle wäre bereits bemerkenswert groß, doch die Menge an produziertem Metall ist bei weitem zu gering für eine wirtschaftliche Anlagengröße. Die Elektrolysezellen sind so bemessen, dass sie etwa 2.000 kg täglich liefern und täglich ein Anodenwechsel stattfindet. Folglich besteht eine Elektrolyselinie aus einer Vielzahl von Zellen, die nebeneinander angeordnet (**Bild 2.14**) und elektrisch so in Reihe geschaltet sind, dass alle Zellen die gleiche Stromstärke erhalten.

Moderne Elektrolyselinien arbeiten mit 200 kA oder mehr. Wie beschrieben, zeigt das Faradaysche Gesetz, dass die einzige sinnvolle Maßnahme zur Erhöhung der Produktionsrate darin besteht, die Stromstärke zu erhöhen. Eine hohe Stromstärke führt aber zu einigen Problemen bei Konstruktion und Betrieb der Elektrolyse. Eines der Probleme ist das induzierte Magnetfeld, das mit niedriger Frequenz schwingt und zu einer unerwünschten Badebewegung führt.

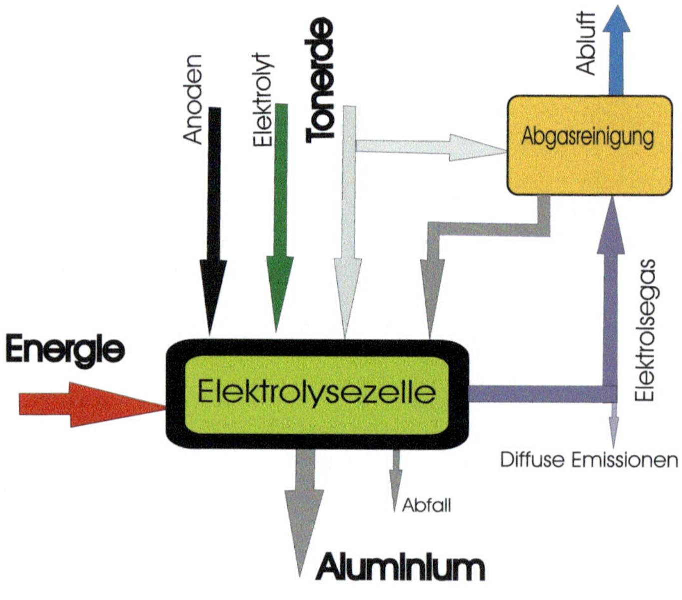

Bild 2.14: *Stoffströme und Energie, erforderlich für den Betrieb einer Elektrolysezelle für die Herstellung von Aluminium*

2.3.3 Ohmsche Verluste

Ein weiteres Problem sind die Spannungsverluste an Stromübergängen auf andere interne Bauteile. Theoretisch ist eine Spannung von 2,8 V für die elektrolytische Zersetzung von Aluminiumoxid erforderlich, die u. a. von der Badzusammensetzung abhängt. Aufgrund unvermeidbarer Verluste bei der Energieübertragung arbeiten moderne Elektrolysezellen bei einer Gesamtspannung von 4 bis 4,5 V, gemäß der Gleichung:

$$U = U_E + \Sigma R \cdot I \quad (2.16)$$

Dabei ist U die Spannung in V, U_E die theoretische Zersetzungsspannung in V, I die Stromstärke in A und R der elektrische Widerstand in Ω an den einzelnen Bauteilen. Es ist offensichtlich, dass selbst die vergleichsweise kleinen Widerstandswerte der verschiedenen Elektrolysezellen-Komponenten bei Betrachtung des hohen elektrischen Stroms einen signifikanten Spannungsabfall $\Sigma R \cdot I$ und damit entsprechende Energieverluste verursachen.

2.3.4 Badbewegung und Magnetfeldeld

Während des Elektrolyseprozesses findet eine bemerkenswerte Bewegung innerhalb des Elektrolyten und dem bereits abgeschiedenen Metall statt. Ursache hierfür sind einige Faktoren. Zunächst die Entwicklung von Gas: Unterhalb der Anoden sammelt sich, abhängig von der Konzentration von Alumina, im Elektrolyten eine beachtliche Menge an Gasblasen (**Bild 2.15**) mit einem Durchmesser zwischen 1 und 8 mm, die seitlich an den Anoden vorbei abgeleitet werden müssen. Das hat zur Folge, dass der Gasdruck einen kontinuierlichen Fluss vom Elektrolyten erzeugt, der mit hoher Geschwindigkeit in Richtung der Seitenwände und des zentralen Bereichs der Ofenwanne fließt.

Eine weitere Ursache ist die lokale Überhitzung unterhalb der Anoden. In diesem Bereich tritt die größte Erwärmung des Elektrolyten auf und daher startet von hier aus auch eine Konvektionsströmung, die sich über das ganze Bad erstreckt.

Die weitaus größte Wirkung geht allerdings von dem Magnetfeld aus, das durch den hohen Strom induziert wird. Wichtig ist hierbei, dass neben der horizontalen Strömung auch eine vertikale Bewegung entsteht, die sich als Aufwölbung und resultierend hieraus als Wellenbewegung zeigt. Dadurch verändert sich während einer Wellenspitze der Abstand zwischen dem Metallbad und der Anode und damit auch der Widerstand zwischen Metallbad und Anode. Im ungünstigsten Fall kann dies sogar zu einem Kurzschluss zwischen Anode und Kathode führen. Der Übergangswiderstand zwischen Metall und Anode und somit der Span-

Bild 2.15: *Elektrolysehalle mit abgedeckten Elektrolysezellen*

nungsabfall stellt den größten Wert innerhalb der Zelle dar und ist zudem die einzige Größe, die durch die Regelung beeinflusst werden kann. Die Vertikalbewegung von Metallspiegel und Anode ist darum natürlich auf ein Minimum zu reduzieren, um einen einwandfreien Betrieb der Elektrolysezelle zu gewährleisten.

Deshalb müssen bei der Konzeption einer neuen Elektrolysezelle, die immer dann ansteht, wenn die Stromstärke erhöht werden soll, detaillierte Untersuchungen und Computeranalysen durchgeführt werden, um als wichtigste Eigenschaft die Art der Energiezufuhr zu optimieren. Bei geringerer Stromstärke und vor allem dann, wenn die einzelnen Elektrolysezellen Front an Front in der Halle angeordnet sind, genügt ein einzelner Anschluss an der Stirnseite, um gute Ergebnisse für die Energieverteilung zu erreichen. Der Trend zu hohen Stromstärken über die lange Zeit üblichen 160 kA hinaus mit Werten von bis zu 300 kA oder gar bis zu 500 kA setzt die Stromzufuhr an mehreren Stellen der Zelle voraus, um ein relativ gleichförmiges Magnetfeld zu erreichen (**Bild 2.16**). Diese Maßnahme wird durch die heute übliche Seite-an-Seite-Anordnung der einzelnen Zellen begünstigt.

Das betrifft nicht nur die Energiezufuhr an den Anoden. Der Anschluss an die Kohleanode über die Stahlbarren muss ebenfalls durchdacht und getestet werden.

Bild 2.16: *Gasblasen unterhalb der Anode: Diese Gase bestehen aus CO_2, CO, Fluorwasserstoff HF und Fluorverbindungen aus verdunstetem Elektrolyt.*

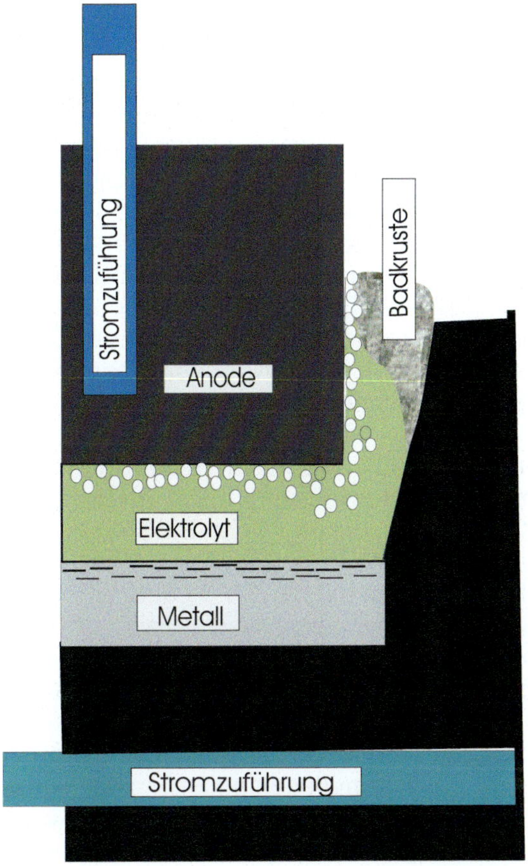

Die Untersuchung des Magnetfeldes ist nicht die einzige Analyse. Wichtig sind auch Parameter wie Metallbadehöhe, Unterpolardistanz (auch ACD genannt) und Abgasströme. Neben der Untersuchung mit Computer Modellen ist auch die Konstruktion der einzelnen Bereiche sorgfältig durchzuarbeiten, denn bei der hohen Stromstärke machen sich weniger sorgfältige Lösungen bei der Konstruktion in unnötigen Spannungsabfällen unangenehm bemerkbar.

Schlussendlich helfen auch die Herstellung von Prototypen und deren Untersuchungen bei der endgültigen Installation in einer Produktionsanlage.

2.3.5 Aufbau einer Elektrolysezelle

Die Elektrolysezelle (Bild 2.2) besteht aus einer Stahlwanne, die etwa 20 m lang und ca. 1,5 m tief ist. Die Wanne erhält als untere Schicht am Stahlmantel eine Feuerfesthauskleidung aus vorgebrannten Steinen von hochtonerdehaltigem Material. Dabei wird deren Dicke so festgelegt, dass ein eventuell durchdringendes Aluminium in der Auskleidung erstarrt. Allerdings treten nach längerer Betriebszeit der Elektrolysezelle weitere Risse auf, die unter Umständen ziemlich breit und ausgedehnt sind, sodass Aluminium bis auf die Stahlwanne durchfließen kann. Das Betriebspersonal stellt dann fest, dass im Aluminium ein größerer Anteil an Eisen auftritt. Dass ist ein Signal. dass die Wanne neu ausgekleidet werden muss. Dieser Fall tritt i. d. R. etwa alle 200 bis 300 Betriebsstunden auf.

Auf diese Feuerfestschicht werden vorgraphitierte Kohleblöcke angeordnet, die als Kathode dienen. Die Stromzufuhr zu diesen Blöcken erfolgt durch Stahlbarren, die in einigen Blöcke an der Stirnseite eingegossen sind.

Die Wanne ist mit bis zu 20 t geschmolzenem Elektrolyt, Zusätzen und Flüssigmetall, im allgemeinen Bad genannt, angefüllt. Die Temperatur des Bades beträgt etwa 950 °C. In diesem Bad sind etwa 4 % Aluminiumoxid gelöst, die sich während des Elektrolyseprozesses in Aluminium und Sauerstoff auflösen.

Auf den Stirnseiten der Wanne sind die Tragkonstruktionen angeordnet. Durch ein Hubsystem an beiden Seiten der Verlagerung lässt sich der Anodenbalken feinfühlig in der Höhe verstellen, so wie es entsprechend dem Abbrand der Anoden erforderlich ist und durch das Regelsystem für die Elektrolysezelle gefordert ist, um die Distanz der Anoden zur Kathode (ACD) einzustellen. Der Abstand der Träger, an die die Anoden angeschlagen werden, ist so gewählt, dass sich die Anoden in den beiden Reihen nicht behindern. Zwischen den Trägern ist das Zellensilo für das Tonredegemisch, also die Mischung von reagiertem Material, das durch die Abgasreinigung geleitet wurde und dort Fluorverbindungen aufgenommen hat, und reiner Tonerde, die direkt aus dem zentralen Silo durch ein pneumatisches Fördersystem beschickt wird.

Aus dem Zellensilo wird der sogenannte „Point Feeder“ beschickt, der aus dem Chargierdosierbehälter, der Zufuhrklappe oder Zupfuhrstopfen und Krustenbrecher besteht (**Bild 2.17**). Durch dieses System ist es möglich, eine genaue Menge Alumina zu dosieren, die sehr nahe am tatsächlichen Verbrauch liegt. Hierzu wird alle paar Minuten die Kruste durchstoßen und einige Kilogramm Aluminiumoxid nachdosiert und so dessen Konzentration sehr konstant geregelt, um so den optimalen Wirkungsgrad und die bestmögliche Energieausnutzung zu erreichen.

Bild 2.17: *Elektrolysehalle mit Seite-an-Seite angeordneten Elektrolysezellen; das Foto zeigt die großdimensionierten Stromzuführungsschienen für den Anodenbaum.*

Die Anodentraverse ist über ein Paket von Aluminiumblechen, die insgesamt natürlich den erforderlichen Leiterquerschnitt aufweisen, mit dem Energieleitersystem der Elektrolysehalle verbunden. Dadurch wird eine flexible Verbindung geschaffen, welche die Hubbewegungen der Traverse ermöglicht.

Bei der Inbetriebnahme einer neuen Elektrolysezelle wird ein kompletter Satz neuer Anoden eingesetzt (**Bild 2.18**). Während des nun folgenden Betriebs werden nur zum Teil abgebrannte Anoden nach einem definierten System entnommen und durch neue ersetzt. Dadurch entsteht nach kurzer Zeit ein System von Anoden mit unterschiedlichem Abbrand, das es ermöglicht, in kurzen Intervallen nur eine oder höchsten zwei abgebrannte Anoden durch neue zu ersetzen. Durch den kontinuierlichen Abbrand der Anoden muss der Anodenbaum immer weiter abgesenkt werden. Sobald die untere mögliche Stelle erreicht ist, müssen die Anoden nachgestellt werden. Das hierzu erforderliche Verfahren ist im vorhergehenden Abschnitt 2.3.2 beschrieben.

Die Anode selbst ist ein prismatischer Block aus Petrolkoks, der mit Pech als Bindemittel geformt und anschließend gebrannt wurde (Die Herstellung der Anoden ist im Abschnitt „Anodenanlage“ beschrieben).

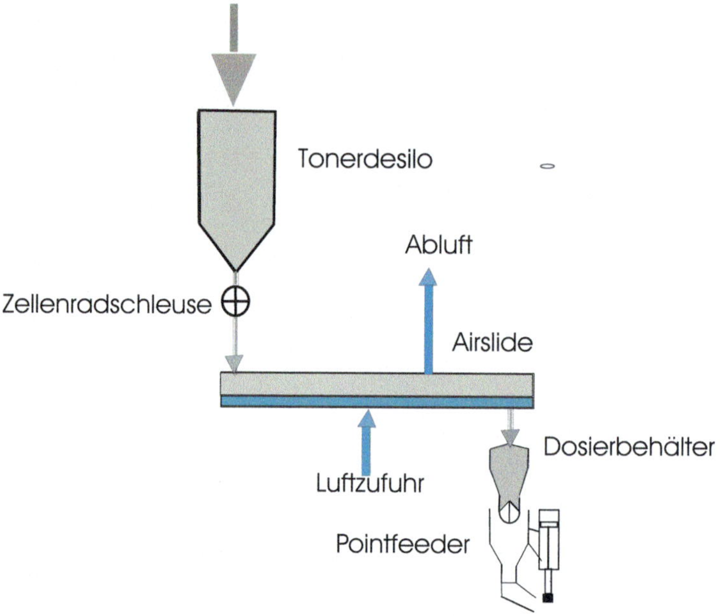

Bild 2.18: *Tonerdezufuhr zu der Elektrolysezelle*

Für den Betrieb in der Elektrolysezelle ist die Anode mit einer Haltevorrichtung, der Anodenstange, verbunden und folgt so den Hubbewegungen des Anodenbaums. Die Anodenstange besteht aus einer Aluminiumstange mit rechteckigem Querschnitt, deren Querschnitt ausreichend groß ist, um das Gewicht der Anode plus der notwendigen Befestigungskonsole zu tragen und ebenfalls für den Durchgang der anteiligen Menge des elektrischen Stromes ausreicht. Zum Befestigen des Anodenblocks ist eine Stahlartverse angeschweißt. Für die Schweißverbindung wird das Reib-Schweißverfahren eingesetzt, weil sich dabei eine feste Verbindung über den gesamten Querschnitt einstellt, die für die Übertragung der elektrischen Energie erforderlich ist. Je nach Größe der Anode erhält die Traverse zwei oder mehrere Arme, an die Stutzen aus Rundstahl mit einem Durchmesser von 200 oder 300 mm von angeschweißt sind, die in vorgeformte Löcher der Anode abgesenkt werden. Da diese Löcher einen größeren Durchmesser aufweisen als die Stahlstutzen, ergibt sich ein Ringspalt, der mit feuerflüssigem Gusseisen verfüllt wird. Nach dem Erstarren des Gusseisens ergibt sich so eine mechanisch feste und eine gute elektrisch leitfähige Verbindung. Zum Transport und zum Handling ist das obere Ende der Anodenstange mit einer Öse versehen.

Die Anoden tauchen bis kurz über der Kathode, im normalen Betrieb also kurz über dem Metallspiegel, in das Bad ein (Bild 2.18). Bei einer angelegten Spannung von etwa 5 V Gleichstrom strömt der Strom mit einer Stärke von bis zu

300.000 und bei experimentellen Zellen sogar mit bis zu 500.000 A durch das Bad, was bei einer anodischen Stromdichte von 0,6 bis 1,0 A/cm^2 zu einer beachtlichen Zellengröße führt. Ungefähr 40 % der zugeführten elektrischen Energie werden infolge des elektrischen Widerstandes innerhalb des Bades in Wärme umgewandelt und halten dadurch die Temperatur des Bades auf etwa 950 °C. Der darüberhinausgehende Anteil bewirkt die Elektrolyse, bei der das Aluminium an der Kathode und der Sauerstoff an der Anode abgeschieden wird. Aluminium besitzt bei der Arbeitstemperatur der Elektrolyse eine Dichte von 2,3 g/cm^3, während Kryolith eine Dichte von 2,1 g/cm^3 hat. Durch diesen Schwerunterschied sammelt sich das abgeschiedene Aluminium am Boden der Wanne. Die Metallmenge beträgt dabei 2–3 t/Tag und wird durch ein Saugheber-System bei einem Rhythmus von 2–3 Tagen abgesaugt.

Der Sauerstoff reagiert mit dem Kohlenstoff der Anode zu Kohlendioxid und zu Kohlenmonoxid. Dabei werden 0,4–0,5 kg Anode je kg Aluminium verbraucht. Die Abmessungen der Anode sind so ausgelegt, dass eine Anode in 3–4 Wochen abgebrannt ist. Wie bereits beschrieben, sind die Anoden jedoch so angeordnet, dass alle 1–2 Tage eine abgebrannte Anode ersetzt werden muss.

Die Elektrolysezelle ist mit einer Haube versehen, um die gesamten gasförmigen Emissionen abzusaugen. Das sogenannte Anodengas besteht aus CO_2 aus der Reaktion des Sauerstoffs der Tonerde mit der Anodenkohle, CO aus der Reaktion von CO_2 mit Anodenkohle gemäß der Boudouard-Reaktion, Fluorverbindungen aus Verdampfung vom Elektrolyten und schließlich auch aus HF aus der Restfeuchtigkeit innerhalb der Anode und dem Elektrolyten. Ebenfalls enthalten sind die geringen Mengen von verdampften Verunreinigungen aus dem Aluminiumoxid und Staub. Von der Größenordnung her beträgt die Menge an Anodengas etwa 750 m^3 je Tonne Aluminium. Hinzu kommen noch bis zu 150.000 m^3 Luft aus der Hallenbelüftung. Die Elektrolysezellen sind über ein Rohrleitungssystem mit der zentralen Abgasreinigung verbunden. Dieses System ist im Detail in Band 1 dieser Buchreihe beschrieben.

Für den Anodenservice wird ein spezieller Kran eingesetzt, der mit den erforderlichen Werkzeugen und Vorrichtungen und Vorrichtungen zum Lösen und Befestigen der Anoden, verbunden mit den entsprechenden Greifern zum Handling, Krustenbrechern und Aufbringen von frischem Kryolith ausgestattet ist.

Bis auf das Anodenhandling und das Absaugen von Metall sind alle Vorgänge weitestgehend automatisiert. Durch die Kapselung der einzelnen Elektrolysezellen, verbunden mit einer effektiven Abgasreinigung sowie der Sicherung der Arbeitsvorgänge, sind heute im Gegensatz zu früheren Anlagen alle Maßnahmen des Arbeitsschutzes und des Umweltschutzes in einer modernen Anlage erfüllt.

Gesundheitliche Schäden durch die Ofenabgase werden durch die bessere und wirkungsvolle Abgasreinigung verhindert. Beeinträchtigungen durch das außerordentlich starke Magnetfeld in der Nähe der Elektrolysezellen sind nicht bekannt.

2.3.6 Elektrolyseanlage

Um die erforderliche Produktionsmenge einer Aluminiumhütte zu erreichen, reicht, wie bereits dargestellt, selbstverständlich eine einzelne Elektrolysezelle bei Weitem nicht aus. Unter der Voraussetzung, dass eine Elektrolysezelle 2,5 bis 3,0 t Aluminium pro Tag liefert, sind für eine Aluhüte mit einer Jahreskapazität von 200.000 t bereits rund 220 Elektrolysezellen erforderlich. Heute geht der Trend eher zu einer noch größeren Anlagenleistung, sodass eine Elektrolysehalle zu stattlichen Abmessungen führt. Die einzelnen Zellen sind in ein oder zwei Reihen angeordnet (Bild 2.14), die jeweils durch ein Stromschienensystem zur Energiezufuhr verbunden sind. Durch die in Reihe geschalteten Einzelelemente fließt der gleichmäßige Strom von heute durchschnittlichen ca. 225.000 A bis zu 3.000 A. Obwohl die Spannung jeder einzelnen Zelle nur ca. 5 V beträgt, summiert sich die Gesamtspannung einer Elektrolyselinie auf stattliche Werte. Aus diesem Grund werden mehre parallelgeschaltete Linien eingerichtet. Für den Betrieb der Elektrolyse ist Gleichstrom erforderlich. Falls der Aluminiumhütte ein Kraftwerk zugeordnet ist, kann sofort Gleichstrom in der benötigten Menge erzeugt werden. Wird jedoch Energie aus größerer Entfernung angeliefert oder wird die Energie aus dem öffentlichen Netz bezogen, wird diese i. d. R. als Wechselstrom angeliefert. In diesem Fall muss der Strom für den Betrieb der Elektrolyse gleichgerichtet werden. Ursprünglich erfolgte dies durch Leonardsätze, bei denen ein Wechselstrommotor einen Generator für Gleichstrom antreibt. Dieses System ist sehr aufwändig und für große Leistungen unwirtschaftlich. Das System wurde zunächst durch Quecksilberdampfgleichrichter ersetzt. Heute werden effiziente und zuverlässige Thyristor-Systeme eingesetzt. Allerdings werden neuerdings vermehrt Gleichstrom Übertragungssysteme eingesetzt. Welche Auswirkungen das auf die Energieversorgung der Aluminiumhütten hat, muss sich noch herausstellen.

Elektrolysehallen werden in zwei Ebenen konzipiert.

In der oberen Ebene befindet sich der gesamte Oberbau der Elektrolysezelle und damit auch die Funktionen für die Prozesssteuerung. Hier finden alle für die Bedienung der Elektrolyse erforderlichen Funktonen, wie die Versorgung mit Tonerde, der Anschluss an das zentrale Abgasreinigungssystem und der Zugang für alle Bedienungsvorgänge, wie z. B. Anodenservice und Metallabnahme, sowie die Qualitätskontrolle, statt.

Bild 2.19: *Anodenstange*

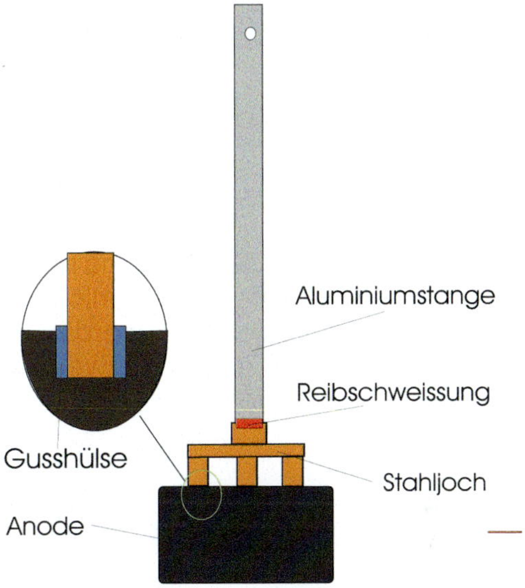

Die untere Ebene liegt auf der Höhe der Gesamtanlage. Hier befindet sich die Stützkonstruktionen der einzelnen Elektrolysezellen, meist als schwere Unterzüge aus Stahlbeton konzipiert. Bei der Konstruktion dieser sogenannten „Sleeper“ muss sorgfältig darauf geachtet werden, dass sich bei den eingebrachten Bewehrungsstählen kein geschlossener elektrischer Kreislauf bildet. Durch das außerordentlich starke Magnetfeld würde durch Induktion ein elektrischer Strom entstehen, der die Stahlbewährung zum Schmelzen bringen und dadurch zerstören könnte. In der unteren Ebene ist ebenfalls das Stromschienensystem zur Versorgung der Elektrolyse mit Energie angeordnet (**Bild 2.19**). Für die Stromzuführung werden im Horizontstrangguss hergestellte Aluminiumschienen mit für die Stromstärke ausreichendem Querschnitt verwendet. Die Verbindung erfolgt von der Anode in mehreren Strängen zu den Anschlusspunkten an der Kathode der jeweils folgenden Zelle. Dadurch ergibt sich im Gesamtverlauf die Reihenschaltung aller Elektrolysezellen.

Das Konzept der Aluminiumelektrolyse führt zu oft sehr langen Hallen, die typisch für die Aluminiumhütte sind. Das von den einzelnen Elektrolysezellen abgesaugte Aluminium wird in Tiegel mit einem Fassungsvermögen von 2 bis 4 t mittels einer Traktor-Trailer-Kombination in die Gießerei befördert.

2.4 Gießerei

2.4.1 Anlagenkonzept

Das Metall wird in regelmäßigen Abständen aus den Elektrolysezellen mittels eines Vakuumgefäßes abgestochen, dann in einen Tiegel gegossen und zur Gießerei transportiert (**Bild 2.20**) und in Herdöfen (**Bild 2.21**) chargiert. In diesen Öfen wird die zum Gießen erforderliche Temperatur eingestellt und die erforderlichen Legierungselemente werden nach Spezifikation hinzugefügt. Eine Gießgruppe besteht i. d. R. aus zwei Öfen: Zum Gießen der erforderlichen Formate wird das Metall in kippbare Gießöfen überführt. Um eine genaue

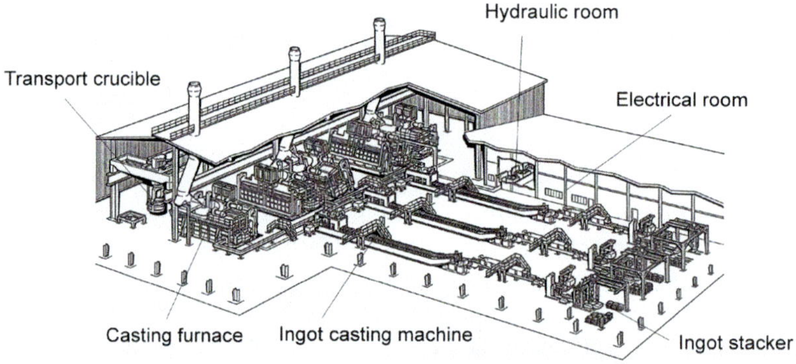

Bild 2.20a: *Prinzip einer Hüttengießerei für die Produktion von Masseln*

Bild 2.20b: *Gießhalle*

Bild 2.21a: *Herdofen*

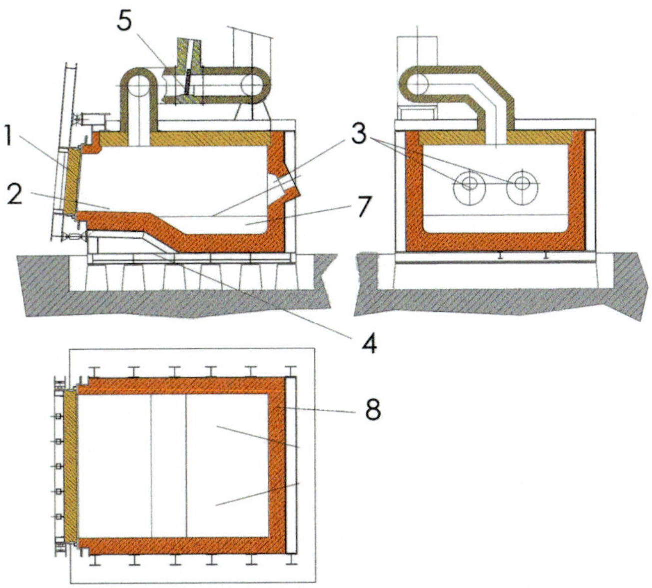

🡻 Bild 2.21b: *Gießgruppe mit kippgaren Herdöfen*

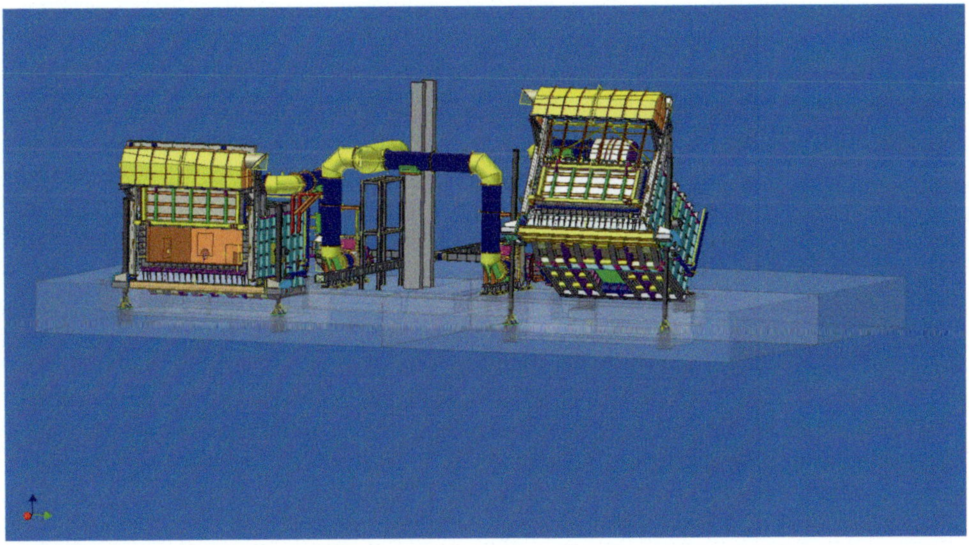

Metalldosierung zu erreichen, ist eine präzise Kippsteuerung erforderlich. Bevorzugt werden hier Rinneninduktionsöfen eingesetzt, die zudem den Vorteil bieten, durch die induktiv hervorgerufene Badbewegung einer Entmischung der Schmelze vorzubeugen. Im Gießofen findet schon eine Behandlung mit Chlor oder FS6 statt. Dieses Verfahren erfordert eine längere Zeit für Begasen und Abstehen, sodass in fast allen neueren Anlagen die Durchlaufentgasung eingesetzt wird. Nach dem Durchlaufen des Metallbehandlungssystems zur Entfernung von Wasserstoff, metallischen Verunreinigungen durch den Elektrolyseprozess (vor allem Na) und mechanischen Verunreinigungen wird das Metall in die für die Weiterverarbeitung erforderlichen Formen gegossen. Je nach Produktmix werden dazu die für die besonderen Formate entwickelten Gießmaschinen verwendet. Neben den unterschiedlichen Formaten sind die Legierungen für die verschiedenen Anwendungen zu berücksichtigen. Das führt dazu, dass z. B. bei identischen Formatabmessungen trotzdem unterschiedliche Abgüsse erforderlich sind.

Aluminiumlegierungen sind in zwei unterschiedliche Gruppen eingeteilt: Knetlegierungen und Gusslegierungen. Knetlegierungen sind mechanisch und sogar kalt verformbar. Diese Eigenschaft beruht vor allem auf dem Zusatz von Magnesium. Zusätzliche Legierungselemente verbessern beispielsweise die Festigkeit oder das Korrosionsverhalten bei Abwesenheit oder nur ganz geringem Anteil von Silizium. Dieses Element ist prägend für Gusslegierungen, weil es die Fließfähigkeit des Aluminiums beeinflusst, bis hin zu der Möglichkeit, sehr geringe Wandstärken zu gießen. Das ist besonders wichtig bei Bauteilen aus Druckguss und Kokillenguss.

Knetlegierungen werden mit Stranggießanlagen oder auch auf für besondere Produkte entwickelten Gießmaschinen wie Horizontalgießanlagen, Bandgießanlagen und Drahtgießanlagen hergestellt. Die Standard-Gießanlage ist die VDC-Gießmaschine (VDC = Vertical Direct Chill). Hierbei bildet sich in einer nach unten offenen Aluminiumkokille ein stabiler Rand am Gussteil, das mit wachsendem Anteil mittels eines absenkenden Tisches in eine vertikale, wassergefüllte Grube eintaucht – ein Aluminiumstrang. Damit entsteht je nach Kokillenform und -größe ein Walzbarren oder ein kompletter Satz bestehend aus bis zu 60 Aluminiumbolzen. Eine normale Gießanlage besteht normalerweise aus zwei Öfen. Während des Gießprozesses wird die nächste Metallcharge vorbereitet, die in den Gießofen überführt wird, während die Gießanlage entleert und für den nächsten Guss vorbereitet wird. Die Kombination von einem stationären Schmelzofen und einem kippbaren Gießofen wird in neueren Anlagen durch zwei kippbare Herdöfen ersetzt. Auch hierbei wird die Schmelze in dem jeweils anderen Ofen vorbereitet, aus dem der neue Abguss sofort erfolgen kann.

Beim Stranggießverfahren kühlt das Aluminium von außen nach innen ab, sodass auch die Erstarrung diesem Verlauf folgt. Zunächst erstarren die Elemente in der Legierung mit dem niedrigsten Schmelzpunkt, während der Innenbereich des Abgusses noch flüssig ist. Dort reichern sich Elemente mit höherem Schmelzpunkt an. Über den Querschnitt bilden sich selbst bei Hüttenaluminium unterschiedliche Kristalle, die nach Ätzen einer Probe sichtbar werden. Im weiteren Produktionsverlauf durch Walzen oder Pressen führt diese Kristallbildung zu unerwünschten Fehlern.

Werden Pressbolzen produziert, ist die Gießerei mit einer Homogenisierungsanlage ausgestattet, die als Chargenofen oder als kontinuierliches System ausgeführt sein kann. Entsprechend dem Temperatur-Zeitverhalten des Materials wird das Produkt des Abgusses kontrolliert erwärmt und danach ebenso kontrolliert abgekühlt. Die Homogenisierungsanlage umfasst den Heiz- und Haltebereich sowie den Kühlbereich, sodass ein Betrieb in vorgegebenen Zyklen möglich ist. Plattensägen und Bolzensägen vervollständigen die Gießereiausrüstung. Einige spezielle Anlagen können installiert werden, um die beim Sägen und in angrenzenden Produktionsbereichen anfallenden Späne zu verarbeiten.

Die Herstellung von Stranggussprodukten ist kostenintensiv. Neben den umfangreichen Anlagenkomponenten wird auch geschultes Personal gebunden. Zudem ist eine umfangreiche Logistik für den Vertrieb erforderlich. Obwohl Primäraluminiumhütten traditionell Strangpress- und Walzbarren liefern, ist ein Trend der Primäraluminiumhütten, die mit steigenden Produktionszahlen errichtet werden, die ausschließliche Herstellung von 20-kg- oder 25-kg-Remelt-Ingots, weil dadurch ein effizienter und weitgehend automatisierter Betrieb ermöglicht wird, es sei denn, dass eine Downstream-Industrie mit relativ kleiner Produktionsrate versorgt werden muss. In der Sekundäraluminiumindustrie wird daher ein sogenannter Schmelzbetrieb, der über die spezifischen Anlagen und das ausgebildete Personal verfügt, dem Walzwerk oder dem Presswerk angegliedert. Der Ausschussanteil dieser Werke liegt bei 15–20 %. Es ist daher wirtschaftlich, dieses Material im angegliederten Schmelzwerk einzuschmelzen, denn die Legierung stimmt und ein hoher Anteil kann teures Hüttenmetall und frische Zusatzstoffe problemlos ersetzen.

Die Aluminiumhütte beschränkt sich auf die Lieferung von Reinaluminium in Form von 20- oder 25-kg-Masseln, die auf Masselgießmaschinen mit einer stündlichen Leistung von bis zu 25 t/h produziert werden. Die Herstellung von Gusslegierungen fällt ausschließlich in den Bereich der Sekundäraluminiumhütte.

2.4.2 Produktionsanlagen.

Die folgende Beschreibung der Produktionsanlagen beschränkt sich auf die wesentlichen Konzepte der Anlagen. Das bezieht sich ganz besonders auf die Technologie der Öfen, deren typische Arbeitsweise im Schmelzen und Raffinieren von festem Rücklaufmaterial aus Schrott und Produktionsabfall besteht. Das steht im Gegensatz zu der Primär-Aluminiumindustrie, bei der Primäraluminium in flüssiger Form anfällt. Die Anforderungen zum Verarbeiten der unterschiedlichen Materialien beim Recycling erfordert nicht nur die Entwicklung von maßgeschneiderten Ofenkonzepten im Hinblick auf Ofenstahlbau, mechanischen Komponenten und Feuerfestauskleidungen, sondern auch eine ganz besondere Betrachtung der Wärmewirtschaft und der damit verbundenen Feuerungstechnik. Die Maßnahmen zur Abgasreinigung sind in Band 1 dieser Buchreihe dargestellt.

2.4.2.1 Ofenanlagen

Der Herdofen ist wohl der klassische Ofen, der schon sehr früh in der Metallurgie als stationärer oder kippbarer Ofen verwendet wurde. Das Grundkonzept besteht aus einem rechteckigen, geschlossenen Ofenkörper aus Stahlblech, der mit Stahlprofilen verstärkt und feuerfest ausgekleidet ist. Die Steifigkeit des Ofens ist ein sehr wichtiges Kriterium für die Konstruktion von Herdöfen. Elastische Bewegungen des Gehäuses würden die wesentlich weniger flexible feuerfeste Ausmauerung beschädigen. Schon geringe Belastungen des feuerfesten Materials können zu einer erheblichen Verkürzung der Lebensdauer führen.

Grundkonzept des Herdofens

Eine flache Wanne, die den Ofenboden bildet, nimmt das flüssige Metall auf. Flüssiges Metall wird beim stationären Ofen über ein geregeltes Zapfloch an der tiefsten Stelle des Bades oder beim kippbaren Ofen durch eine Gießschnauze abgezogen. Der Raum über dem Bad ist ausreichend groß und bietet daher die Möglichkeit, falls erforderlich, eine große Menge an Festmaterial einzubringen. Das große Volumen über dem Schmelzbad bietet gleichzeitig optimale Bedingungen für die Verbrennung der Heizmedien und guten Wärmeaustausch zwischen den Verbrennungsprodukten und dem Material bzw. dem Ofeninnenraum.

Im Türbereich ist eine Rampe zum Vorwärmen von großstückigem Material oft sehr hilfreich. Eine flache Schräge von dieser Rampe ausgehend zum Boden des Bades erleichtert das Abkrätzen und Reinigen. Beim kippbaren Ofen ist der Ofenboden abgeschrägt, um restloses Entleeren zu ermöglichen. Schmelzgut wird über die große Tür an einer der Längsseiten des Ofens chargiert. Eine große Türöffnung bietet guten Zugang beim Abkrätzen und Reinigen des Ofens, wobei sie im geschlossenen Zustand absolut dicht sein muss, um das Eindringen von Frischluft zu unterbinden.

Stahlkonstruktion

Die Steifigkeit des Ofens ist ein sehr wichtiges Kriterium für die Konstruktion von Herdöfen. Elastische Bewegungen des Gehäuses würden die wesentlich weniger flexible feuerfeste Ausmauerung beschädigen. Schon geringe Belastungen des feuerfesten Materials können zu einer erheblichen Verkürzung der Lebensdauer führen.

Der stationäre Ofen besteht im Allgemeinen aus einem rechteckigen, offenen Kasten, bei dem eine Seite, d. h. die komplette Türseite, fehlt. Das Gehäuse besteht aus einer Stahlplatte ausreichender Dicke, die auf massiven Stahlträgern über der gesamten Ofenbreite ruht, welche wiederum auf Betonplatten gelagert sind. Die einzelnen Basisträger werden durch Stahlprofile verstärkt. Aufsteigende Konstruktionen sollten, wo immer möglich, ebenfalls stabil ausgeführt sein. Grundsätzlich bestehen die Wände aus Stahlblech, das durch Stahlkonstruktionen verstärkt wird. Wo Öffnungen erforderlich sind, z. B. für Brenner oder den Gießausguss, wird das Gehäuse lokal durch Stahlprofile oder schwere Stahlplatten verstärkt.

Bei kippbaren Öfen (**Bild 2.22**) wird die Konstruktion komplizierter. Kippkräfte müssen bei der Spannungsanalyse berücksichtigt werden. Wenn der Ofen als geschlossener Kasten betrachtet werden könnte, wäre diese Aufgabe einfacher. Eine komplette Ofenwand fehlt jedoch aufgrund der großen Ofentür und auch das Dach kann aufgrund seiner Bauweise keine großen Lasten tragen. Obwohl die Struktur so ausgelegt werden kann, dass sie die Kippkräfte gut aufnehmen

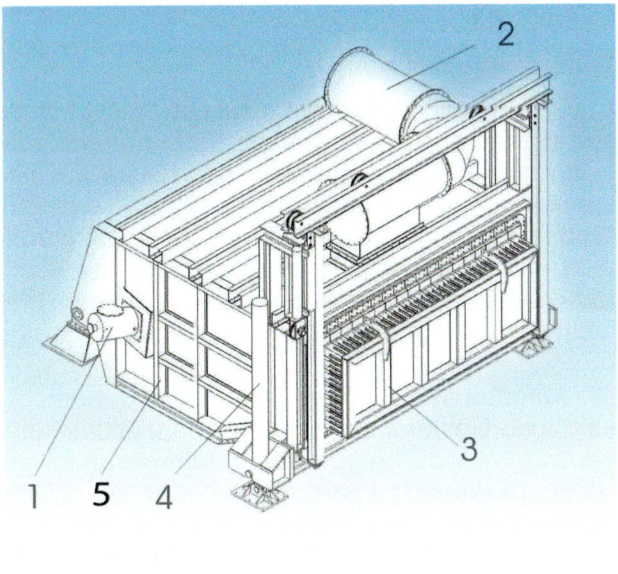

Bild 2.22: *Kippbarer Herdofen: 1: Brenner, 2: Abgaskanal, 3: Chargier- und Servicetür, 4: Hub-/Kippzylinder, 5: Wandverstärkung*

kann, ist es schwieriger, das Torsionsmoment zu beherrschen, das entsteht, wenn die Last beispielsweise nur von einem Zylinder getragen wird. Daher muss das Gehäuse so ausgelegt sein, dass der Boden der Stahlkonstruktion den Großteil der Last aufnimmt. Dies erfordert große Stahlträger mit ausreichender Verstärkung. Unterhalb der Türöffnung befindet sich deshalb eine große Trägerkonstruktion. Je nach Ofengröße besteht diese aus einem oder zwei schweren Stahlträgern. Die Kippzylinder sind an diesem Träger beiderseits der Türöffnung über Schwenklager angeschlossen. Ausgehend von diesem Träger ist der Ofenboden aufgebaut. Wie beim stationären Ofen besteht der Boden aus schweren Stahlplatten. Diese Platte ist notwendig, um eine gute und stabile Basis für die feuerfeste Ausmauerung zu schaffen. Senkrecht zur Tür verlaufende, parallel angeordnete Stahlträger bilden einen tragenden Rahmen für den Ofenboden und die Ofenwände. Im Türbereich ist die Rahmenstruktur zusätzlich durch Stahlprofile verstärkt. Der Ofenboden ist in der Nähe der Tür nach oben gebogen, um die Basis für die Beschickungsrampe und die Neigung im Ofen zur Schlackenentfernung zu schaffen. Aufbauend auf der Bodenstruktur werden die aufsteigenden Wände errichtet. Diese bestehen ebenfalls aus Stahlplatten, die durch vertikale und horizontale Stahlträger verstärkt sind. Das Dach wird durch vorgefertigte Platten geschlossen, die aus einer Stahlplattenkonstruktion bestehen, die durch Stahlträger verstärkt ist. Diese werden nach der Ausmauerung montiert und mit Schrauben an den Seitenwänden befestigt.

Über der Türöffnung wird ein Querträger dauerhaft mit den Seitenwänden verbunden. Dieser Träger nimmt die Kräfte aus der Seitenwand oberhalb der großen Türöffnung auf. Er trägt auch den Türmechanismus mit der Tür und unterstützt den Rauchgasabzug.

Feuerfestauskleidung

Die erforderliche Feuerfestauskleidung ist nach den Anforderungen durch das zu verarbeitende Material und den unterschiedlichen Bedingungen im Ofen selbst konzipiert und muss eine hohe Standzeit mit einer guten Wärmeisolierung verbinden, wobei das Stahlgehäuse eine wesentliche Rolle spielt (**Bild 2.23**). Traditionell ist die Ofendecke als Gewölbe gemauert, welches bei modernen Öfen fast ausschließlich durch eine dichte Flachdecke aus monolithischem Material ersetzt ist. Hierdurch wird im Oberofen mehr Platz für Metall geschaffen – bei geringeren Kosten für Material und Montage.

Die Aufgabe der feuerfesten Auskleidung besteht darin, chemische und metallurgische Reaktionen zwischen dem Aluminium und dem Ofengehäuse zu verhindern und eine gute Wärmedämmung zu bieten, um Temperaturverluste durch die Wände zu verringern. Diese verschiedenen Aufgaben können nicht durch einen einzigen Typ von feuerfestem Material erfüllt werden. Für den

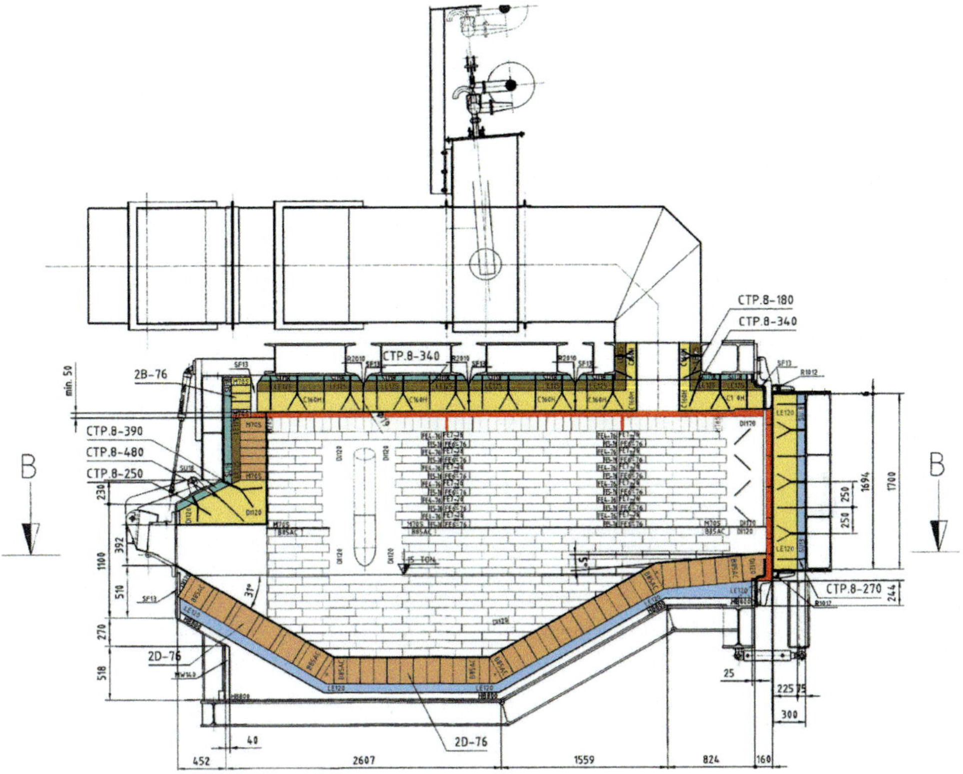

Bild 2.23: *Feuerfestauskleidung eines kippbaren Herdofens*

Kontakt mit dem Metall wird ein dichtes und verschleißfestes Material benötigt. Dieses feuerfeste Material muss gute mechanische Eigenschaften besitzen und in der Lage sein, thermischen Schocks standzuhalten, die durch die Temperaturunterschiede zwischen heißer Flammeneinwirkung und Abkühlung durch geöffnete Türen sowie durch das eingebrachte Metall verursacht werden. Die Isoliereigenschaften solcher Materialien sind jedoch nicht besonders gut. Feuerfestmaterialien mit niedriger Dichte bieten eine hervorragende Wärmedämmung, weisen aber wiederum schlechte mechanische Eigenschaften und weniger gute Temperaturfestigkeit auf. Daher besteht die feuerfeste Auskleidung eines Ofens aus mehreren Schichten. Die innere Schicht des Ofens, die sogenannte „Hot-Face"-Schicht, besteht aus hochdichtem Material. Das gilt sowohl für den Badbereich als auch für den Oberofen. Aufgrund der geforderten Eindring- und Temperaturbeständigkeit liegt der Aluminiumoxidgehalt bei etwa 90 %. Die Schichten zur Ofenwand hin bestehen aus Dämmmaterial mit geringerer Temperaturfestigkeit, aber zunehmenden Dämmeigenschaften. Bild 2.23 gibt einen Überblick über die unterschiedlichen Materialien.

Aufgrund der Beschaffenheit des feuerfesten Materials treten im Material dünne Risse auf. Flüssiges Aluminium, dessen Viskosität der von Wasser ähnelt, dringt in diese Risse ein, bis es erstarrt. Es ist wünschenswert, dass die Erstarrung in der Hot-Face-Schicht erfolgt, was bedeutet, dass die 658-°C-Isotherme im äußeren Drittel der vorderen Schicht liegt, betrachtet in Richtung des Wärmeflusses. Dieses Konstruktionsmerkmal stellt sicher, dass kein Aluminium in eine der unteren Schichten eindringen kann, selbst nach umfangreichem Verschleiß der Hot-Face-Schicht. Das Vorhandensein von Aluminium unterhalb der vorderen Schicht würde zur Verformung der feuerfesten Materialien führen, was wiederum dazu führt, dass sich noch mehr flüssiges Metall dort ansammelt. Schließlich würden die feuerfesten Materialien zerstört und die Volumenänderung könnte langfristig zu erheblichen Verformungen (Ausbeulungen) der Stahlhülle führen, selbst bei einer stabil gebauten Ofenkonstruktion.

Beheizung

Die Beheizung erfolgt durch Brenner, die in einer Seitenwand angeordnet sind oder durch elektrische Heizelemente in der Ofendecke. Für die Beheizung werden fast ausschließlich Brenner für fossile Brennstoffe verwendet, die gegenüber elektrischen Heizsystemen effizienter und kostengünstiger sind. Die Brenner sind in den Seitenwänden angeordnet und können je nach Energiebedarf präzise geregelt werden. Die Brenner sind gegenüber dem Bad leicht angestellt, um einen turbulenten Gasstrom zu erzeugen. Zusätzlich wird die interne Zirkulationsflamme durch hohe Brenneraustrittsgeschwindigkeit von bis zu 100 /s erhöht. Im Herdofen in der Hüttengießerei ist lediglich Warmhaltenergie erforderlich. Da Elektrolyseanlagen dort errichtet werden, wo reichlich elektrische Energie vorhanden ist, kann die Beheizung des Schmelzofens durch Heizelemente vorteilhaft sein; wo Energie zum Schmelzen benötigt wird, ist diese Art der Beheizung wenig sinnvoll. Gasenergie steht dort, wo viel elektrische Energie erzeugt wird, sodass die Beheizung mit dem Medium Heizöl EL heute nur noch dort verwendet wird, wo kein Gasanschluss möglich ist. Früher wurde auch noch vielfach billiges Schweröl verwendet. Aber der Aufwand für beheizte Lagertanks und Begleitheizung der Ölleitungen machen die Verwendung diese Heizmediums unattraktiv, von dem negativen Einfluss auf die Umwelt einmal abgesehen.

Die Gasbrenner der Herdöfen könnten auf den Betrieb mit Wasserstoff umgestellt werden. Allerdings ist einiger Aufwand erforderlich. Wasserstoff hat zwar einen höheren Heizwert pro kg als Gas, aber das viel größere Volumen pro kg erfordert ein Umstellen der Brenner und der zugehörigen Rohrleitungen sowie Regelorgane und dies erfordert einen erheblichen Aufwand. Gas hat zwar einen sehr hohen Heizwert von 33 kWh/kg. Wird dieser Heizwert jedoch auf das spezifische Volumen von 0,09 kg/m³ bezogen, ergibt sich ein Heizwert von

0,09 x 33 = 2,97 kWh/m³. Erdgas hat demgegenüber einen Heizwert von durchschnittlich 10 kWh/m³. Bei der Verwendung von H_2 statt Erdgas müssten alle Armaturen, Ventile und Rohrleitungen einen dreifachen Querschnitt aufweisen. Durch Druckerhöhungen auf den dreifachen Wert des Heizgasdruckes könnte das vermieden werden, doch auch in diesem Fall müssten alle Armaturen auf den höheren Wert ausgelegt sein.

Die Heizenergie wird auf der Oberfläche der Schmelze übertragen. Das stellt ein Problem dar: Durch diese Art der Beheizung findet ein Temperaturgradient im Metallbad von oben nach unten statt, der selbst bei einer Badtiefe von nur 500 mm bereits 20–30 °C beträgt. Ein Ausgleich durch Konvektion kann nicht stattfinden, da sich kühleres Metall auf dem Boden und wärmeres oben auf der Badoberfläche sammelt. Das ist beim Gießen nicht zu akzeptieren. Daher wir durch mechanisches Rühren durch das Bedienungspersonal oder durch Begasungsrührer der Temperaturausgleich hergestellt. Eine Begasung der Schmelze durch Gaseinleitsteine im Ofenboden bietet gleichzeitig den Vorteil der Schmelzereinigung. Eine sehr effiziente Methode ist die Anordnung eines elektromagnetischen Rührers unterhalb des Ofenbodens. Die große Badoberfläche bietet eine große Fläche für die Oxidation und Wasserstoffaufnahme des Aluminiums. Deshalb wird im Ofen ein leichter Überdruck gegenüber der Umgebung erzeugt. Das geschieht durch einen geregelten Schieber im Abgasrohr. Vielfach wird hier statt eines Schiebers ein kontrollierter Luftschleier verwendet. Da der Überdruck im Ofen gegenüber der Umgebung sehr niedrig ist, müssen alle betrieblich bedingten Öffnungen am Ofen sauber geschlossen werden, sobald deren offene Position nicht unbedingt erforderlich ist.

Ein geregelter Abgasschieber im Rauchgaskanal erlaubt, einen definierten Ofendruck einzustellen. Dadurch wird im Verbund mit der Türdichtung das Eindringen von Falschluft verhindert und der Abgasverlust reduziert.

Rauchgase werden über eine Öffnung nach außen geleitet und gelangen über das zentrale Abgassystem, das in Band 1 dieser Buchreihe beschrieben ist, nach außen.

Ofentür

Die Notwendigkeit im Ofen einen leichten Überdruck herzustellen, erfordert eine besondere Konstruktion der großen Ofentür, die so groß ist wie eine ganze lange Ofenwand. Sie ist sowohl der Hitze im Ofeninneren als auch der kalten Umgebungsluft ausgesetzt. Die Konstruktion muss leicht genug sein, um ein einfaches Öffnen und Schließen zu ermöglichen. Gleichzeitig muss sie eine gute Abdichtung am Türrahmen gewährleisten, um den positiven Druck im Ofeninneren aufrecht zu erhalten. Dies erfordert eine Konstruktion, die Verformungen vermeidet oder ausgleicht, ohne dabei schwere Strukturen zu verwenden. Der auf der Ofenkonstruktion installierte Türrahmen ist ebenfalls eines der kritischsten Bauteile. Einige herkömmliche Systeme bestehen aus Hohlprofilen mit innenliegender Wasserkühlung. Dadurch wird der Türrahmen gekühlt, was zur Folge hat, dass sich die Verformungen durch Wärme in vertretbaren Grenzen halten. Für diesen Vorteil muss jedoch ein Energieverlust von 6 bis 8 % in Kauf genommen werden. Außerdem besteht die potenzielle Gefahr, dass Wasser mit flüssigem Metall in Kontakt kommt, was bei Versagen einer Armatur oder Beschädigung eines Rahmens zu Explosionen führen kann. In der Vergangenheit sind viele Unfälle passiert. Die bessere Konstruktion der „trockenen Tür“ besteht aus einem stabilen Rahmen aus einzelnen, hitzebeständigen Gusselementen. Der Rahmen ist weitgehend in das feuerfeste Material eingebettet, sodass die Fläche für den Wärmeübergang sehr klein ist. Dieser Rahmen ist absolut verformungsfrei. Auch die Wärmeverluste können auf 2 bis 3 % reduziert werden. Im Schadensfall oder bei Verschleiß müssen nur ein oder zwei Rahmensegmente ersetzt werden – eine Maßnahme, die keine langen Stillstandszeiten oder hohen Reparaturkosten erfordert.

Die Tür selbst ist als stabiler Rahmen ausgeführt, der das Türdichtungssystem trägt. Das feuerfest ausgekleidete Türblatt besteht aus einzelnen Paneelen, die am äußeren Rahmen befestigt sind, sodass sie sich etwas frei bewegen können. Dadurch wird sichergestellt, dass Kräfte, die durch Wärmedehnung entstehen, ausgeglichen und nicht auf den Rahmen übertragen werden. Für die Abdichtung der Tür (**Bild 2.24**) wird ein hitzebeständiges, asbestfreies Mineralwollseil verwendet. Die Seilhalter bestehen aus einzelnen Segmenten,

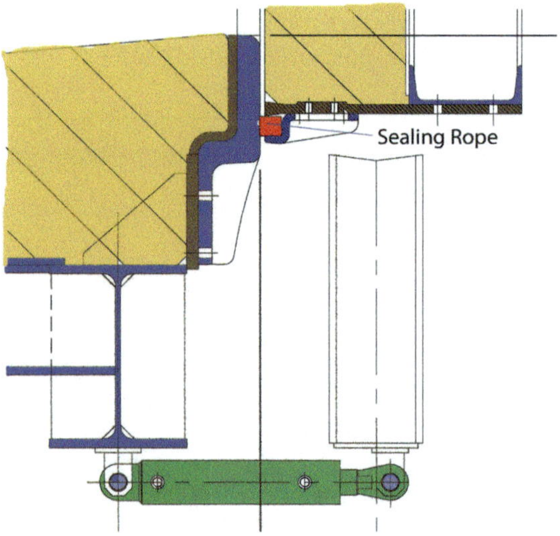

Bild 2.24: *Türdichtung mit Keramikschnur*

die eine Anpassung der Abdichtung in verschiedenen Bereichen ermöglichen. Zum Schließen drücken Hydraulikzylinder die gesamte Tür gegen den Türrahmen und sorgen so für eine dichte Abdichtung. Einige Ofenkonstrukteure erzielen die Abdichtungskraft, indem sie die Türführungsrollen über eine Kurve im unteren Bereich der Tür bewegen. Dieses Konzept ist sehr einfach und benötigt keine Hydraulikzylinder, sollte aber von den Gießereibetreibern nicht akzeptiert werden, da ein Verschleiß des Dichtungsseils nicht vermieden werden kann, was nach kurzer Zeit zu einer beschädigten Abdichtung führt. Für eine ordnungsgemäße Anwendung der Abdichtungskraft sind die Führungsprofile für die Türrollen als Schwenkarme ausgeführt, die es ermöglichen, die gesamte Türstruktur vom Türrahmen wegzubewegen, um die Dichtung vollständig freizugeben oder sie kraftvoll gegen den Türrahmen zu pressen.

Hydraulikzylinder haben sich als sehr zuverlässig und effizient erwiesen. Geschwindigkeit und Türposition können jederzeit angepasst werden und die hydraulischen Kräfte machen komplizierte Gegengewichte überflüssig.

Ofenkippen

Im Allgemeinen sind die Kippstützen gegenüber der Ofentür angeordnet. Um ein Arbeitshöhenniveau für die Übergabekanäle zu erreichen, befindet sich die Kippachse im unteren Bereich des Ofens. Dies bestimmt auch den Flüssigmetallspiegel im Ofen. Die Kippachse liegt genau auf der Höhe des Metallauslaufs, um einen turbulenzfreien Auslauf von Metall zu gewährleisten. Zwei an den Ofen angelenkte Hydraulikzylinder kippen den Ofen in jede gewünschte Position. Das kann sowohl durch Schnellkippen als auch zum kontinuierlichen Hub beim Gießen erfolgen. In diesem Fall erfolgt die Regelung präzise durch Proportionalventile im Hydrauliksystem.

Chargieren

Festmetall wird über die große Ofentür mittels Gabelstapler oder mithilfe einer Maschine in den Ofen chargiert. Flüssigmetall wird aus der Elektrolyse in Tiegeln angeliefert. Zum Chargieren ist seitlich am Ofen eine Einfülltasche mit verschließbarem Deckel angeordnet. Der Hallenkran besitzt einen Hilfszug, an den eine Öse am Tiegelboden angeschlagen werden kann. Durch Betätigen des Hilfszuges lässt sich der Tiegel entleeren und so das Metall in den Ofen chargieren (**Bild 2.25**).

Eine ausreichend dimensionierte Gießschnauze ermöglicht das Ausgießen des Metalls in die Übergaberinne zur Gießmaschine oder in einen Tiegel. Bei einem stationären Ofen umfasst das Gießsystem Abstiche, die am tiefsten Punkt des Ofens angeordnet sind. Da diese Bauteile kritisch sind, werden i. d. R.

Bild 2.25: *Chargieren von Flüssigmetall*

zwei Abstichpunkte installiert. Wenn sie auf unterschiedlichen Höhen angeordnet sind, können sie zur Aufrechterhaltung eines Metallspiegels im Ofen genutzt werden. Die Abstiche werden mit Stopfen oder Pfropfen verschlossen, die mit feuerfestem Material überzogen sind. Das Abstichsystem in kippbaren Öfen ist anders. Es ist auf Badniveau angeordnet, sodass das Metall nur dann fließt, wenn der Ofen gekippt wird. Für das Ausgießen in eine Übergaberinne ermöglicht die schwenkbare Gießschnauze einen Metalltransfer ohne Kaskadieren des Metalls. Diese besteht aus einem Teil, das am Ofengehäuse verschraubt ist, und einem Teil, das an der Rinne befestigt ist. Beide Teile sind über ein Schwenklager außerhalb des Metalltrogs miteinander verbunden. Sie sind gegeneinander abgedichtet, um Metallverluste zu vermeiden. Da sich die Schwenkachse des Ofens aus konstruktiven Gründen in gewissem Abstand zum Ofengehäuse befindet, muss auch der Schwenkpunkt des Gießsystems dort liegen. Daher ist ein Gießkasten in die Ofenstruktur integriert. Der Ausguss ist mit einem hydraulisch oder manuell betätigten Deckel ausgestattet. Dies ist wichtig, um den positiven Druck im Ofen aufrechtzuerhalten.

2.4.2.2 Masselgießmaschine

Die Masselgießmaschine ist für Masseln aus Reinaluminium konzipiert, wie sie typischerweise von den Primär-Aluminiumhütten geliefert werden. Das Gewicht der Masseln beträgt 20 kg. Die Leistung der Durchsatzleitung der Anlage beträgt bis zu 20 t/h. Das stellt besonders für die nachgestaltete Stapelanlage eine beachtliche Anorderung dar, denn immerhin sind 20.000/20 = 1.000 Masseln je Stunde, also eine Massel alle 3,6 Sekunden.

Gießmaschine

Als Gießmaschine wird ein Gießband (**Bild 2.26**) verwendet, in das Kokillen aus Sphäroguss durch ein Transportband in Form eines Plattenbandes bewegt werden. Die Kokillen werden durch Wasser gekühlt. Dieses wird in verschiedenen Sektionen dem Wassertrog unterhalb der Kokillen zugeführt und strömt quer zur Bewegungsrichtung des Gießbandes entlang der Kokillen. Durch die verschiedenen Einlaufpunkte wird eine maximale Temperaturdifferenz zwischen Wasser und Kokillen erreicht und damit optimale Kühlung. Entsprechend der Gießleistung wird der Wasserzulauf über Temperaturmessung und Regelschieber geregelt. Der Wassertrog ist so konzipiert, dass sich unterhalb des Metalleinlaufs kein Wasser befindet und daher überfließendes Metall – ein Vorgang,

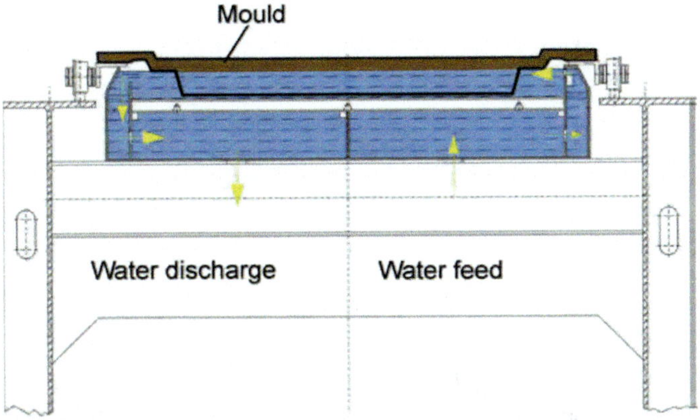

Bild 2.26a: *Wasserkühlung Masselgießmaschine*

Bild 2.26b: *Masselgießmaschine*

der sich beim Gießstart nicht immer vermeiden lässt – leicht entfernt werden kann.

Aus der Gießrinne wird das Metall über ein Gießrad in die Kokillen geleitet. Durch die besondere Konzeption der Zuführrinne zum Gießrad gelangt das Flüssigmetall nahezu fallfrei in das Gießrad, sodass sichergestellt ist, dass die sich bildende Oxidhaut an der Oberfläche nicht gestört wird und somit keine Oxidteilchen in das Flüssigmetall gezogen werden. Die besondere Form des Gießrades erlaubt eine optimale Füllung jeder einzelnen Kokille. Es wird über ein Ritzel von der Kette aus angetrieben, womit ein Synchronlauf mit der Kette gesichert ist.

Vor Gießbeginn werden die Kokillen durch eine Heizvorrichtung vorgewärmt. Diese ist am Ende des Gießbandes angeordnet und besteht aus einer Brennervorrichtung für atmosphärische Verbrennung und einer wegschwenkbaren Haltevorrichtung.

Kurz vor dem Einlauf zum Gießband werden die Kokillen mit einem Gemisch aus Petroleum und Grafitpulver besprüht. Dies erleichtert das Auswerfen der Massel am Ende des Gießbandes. Die Sprühvorrichtung besteht aus einem Düsensystem, einem Vorratstank und der Sprühpumpe.

Am Ende der Gieß-/Kühlstrecke knickt das Gießband nach oben. Damit wird Platz geschaffen zum Auswerfen der Masseln und zum Stapeln. Eine Klopfvorrichtung stellt sicher, dass alle Masseln sauber aus der Kokille entfernt werden. Ein Plattenbandsystem fördert die Masseln durch die nachgeschalteten Anlagenteile.

Die ausgeworfenen Masseln fallen auf ein Masseltransportband und gelangen zunächst zu einer Stempelvorrichtung. Hier wird jede einzelne Massel mit Schichtnummer, Legierungsnummer oder anderen als erforderlich angesehenen Daten gestempelt.

Masselkühlung

Masseln werden in Stapeln gebündelt und mit Stahlband abgebunden. Damit diese Bündelung stabil bleibt, dürfen die Masseln lediglich Umgebungstemperatur haben, weil das Metall beim Abkühlen schrumpft und die Bindung sich dadurch lockert. Deshalb ist vor der Stapelanlage eine Gießstrecke angeordnet. Dazu durchlaufen die Masseln einen geschlossenen Tunnel, der mit Sprühdüsen für Kühlwasser bestückt ist. Die Kühlwasserversorgung erfolgt durch Kreislaufwasser aus dem zentralen Kühlwassersystem. Ein Teil des Wassers verdampft während des Kühlprozesses. Dieser Dampf wird durch Anschlüsse am oberen Teil des Kühltunnels abgesaugt. Dadurch entsteht ein geringer Unterdruck im Tunnel, wodurch verhindert wird, dass Wasser am Ein- beziehungsweise Auslauf austritt. Nicht verdampftes, warmes Kühlwasser wird dem zentralen Kühlwasserkreislauf zugeführt.

Stapelanlage

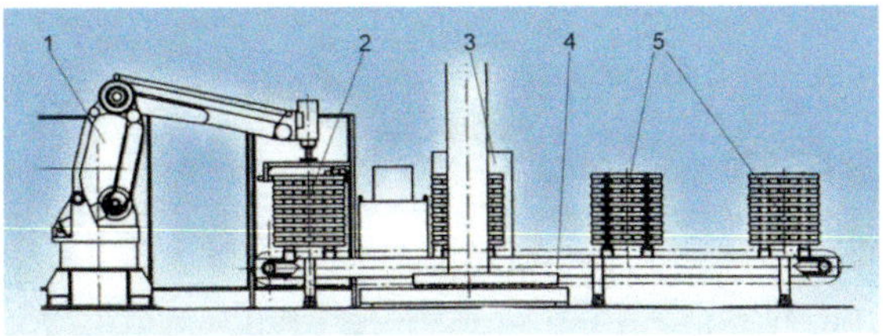

Bild 2.27: *Stapelanlage*

Nach dem Verlassen der Kühlstrecke wird in einer Wendevorrichtung jede zweite Massel gedreht, damit beim Stapeln eine feste Lage gebildet werden kann. Die fertige Lage wird mittels eines Roboters mit Greifvorrichtung zu einer Stapelstelle (**Bild 2.27**) überführt und eine neue Lage wird gebildet. Für die erste Lage wird vom Stapellager eine vorab aus identischer Legierung gegossene Stapelpalette abgerufen. Die nächste Lage wird ebenfalls überführt und um 90° gedreht auf die vorherige Lage abgesetzt. Dieser Vorgang wiederholt sich, bis der komplette Stapel (**Bild 2.28**) fertig ist, der nunmehr in eine Lagerposition gefördert wird, von wo er mit einem Gabelstapler abgeholt wird. Durch die besondere Form der typischen Hüttenmassel muss keine Fußlatte verwendet werden, da der Stapel Greifösen für den Gabelstapler bildet.

Bild 2.28: *Fertige Stapel bereitgestellt zum Versand*

Falls keine Kühlstrecke installiert ist, wird der Stapel in ein Heißlager transportiert und dort nach dem endgültigen Abkühlen mit Stahlband abgebunden.

I. d. R. wird die Stapelanlage durch eine automatische Bindestation ergänzt. In diesem Fall wird kurz hinter der Auswurfstelle die beschriene Kühlstrecke vorgesehen, um die Masseln auf ca. 50 bis 60 °C soweit abzukühlen, dass eine stabile Bündelung möglich ist.

2.4.2.3 Vertikale Stranggießanlage (VDC)

Strangpress- und Walzbarren werden auf der Vertikalen Direktkühlung Stranggießmaschine, kurz VDC (Vertical Direct Chillnig Casting Machine) genannt, hergestellt. Direktkühlung bedeutet, dass das Aluminium durch direkten Kontakt mit Wasser gekühlt und verfestigt wird. Dies geschieht durch einen Wasserschleier, der nach dem Passieren der Kokille erzeugt wird. Innerhalb kürzester Zeit wird so die Form des Barrens durch indirekten Wasserkontakt in der Kokille festgelegt.

Die Gießmaschine (**Bild 2.29**) besteht aus dem Kokillengestell mit wassergekühlten Kokillen, dem hydraulisch bewegten Gießtisch, der durch Schienen an der Wand der Gießgrube präzise geführt wird, dem schweren Hydraulikzylinder sowie dem Wassersystem mit Pumpen und Rohrleitungen.

Die Kokillen sind entsprechend der erforderlichen Größe und Form des Barrens dimensioniert (**Bild 2.30**). Sie bestehen aus einem Gehäuse mit interner Wasserkühlung und einem Sprühsystem. Auf dem Kokillenrahmen sind bis zu über 60 Einzelkokillen für das Gießen von Strangpressbarren angeordnet. Die Anzahl der Kokillen hängt von der Größe des Barrens ab. Walzbarren mit rechteckigem Querschnitt sind i. d. R. recht groß, was die Anzahl der Kokillen auf dem Gießtisch begrenzt. Zur Versorgung großer Walzwerke kann die Barrenabmessung bis zu 600 x 2.400 mm betragen. Ein spezielles Rinnensystem führt das Metall den Kokillen zu.

Die Konstruktion der Kokillen ist die Schlüsseltechnologie beim DC-Gießen. Für Bolzen wurden sehr ausgeklügelte Kokillensysteme entwickelt. Grundlage ist das oben beschriebene Luftschleiersystem. Bei etwas älteren Gießanlagen wurde das Metall über einzelne Düsen aus der Verteilerinne in die Kokillen geleitet. Die Metallmenge wurde über einen Schwimmer aus leichtem feuerfestem Material gesteuert, der mit einem kleinen Kegel zur Düse hin ausgestattet war. Wird der Metallstand in der Kokille zu hoch, wird der Kegel durch den Schwimmer in die Düse gehoben, um die Metallzufuhr zu regulieren. Dieses Schwimmersystem erfordert ständige Aufmerksamkeit der Bediener während des gesamten Gusses. Dieses System wird heute noch beim Gießen von Walz-

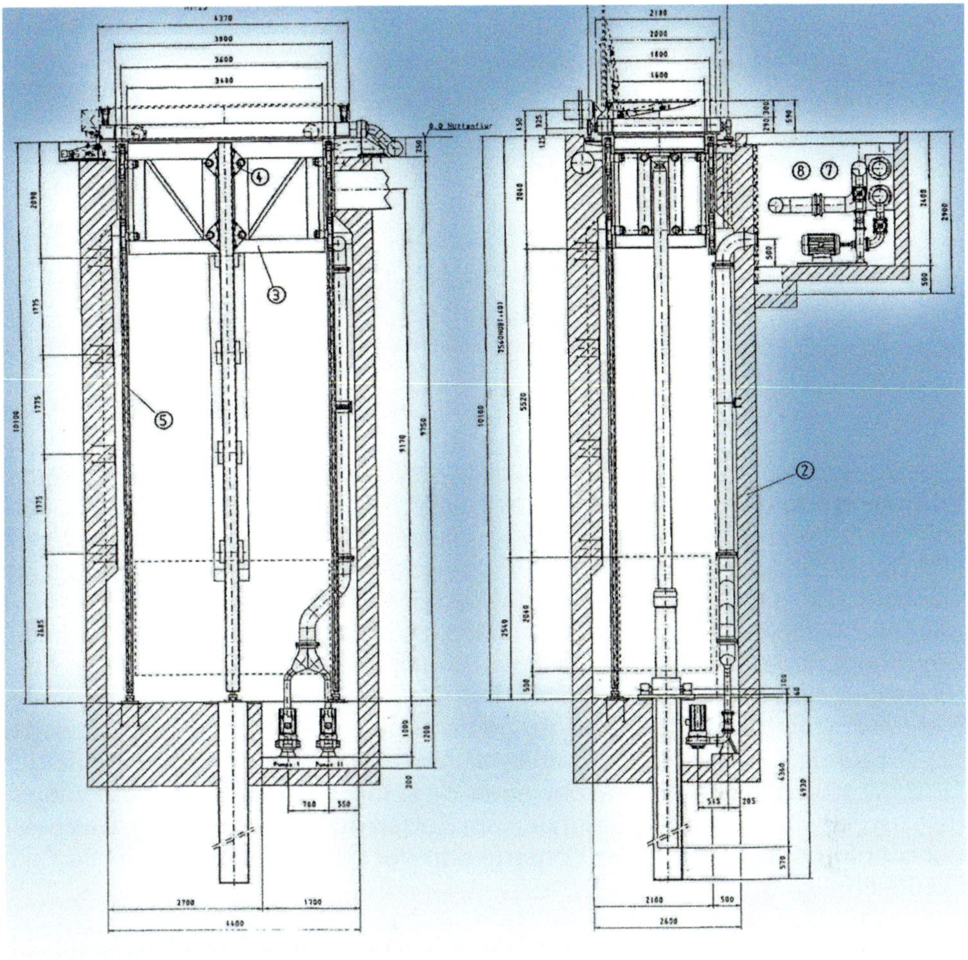

Bild 2.29: *VDC-Stranggießmaschine*

barren verwendet, wobei der Schwimmer aus Stahlplatten in Kastenform gefertigt ist. Für Strangpressbarren wird heutzutage meist das „Hot-Top"-System verwendet, bei dem das Metall direkt aus der Rinne auf gleicher Höhe an alle Kokillen auf dem Gussteller geleitet wird. Die Rinnen sind über feuerfeste Ringe mit den Kokillen verbunden. Durch Einhaltung des Niveaus im Zufuhrsystem (Verteilerrinnen) kann der Gießprozess automatisiert werden. Das erfordert eine genaue Steuerung der Kippbewegung des Gießofens. Die Metallzufuhr wird über eine Lasermessung des Metallstandes in der Zufuhrrinne erfasst. Das entsprechende Signal steuert über ein Proportionalventil die genau dosierte Menge Hydrauliköl zu den Kippzylindern.

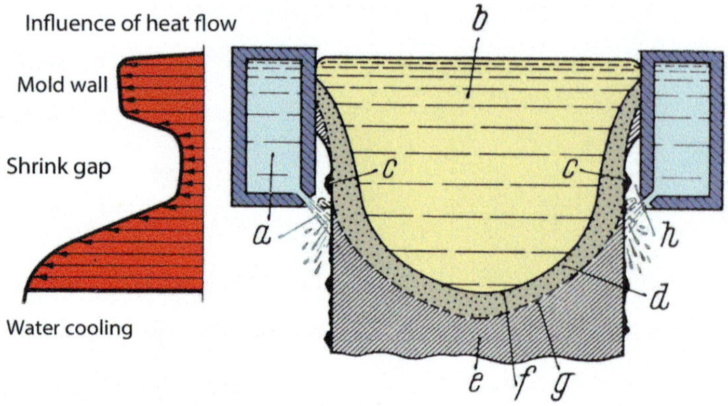

Bild 2.30: *Stranggießkokille und Erstattungsprinzip*

Eine Bodenplatte auf dem Gießtisch trägt die Fußplatten des Kokillensystems. Zu Beginn des Gusses werden die einzelnen Kokillen mit einer Fußplatte verschlossen, die exakt zur Öffnung der Kokille passt. Während des Gießens senkt sich der Gießtisch in die Gießgrube und trägt die Abgüsse, die so in der Länge wachsen. Der Gießtisch ist eine schwere Stahlkonstruktion, die bis zu 50 t (durchschnittlich 25 t) tragen kann, abhängig von der erforderlichen Produktion. Die Standardmaße einer Gießmaschine liegen bei ca. 2 x 3,5 m; größere Ausführungen sind ebenfalls im Einsatz. Die Gießgeschwindigkeit liegt zwischen 5 und 8 cm pro Minute. Bei einer Standardlänge von 7,5 m dauert der Guss 1,5 bis 2 Stunden. In dieser Zeit muss sich der Gießtisch mit gleichmäßiger Geschwindigkeit stick-slip-frei bewegen, da selbst ganz kleine Ruckbewegungen zu unerwünschten Markierungen am Bolzen oder Barren führen. Das stellt hohe Anforderungen and die Konstruktion der Führung im Zylinder und am Gießtisch.

Am Ende des Gusses muss der Kokillenrahmen entfernt werden, um die Barren entnehmen zu können. Der komplette Gießrahmen kann dazu mit einem Kran angehoben, hydraulisch gekippt oder seitlich verschoben werden, wenn er als Kokillenwagen ausgeführt ist. Diese Einheit ist auf Rollen gelagert und fährt auf im Boden installierten Schienen.

Die Barren können dann mit einem Kran und Seilschlaufen oder Spezialgreifern (bei Walzbarren) entnommen werden (**Bild 2.31**).

Bild 2.31: *Entnahme der Bolzen aus der Gießgrube*

2.4.2.4 Sondergießmaschinen

Für besondere Anforderungen wurden entsprechende Gießanlagen entwickelt. Mit Bandgießanlagen wird ein Aluminiumband im kontinuierlichen Verfahren gegossen. Die Abmessungen können von einem Schmalband mit einer Breite von etwa 200 mm und einer Dicke von ca. 5 mm gegossen werden, aus denen z. B. Butzen für die Herstellung von Tuben direkt gestanzt werden können oder auch ein Band mit einer Breite von bis zu 2,5 m und einer Dicke von 20 mm, welches für Sonderprodukte anschließend direkt gewalzt werden kann. Der Vorteil eines solchen Bandes besteht darin, dass ohne besonderen zusätzlichen Energieaufwand ein Walzvorgang möglich ist. Allerdings sind im Gegensatz zu normalen bearbeiteten Walzbarren Probleme mit Oxideinschlüssen zu beachten.

Bei Horizontal-Gießanlagen werden durch eine besondere Kokillenkonstruktion Barren horizontal gegossen. Dadurch werden im Gegensatz zum vertikalen Gießen rechteckige Barren kontinuierlich gegossen, die durch eine fliegende Säge zu Masseln zerschnitten werden. Versuche, runde Bolzen als Vormaterial zum Strangpressen herzustellen, scheiterten bisher an metallurgischen Problemen (im Wesentlichen durch Schwierigkeiten bei der Metallzufuhr).

Bandgießanlagen werden infolge begrenzter Anwendung nur in geringem Umfang eingesetzt.

Bei Drahtgießanlagen ist die Situation durch die Notwendigkeit, Energieübertragungsnetze in großem Umfang zu bauen, bestimmt. Der Walzdraht wird in Drahtziehereien zur Herstellung von Drähten und Freileitungskabeln verwendet.

Diese Anlage besteht aus einem langsam rotierenden Gießrad, dessen Umfang als Kupferkokille ausgebildet ist. In einem Teilbereich ist diese Kokille mit einem umlaufenden Stahlband verschlossen und bildet so eine Gießform, in welche das flüssige Aluminium einläuft, das in der Kokille erstarrt und nach etwa einer halben Umdrehung des Gießrads als fester Strang austritt, der in ein in Linie angeordnetes Walzwerk eingeführt wird. Dieses besteht aus mehreren individuellen Walzblocks, in denen der Aluminiumstrang zu Draht mit einem Durchmesser von 15,0 m, 9,53 mm, oder 9,6 mm gewalzt wird. Die unterschiedlichen Durchmesser werden erreicht, indem einzelne Walzblocks aus dem Walzwerk entfernt werden. Der aus dem Walzwerk mit hoher Geschwindigkeit austretende Draht wird durch eine Vorrichtung aufgefangen und zu einem Coiler geleitet, der den Draht zu einem Bund wickelt. Das Coilersystem ist als Doppelhaspel konzipiert, wobei der Draht automatisch zu der zweiten Haspel geleitet wird. Währenddessen kann der Bund aus der ersten Haspel entfernt und in das Lager verbracht werden. Die erste Haspel steht nun wieder bereit, sobald der zweite Bund komplett ist.

Die Geschwindigkeiten von Gießrad, Walzwerk und Twin-Coiler müssen sehr präzise aufeinander abgestimmt werden. Dabei ist auch die Regelung der Drehzahl der Haspeln wichtig, da mit wachsendem Durchmesser des aufgewickelten Drahtbundes die Drehzahl entsprechend verlangsamt werden muss.

Zur Schmierung und Kühlung des Walzwerkes ist Emulsion erforderlich. Diese wird aus einer Anlage geliefert, die in einem Keller unterhalb der Arbeitsebene angeordnet ist. Aus einem Tank wird Emulsion durch leistungsfähige Pumpen zu den Walzeinheiten gefördert und umspült die Walzen. Durch Stromregelventile wird die erforderliche Emulsionsmenge den einzelnen Walzblocks zugeteilt. Um Abrieb oder auch eventuell auftretende Festpartikel abzuscheiden, passiert die zurückströmende Emulsion ein Flachbettfilter, bei dem sich ein

Filterpapier über die Filterfläche bewegt. Parallel zu der Emulsion werden die Lager der Walzen durch ein Öl-Umlaufsystem geschmiert. Emulsion und Öl werden durch wassergekühlte Wärmetauscher gekühlt. Das Kühlwasser ist an den geschlossenen Kühlwasserkreislauf der Gießerei angeschlossen.

2.4.2.5 Kühlwasserversorgung

Die Kühlwasserversorgung der Gießmaschinen und der optionalen Kühlstrecken für Masselkühlung und eventuell vorhandenen Nebenanlagen erfolgt im geschlossenen Kreislauf. Dieser besteht aus Kühltürmen mit entsprechender Leistung und den Kühlwasserpumpen, Wasserauffangbecken für erwärmtes und gekühltes Wasser, mit einem kleineren Becken zum Einbringen der Chemikalien für die Wasserbehandlung und dem Rohrleitungsnetz mit Absperrschiebern.

2.4.2.6 Batch-Typ-Homogenisierungsanlage

Die Homogenisierungsanlage dient zum Ausgleich (Homogenisieren) der unterschiedlichen Kristallstrukturen, die beim Gießen entstanden sind. Das ist erforderlich, damit bei der Weiterverarbeitung durch Strangpressen keine Unterschiede, vor allem in der Färbung, aber auch in anderen Eigenschaften, entstehen.

Die gegossenen Pressbarren werden daher zu einer Wärmebehandlungsanlage transportiert (**Bild 2.32**), die automatisch betrieben wird. Diese umfasst die Handhabung der Pressbolzen wie Stapeln und Entstapeln, den Stapeltransfer sowie Wärmebehandlung und Kühlung. Die Wärmebehandlung erfolgt in einem Ofen mit Luftzirkulation. Dies erfordert ein spezielles Stapeln der Pressbolzen für eine gleichmäßige Erwärmung des gesamten Stapels.

Die Pressbolzen werden mit einem Laufkran aus der Gießgrube entnommen und auf einem Lagergestell abgelegt. Von hier aus wird eine bestimmte Anzahl von Pressbolzen, die eine Lage im Ofen darstellen, ausgewählt und auf den Kombinierer gelegt – eine Tischeinrichtung, die Platz für eine Pressbolzenlage bietet. Dadurch wird die benötigte Anzahl für eine Lage aus den gelagerten Pressbolzen ausgewählt.

Bild 2.32: *Homogenisierungsanlage*

Anschließend werden die Pressbolzen durch einen automatischen Stapler auf den Stapelstand gesetzt. Zwischen zwei Knüppellagen werden Abstandshalter eingesetzt, die genügend Raum für die Luftzirkulation bieten, damit die Knüppel absolut gleichmäßig beheizt werden. Es ist wichtig für den Erfolg der Homogenisierung, dass alle Pressbolzen die gleiche Wärmebehandlung erhalten. Sobald ein Stapel fertig ist, wird er von einer Chargiermaschine aufgenommen und in den Ofen gebracht. Die Chargiermaschine fährt auf Schienen entlang der Ofenlinie und der Vorbereitungsstände. Sie positioniert sich vor der Ladestelle, an der ein Stapel bereitsteht.

Während der Stapel auf der Chargiermaschine liegt, bewegt sich diese zur nächsten freien Ofenposition. Die Ofentür öffnet sich, der Stapel wird in den Ofen geschoben und dort platziert. Nachdem die Lademaschine den Ofen verlassen hat, schließt sich die Tür und der Heizprozess beginnt. Nun ist die Chargiermaschine frei, um eine andere Charge nach der Wärmehandlung aus einem anderen Ofen zur Kühlkammer zu bringen oder eine Charge aus der Kühlkammer zu entnehmen und zu der Endladestation zu bringen. Sobald der Stapel auf der Entladestation steht, wird er automatisch abgebaut. Die Pressbolzen werden entnommen und zur Vorbereitung für die Ultraschallprüfung und Sägen auf den Vorbereitungsstand gelegt, während die Abstandshalter eingelagert oder direkt für den neuen Stapel wieder verwendet werden.

Die Ultraschallprüfung dient der Sicherstellung der Qualitätsanforderungen.

Nach erfolgreicher Prüfung können die Knüppel auf kundenspezifische Längen geschnitten werden. Anschließend erfolgen das Verpacken und die Vorbereitung für den Transport.

Homogenisierungsofen

Nachdem die Pressbolzen in den Homogenisierungsofen geschoben wurden, erfolgt die Erwärmung durch Konvektion. Dazu ist der Ofen mit einem Luftzirkulationssystem ausgestattet. Erhitzte Luft wird durch Ventilatoren angetrieben, über Kanäle geleitet und gleichmäßig an die gesamte Seitenfläche des Stapels verteilt.

Die Konvektionsheizung erfordert einen gleichmäßigen Luftstrom durch die Pressbolzenlagen. Die Innenauskleidung des Ofens ist mit Seitenkanälen ausgestattet, die die Luft zu den durch die Abstandshalter geschaffenen Luftkanälen zwischen den Lagen führen.

Ofenstruktur und -konzept

Der Homogenisierungsofen (**Bild 2.33**) besteht aus einer Stahlstruktur mit Isolierung, Luftführungskanälen, Heizbrennern und Umluftventilatoren. Im Inneren befinden sich Auflagen für die Chargen sowie Schienen für die Chargiermaschine. Die Ofenvorderseite besitzt eine Hubtür, die mit einer keramischen Dichtschnur und pneumatischen Klammern hermetisch gegen den Türrahmen abdichtet.

Die Luft wird von Ventilatoren im Dachbereich angetrieben und gelangt in Seitenwandkanäle mit Luftverteilungssystem. Diese verteilen die Luft gleichmäßig an die Knüppelschichten. Auf der gegenüberliegenden Seite wird die

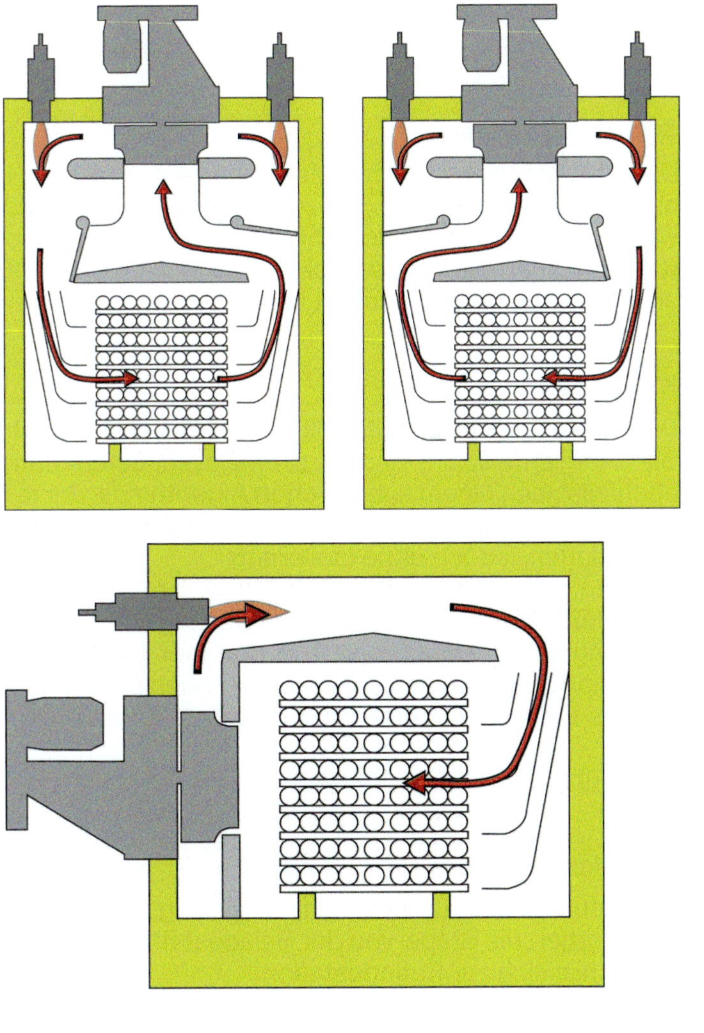

Bild 2.33: *Luftverteilung in der Homogenisierungsanlage*

Luft wieder eingesaugt und zum Dach zurückgeführt, wo sie erneut vom Umluftventilator aufgenommen wird. Unterwegs wird heiße Abgasluft von den Brennern in den Luftstrom eingemischt.

Die Beheizung erfolgt über Gasbrenner oder elektrische Heizelemente im Ofendach. Gasbrenner sind als Rekuperativbrenner ausgeführt, um den Energieverbrauch zu senken. Eine Leichtbau-Feuerfestauskleidung minimiert Wärmeverluste.

Der Ofen verfügt über eine Innenauskleidung zur Luftführung auf der einen Seitenwand und zur Luftaufnahme auf der anderen Seite. Durch einen Umkehrstrom wird die Luft erst von links nach rechts und nach Erreichen eines Temperaturunterschieds wieder von rechts nach links durch den Stapel geleitet. Dadurch verbessern sich Heizleistung, Gleichmäßigkeit und Heizdauer.

Steuerungssystem

Das Steuerungssystem reguliert die Brennerleistung nach einem genau definierten Algorithmus pro Prozessschritt. Einlass- und Auslasstemperaturen werden durch Thermoelemente überwacht. Die Temperatur der Pressbolzen wird über spezielle Messvorrichtungen bestimmt, bei denen ein Thermoelement an den Pressbolzen gedrückt wird.

Kühlkammer

Die Kühlkammer ist in Reihe mit den Öfen und Vorbereitungsstationen installiert. Die Chargiermaschine bedient sie wie die anderen Stationen. Das Kühlen erfolgt ebenfalls nach einem spezifischen Algorithmus, der je nach Legierung variiert. Die Kammer besteht aus einem Stahlgehäuse zur Luftführung durch die Pressbolzenlagen, jedoch ohne Isolierung.

Frischluft wird von Ventilatoren angesaugt, durch den Stapel geleitet und an die Umgebung abgegeben. Die Kammer hat statt einer isolierten Tür eine Jalousie. Ein Zuluftkanal führt außen Frischluft zu, ein Abluftkanal leitet warme Luft ins Freie. Eine Luftreinigung ist nicht erforderlich.

Eine Kühlkammer kann mehrere Öfen bedienen.

Chargiermaschine

Die automatische Lademaschine versorgt alle Stationen und Kammern. Sie transportiert die Stapel von der Beladestation zum Ofen, dann zur Kühlkammer und schließlich zur Entladestation.

Sie besteht aus einem unteren und einem oberen Rahmen. Der untere Rahmen fährt auf Schienen und trägt den gesamten Aufbau. Der obere Rahmen lässt sich hydraulisch anheben und trägt den Stapel.

Zum Aufnehmen oder Ablegen eines Stapels wird der obere Rahmen hydraulisch gehoben bzw. gesenkt. Das Verfahren erfolgt elektrisch. Der obere Rahmen fährt unter den Stapel, hebt ihn an und fährt zurück auf die Maschine. In den Stationen befinden sich Schienen, auf denen der obere Rahmen verläuft, um den Stapel im Zielbereich abzusetzen.

Alle Bewegungen werden durch ein Transportsystem gesteuert, das mit Sensoren die Positionen überwacht.

Stapel- und Entstapelstation

Das Stapeln und Entstapeln erfolgt automatisch. Die Station besteht aus einem Kombinierer für Knüppellagen, einem Stapelstand und der Stapelmechanik.

Die Knüppel aus der Gießmaschine werden dem Kombinierer zugeführt, der eine Lage zusammenstellt. Die erste Lage auf dem Stapelstand liegt auf Basis-Abstandshaltern, die beim Entstapeln verbleiben.

Der Stapler nimmt zuerst eine Lage Pressbolzen, legt sie auf die Abstandshalter, danach eine Lage Abstandshalter (entnommen aus dem zerlegten Stapel) und wieder eine Lage Pressbolzen usw. Die Anzahl der Abstandshalter richtet sich nach dem Gewicht der darüber liegenden Pressbolzen.

Parallel zum Stapelstand befindet sich der Entstapelstand, auf dem die behandelten und gekühlten Stapel entstapelt werden. Die Pressbolzenlagen gehen zur Prüf- und Sägestation, die Abstandshalter zum neuen Stapel.

Die Stapelmechanik besteht aus einer Krananlage mit Greifvorrichtung für Pressbolzen und Abstandshalter.

2.4.2.7 Bolzensäge

Pressbarrenzufuhr

Die gegossenen Pressbolzen sind mit etwa 7 m Länge natürlich viel zu lang zum Einsatz in einer Strangpresse. Die Kunden erwarten daher auf Maß gekürzte Abschnitte. Zu diesem Zweck ist in der Gießerei eine Bolzensäge angeordnet. Zum Sägen werden die Pressbolzen auf einem Zufuhrgestell abgelegt, das in Richtung Säge geneigt ist. Dadurch rollen die Pressbolzen infolge der Schwerkraft bis zu einem Anschlag neben der Säge. Dort werden sie von der Vereinzelungsvorrichtung erfasst und auf den Zufuhrrollgang abgelegt. Durch ein Zählwerk an den Rollen werden die Position des Pressbarrens erfasst und die vorgegebene Länge definiert. Eine weitere Möglichkeit der Längenbestimmung besteht in einer Lasersonde an einer definierten Position kurz vor dem Sägeblatt. Der Sägekopf steht in der Warteposition und fährt erst dann zum Sägen vor, wenn der Zufuhrrollgang den Pressbolzen gemäß dem Signal für die Längenvorgabe in die Sägeposition gebracht hat und dort mit einer Klemmvorrichtung fixiert ist.

Sägekopf

Die Säge besteht aus einer Kreissäge, die auf einem Schlitten mit einem horizontal beweglichen Sägekopf angeordnet ist, der die Sägeblattlagerung, den regelbaren Antrieb, das Sprühsystem für die Sägeblattkühlung und die Absaugdüsen für die Späne enthält.

Der gesamte Schlitten wird durch einen Hydraulikzylinder bewegt. Das Sägeblatt hat einen Durchmesser von 1–1,5 m und arbeitet mit einer Schnittgeschwindigkeit von ca. 20 m/s. Die Sägezähne sind mit Hartmetall bestückt. Während des Sägens wird die Schnittstelle mit einer speziellen Ölmischung besprüht. Die anfallenden Sägespäne werden abgesaugt und über einen Zyklon abgeschieden. Von dort werden sie in einer Spänepresse zu festen Paketen gepresst, die im Ofen eingesetzt werden. Die gesägten Pressbolzenabschnitte werden durch eine Kippvorrichtung aus der Säge entfernt, der Sägeschlitten fährt in die Warteposition und die Säge steht für den nächsten Abschnitt bereit.

Stapelvorrichtung

Die Bolzenabschnitte rollen auf ein Sammlergestell und werden von dort aus mit einer Greifvorrichtung auf einen Stapeltisch gehoben und dort nach dem Stapeln automatisch mit Stahlband abgebunden. Die fertigen Stapel werden mittels Gabelstapler in das Produktlager gebracht.

2.5 Anodenanschlägerei

Manfred Beilstein

Ein Anlagenbereich, der wenig beachtet wird, wenn über eine Aluminiumelektrolyse geschrieben wird, ist die Anodenanschlägerei. Von dieser Anlage gehen keine Lieferungen nach draußen und es werden auch keine Materialien angeliefert. Dabei ist gerade diese Anlage besonders wichtig. Bei der Aluminiumelektrolyse werden etwa 0,5 kg Kohlenstoffanode pro Kilogramm Aluminium verbraucht. Die entsprechenden Anoden werden in der Anodenanschlägerei vorbereitet und bereitgestellt. Gleichzeitig werden Abfallstoffe aus der Elektrolyse aufbereitet und recycelt.

2.5.1 Allgemeine Übersicht

Die Anodenanschlägerei dient dazu, gebrannte Kohlenstoffanoden mit Anodenaufhängung – bestehend aus einem Aluminiumstab und einem angeschweißten Stahljoch mit Zapfen – zu montieren. Flüssiges Gusseisen wird in den Spalt zwischen den Zapfen und den in die Oberseite der Kohlenstoffanoden geformten Bohrungen gegossen und bildet nach dem Abkühlen und der Erstarrung des Gusseisens eine belastbare Verbindung zwischen dem Stahljoch und der Anode. Der Rodding-Prozess recycelt außerdem die aus den Elektrolysezellen zurückgeführten verbrauchten Anoden, um wiederverwertbare Materialien zurückzugewinnen und die Stabbaugruppen zu reinigen und zu richten, sodass sie erneut verwendet werden können. All dies muss sicher mit der geforderten Produktionsrate erfolgen. Die Anodenanschlägerei stellt somit das Bindeglied zwischen der Anodenanlage und den Elektrolysezellen dar. Neben dem Empfang der gebackenen Anoden und der Lieferung der montierten Anoden gibt die Anodenanschlägerei auch zerkleinerten Kohlenstoffschrott an die Grünanodenanlage zurück sowie aufbereitetes Badmaterial als Anodenabdeckung an die Elektrolysezellen.

Die Vorgänge in der Anodenanschlägerei erfolgen in einem verketteten, fließbandähnlichen Prozess mit in Serie angeordneten Arbeitsstationen (**Bild 2.34**). Ein Hängeförderer transportiert die Werkstücke (verbrauchte Anoden, Anodenstabgruppen, montierte Anoden) von einer Station zur nächsten.

Die Anodenanschlägerei umfasst Einrichtungen für folgende Vorgänge:

- Empfang der Anoden aus dem Lager für gebannte Anoden, Montage mit Stangenbaugruppen unter Verwendung von Gusseisen, Vorbereitung der montierten Anoden für die Auslieferung an die Elektrolysezellen

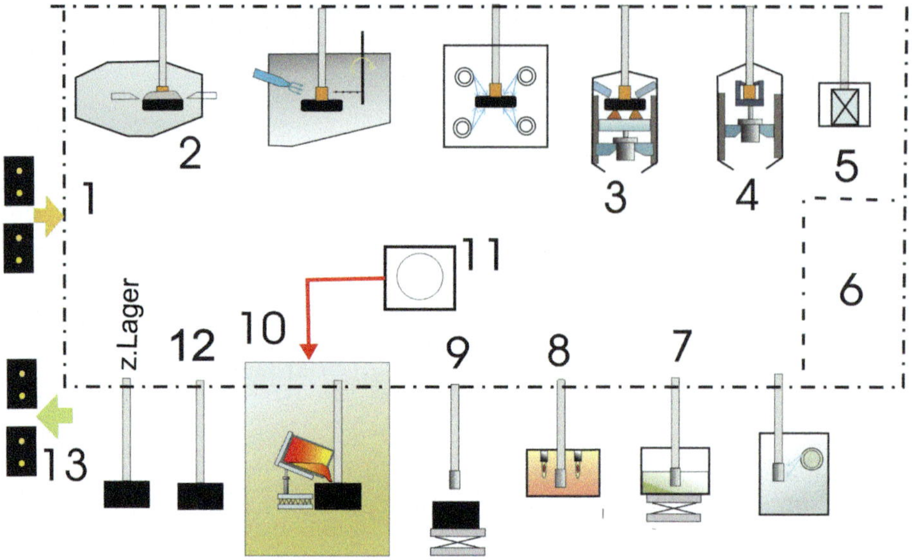

Bild 2.34: Layout Anodenanschlägerei: *1: Entladestation für Restanoden, 2: Badreinigung, 3: Feinreinigung mit Stahlschrot-Strahlanlage, 3: Anodenrestepresse, 4: Gusshülsen-Abziehpresse, 5: Stangen-Inspektion, 6: Reparaturstrecke, 7: Diptank, 8: Bolzentrocknung, 9: Mating-Station, 10: Gießstation, 11: Induktionsöfen für flüssiges Gusseisen, 12: Kühlstrecke, Aluminium-Sprühstation, 13: Ladestation für montierte Anoden*

- Empfang verbrauchter Anoden aus den Elektrolysezellen, vollständige Entfernung des Badmaterials von den Anodenresten, Trennung der Kohlenstoffresten von den Stabbaugruppen sowie Entfernung der Gusseisendübel von den Zapfen
- Reinigung und Vorbereitung der Stabbaugruppen für die Montage mit neuen, gebrannten Anoden; beschädigte Stäbe werden zur Reparaturwerkstatt umgeleitet
- Lieferung des Badmaterials an die Badaufbereitungsanlage
- Zerkleinerung und Aufbereitung des sauberen Kohlenstoffmaterials zur Lieferung an die Anodenmasseanlage
- Reinigung, Recycling und Wiederverflüssigung der Gusseisendübel in Induktionsöfen zur Bereitstellung von Gusseisen für die Anodenmontage.

2.5.2 Besondere Anforderungen an die Auslegung der Anodenanschlägerei

Da die Anodenanschlägerei im Wesentlichen eine linear aufgebaute verkettete Anlage ist, sind ihre Abläufe sehr gut sichtbar, da es sich hauptsächlich um mechanische Handhabungsvorgänge handelt. Die Anodenanschlägerei ist daher eher als Materialflussanlage zu betrachten und weniger als Prozessanlage wie etwa die Grünanodenanlage oder der Brennofen.

Allerdings muss die Anodenanschlägerei auf die spezifische Anoden-/Stab-Konfiguration zugeschnitten sein – und davon gibt es eine Vielzahl unterschiedlicher Ausführungen. Typische Beispiele sind in **Bild 2.35** dargestellt.

Zusätzlich muss die Anodenanschlägerei entsprechend der Kapazitätsanforderungen des Betreibers ausgelegt sein – unter Berücksichtigung von Pufferbereichen sowie Betriebs- und Wartungsplänen, was in einem maßgeschneiderten Anlagenlayout und einer spezifischen Auswahl der Ausrüstung resultiert.

Außerdem besteht für den Planer eine große Auswahl an zusätzlichen Einzelprozessen, die über die Grundoperationen hinaus in das Ablaufdiagramm der Anodenanschlägerei aufgenommen werden können. Solche zusätzlichen Vorgänge umfassen z. B. die Verwiegung der Anodenreste, eine Bildanalyse von Anodenresten und Stangenbausätzen, Richtarbeiten an Stangen und Zapfen, Reparaturarbeiten an Zapfen, Beschichtung der Anoden durch Aluminiumspray sowie Rückverfolgbarkeit der Stangenbausätze („Rod Tracking").

Eine weitere wichtige Funktion der Anodenanschlägerei ist die Bildung von Stangenbaugruppen, die durch Reparaturen an Aluminiumstangen, Jochs und

Bild 2.35: Anodenordnung: *Die Verbindung von Anode und Anodenstange hängt vom Verfahren des Knowhow-Gebers für die Elektrolyse und der verwendeten Stromstärke für den Prozess ab. Eine höhere Stromstärke erfordert auch eine höhere Anzahl von Anschlusspunkten.*

Zapfen durchgeführt wird. Fehlerhafte Anodenbaugruppen wirken sich negativ auf die Prozessleistung und die Effizienz der Elektrolysezellen aus.

Die Herausforderung für die Betriebsleitung der Anodenanschlägerei liegt darin, den Zustand der durchlaufenden Stabbaugruppen zu erfassen und diese anhand definierter Qualitätsstandards zu erhalten.

2.5.3 Anlagenkonzept

Die Anodenanschlägerei ist in einem langgestreckten Gebäude angeordnet. Das bietet auf der einen Seite genügend Länge für die Reihenanordnung der verketteten Arbeitsmaschinen, andererseits ergibt sich Raum für die Lagerung von fertig angeschlagenen Anoden sowie ausreichenden Mengen von Stangenbaugruppen und Ersatz-Trolleys.

An einer Stirnsete des Gebäudes befindet sich eine Durchfahrt für Transportfahrzeuge für Anoden, die mit verbrauchten Anoden einfahren, diese dort entladen und anschließend, beladen mit fertig angeschlagenen Anoden, am anderen Ende die Anodenanschlägerei in Richtung Elektrolyse verlassen.

Für den Transport der Stangenbaugruppen durch die verschiedenen Arbeitsstationen der Anodenanschlägerei ist ein Hängebahnsystem unverzichtbar. Nach dem Abladen der verbrauchten Anoden werden die Stangen an das Fördersystem angekoppelt und erst zum Verladen der fertig angeschlagenen Anoden abgehängt.

In den weitaus meisten Aluminiumhütten wird heute ein P&F-System verwendet, das ursprünglich für das Fließbandsystem bei Ford entwickelt wurde. Heute hat das System einen hohen technischen Standard mit zahlreichen Anwendungsvarianten erreicht.

2.5.3.1 Power-and-Free-Fördersystem (P&F) mit Transport-Trolleys

Ein Power-and-Free-Fördersystem (P&F) ist ein flexibles, kontinuierlich oder taktend betriebenes Hängefördersystem, das aus zwei getrennten Schieneebenen besteht: einer oberen Power-Schiene mit kontinuierlich umlaufender Antriebskette und der unteren Free-Schiene, auf der die Transport-Trolleys geführt werden. Dieses System bietet eine hohe Flexibilität hinsichtlich Pufferung, Weichenbetrieb und unabhängigem Trolley-Handling innerhalb komplexer Materialflussprozesse.

Transport-Trolleys

Die Transport-Trolleys (auch als Lastträger bezeichnet) sind über Mitnehmerarme mit der Free-Schiene gekoppelt und transportieren die Baugruppen. Jeder Trolley ist mit einer mechanischen Kupplungseinheit ausgestattet, die ein aktives Koppeln und Entkoppeln von der Power-Kette ermöglicht. Die Trolleys sind modular aufgebaut und können über Rollfahrwerke reibungsarm entlang der Führungsschienen bewegt werden.

Antriebssystem

Die Antriebskette in der Power-Schiene wird über Elektromotoren angetrieben, typischerweise über einen Kettenantrieb mit Spannstationen zur Vorspannung und Richtungsführung. Die kontinuierlich laufende Antriebskette verfügt über Kupplungsnocken, die in regelmäßigen Abständen angebracht sind und bei Bedarf mit den Kupplungseinheiten der Trolleys in Eingriff gebracht werden.

Koppeln und Entkoppeln

Das Koppeln und Entkoppeln der Transport-Trolleys erfolgt durch mechanische oder pneumatische Kupplungseinrichtungen. Bei Koppeln wird die Kupplungseinheit des Trolleys mechanisch in eine der Mitnehmernocken der Antriebskette eingeklinkt. Dies geschieht automatisch beim Passieren definierter Koppelstationen. Die Entkopplung erfolgt an Trennstellen, indem die Kupplung durch eine Steuerschiene, ein pneumatisches Hubwerk oder elektromagnetisch betätigte Elemente wieder ausgerückt wird.

Entkoppelte Trolleys bleiben dann in Puffer- oder Speicherbereichen stehen oder können manuell oder automatisch weitergeführt werden.

Wechsel zwischen Schienensträngen

Zur Erhöhung der Systemflexibilität ist das P&F-System mit Weichen und Übergabeeinrichtungen ausgestattet, die einen Wechsel der Transport-Trolleys zwischen verschiedenen Free-Schienen ermöglichen. Dies erfolgt über pneumatisch oder elektrisch angetriebene Weichenmechanismen, die die Trolleys durch Stellschienen auf den gewünschten Zielstrang umlenken. Eine sichere Führung und Positionierung wird durch kodierte Schienenführungselemente und Sensorik gewährleistet. Optional können Vertikalförderer (Lifte) eingesetzt werden, um einen Wechsel zwischen verschiedenen Höhenebenen zu ermöglichen. Ebenso können Drehelemente angeordnet werden, wie sie z. B. in der Sprühstation für Aluminium erforderlich sind.

Eine Alternative zu dem P&F-Hängebahnsystem besteht darin, dass jeder einzelne Trolley mit einem Elektromotor als Antrieb versehen ist. Dadurch entfällt das komplizierte Antriebssystem über den zentralen Kettenantrieb. Zudem lassen sich die individuellen Trolleys ohne große Probleme ansteuern. Allerdings dürfte die Gesamtanlage höhere Investitionskosten beinhalten. Das mag auch der Grund dafür sein, dass sich das elegante System bisher in den Anlagen der Aluminiumindustrie nicht durchgesetzt hat.

2.5.4 Arbeitsstationen

Da die verschiedenen Arbeitsstationen als Fließband verkettet sind, ist es erforderlich, die Taktzeiten der einzelnen Stationen aufeinander abzustimmen. Das geschieht durch die Verbindung der SPS-Steuerungen der einzelnen Maschinen mit dem übergeordneten Prozessleitsystem.

2.5.4.1 Lade-/Entlademaschine

Die verbrauchten Anoden werden in der Elektrolysehalle auf Paletten verladen und durch ein Anodentransportfahrzeugin zur Anodenanschlägerei gebracht.

Die vollautomatische Lade-/Entladestation am Ein- und Ausgang der Anodenanschlägerei übernimmt die verbrauchten Anoden, die von den Elektrolysezellen auf Paletten geliefert werden (**Bild 2.36**). Die Anoden werden aufgenommen und auf die Transport-Trolleys des P&F-Fördersystem zu verladen. In der Endposition werden montierte Anoden von der P&F-Hängebahn automatisch abgekoppelt und auf gereinigte Paletten gesetzt.

Größe und Form der verwendeten Paletten – zur Aufnahme verbrauchter oder montierter Anoden – variieren erheblich, abhängig von der jeweiligen Schmelztechnologie und den Ladegewohnheiten. Daher muss die Lade-/Entladestation individuell auf die jeweiligen Paletten-Konzeption und das zugehörige Beladungsmuster angepasst werden. Die Maschine läuft auf Schienen entlang der Durchfahrt von der Entladeposition für Anoden bis zur Beladestelle für montierte Anodenbaugruppen.

Die Lade-/Entlademaschine (**Bild 2.37**) besteht im Einzelnen aus Funktionseinheiten für:

- Abladestation für Paletten mit gebrauchten Anoden
- Stangen-Ausrichtstation
- Paletten-Ausschüttvorrichtung mit Haube und Gitterrost

Bild 2.36: Palettentransportwagen: *Der Wagen trägt eine mobile Palette, die mehrere Restanoden bzw. montierte Anoden aufnimmt und diese zum Kühlbereich oder in die Anodenanschlägerei befördert oder fertig montierte Anoden in die Elektrolyse überführt.*

Bild 2.37: Lade-/Entladestation: *Die automatisch arbeitende Maschine übernimmt die angelieferten Restanoden in das Hängebahnsystem und fügt sie in den Kreislauf der Arbeitsstationen der Anodenanschlägerei ein. In einem weiteren Prozessschritt lädt die Station montierte Anoden auf den Palettentransportwagen zur Lieferung an die Elektrolyse.*

- Ladestation für montierte Anodenbaugruppen
- Hydraulikaggregat mit SPS-Steuerung.

Die Kipp-Paletten-Maschine bewegt sich zwischen der Lade- und Entladeposition und hebt bzw. senkt die Palette vertikal, um die Maschine mit Anodenpaletten mit gebrauchten Anoden beladen zu können sowie Paletten mit fertig montierten Anoden auf das Anodentransportfahrzeug zu laden. Die Ausrichtstation für Stangen zentriert die Stangen unter den Greifglocken der Transport-Trolleys des P&F-Systems. Sobald die Stäbe korrekt ausgerichtet sind, hebt die Kipp-Paletten-Maschine die Palette in die oberste Position, wobei die Stäbe in die leeren Greifer der Transport-Trolleys eingreifen. Dieser Vorgang erfolgt automatisch. Falls ein oder mehrere Stäbe nicht korrekt in die Aufhängung eingreifen, wird die Hebesequenz bis zu dreimal automatisch wiederholt. Ist dies nicht erfolgreich, wird der Bediener benachrichtigt, der nun die Automatik korrigiert.

Nach dem Laden der verbrauchten Anoden bewegt sich die Maschine zur Ausschüttposition, wo die Palette um 135° gekippt wird. Dadurch wird das restliche lose Badmaterial aus der Palette auf ein darunter befindliches Förderband entleert.

Anschließend wird die Palette in die horizontale Position zurückgeführt und zur Ladeposition für montierte Anoden bewegt. Dort hebt die Maschine die Palette an, um die Anoden, die auf dem P&F-Förderer warten, zu stützen. Ein automatischer Entriegelungsmechanismus löst die montierten Anoden aus den Greifern des Förderers. Danach wird die Palette wieder auf Bodenniveau abgesenkt und zur Abholung durch das Anodentransportfahrzeug bereitgestellt.

Der Zyklus einer Palette dauert in der Regel ca. 180 Sekunden.

2.5.4.2 Stationen zur Badentfernung an den Anodenresten

Die Lösung zur Entfernung der Anodenabdeckung („Bad“) umfasst in der Regel die Prozessschritte „Vorreinigung“, „sekundäre Vorreinigung“ und „Strahlen mit Stahlschrott“.

Bad-Vorreinigungsstation

Je nach Anordnung der Zapfen-Anordnung in einer oder einer doppelten Reihe sind unterschiedliche Lösungen für die Vorreinigung erforderlich. Typischerweise entfernt die Vorreinigungsstation ca. 95 % des Anodenabdeckbads von der Oberfläche der verbrauchten Anode. Verbrauchte Anoden, die aus der Vorreinigungsstation kommen, können noch eine dünne Schicht gefrorenes Bad auf der Unterseite des Anodenrestes sowie kleinere Badreste auf der Oberseite oder an den Zapfen aufweisen.

Hier wird deutlich, dass zweireihige Zapfenanordnungen die Prozessmaschinen im Rodding-Shop komplizierter machen als Anlagen für einreihige Zapfenanordnungen.

Für einreihige Zapfenanordnung besteht die Standardausführung einer Vorreinigungsmaschine (**Bild 2.38**) aus zwei hydraulisch betriebenen Greifarmen, die beidseitig der Anode angebracht sind. Diese „Krallen“ trennen und brechen das Badmaterial an der Grenzfläche zwischen Bad und Kohlenstoff. Das gebrochene Material fällt auf ein darunterliegendes Förderband.

Eine sekundäre Vorreinigung erfolgt mittels einer Maschine, versehen mit rotierenden und fliegenden Ketten, welche die verbleibenden groben Partikel sowie am Zapfen haftendes Badmaterial entfernt.

Bei der Anordnung der Anoden in zwei Reihen mit vier oder sechs Zapfen besteht die Vorreinigungsstation aus einem Vorbrecher mit hydraulischen Hämmern und einer 90°-Kippstation, bei der die hydraulischen Schieber auf

Bild 2.38: Badreinigung: *Durch Schieber wird auf der Restanode Badmaterial entfernt und gelangt über einen unter der Station angeordneten Gurtförderer zum Bunker für Abdeckmaterial für die Elektrolysezelle.*

der X- und Y-Achse das Badmaterial zwischen den Zapfenreihen herausdrücken.

Eine zusätzliche sekundäre Reinigung mit Kettenschlegel und Druckluftabblasung, um hohe Blasgeschwindigkeit zu erreichen, wird ebenfalls oft vorgesehen.

Der Maschinenzyklus für die Vorreinigung beträgt üblicherweise 45–60 Anoden pro Stunde.

Vorreinigungsstation zur Entfernung von heißem Badmaterial

Die meisten Fluor-Emissionen aus verbrauchten Anoden treten in den ersten zwei Stunden nach der Entnahme aus der Zelle auf. Daher ist es in den meisten Anlagen üblich, die Anoden mindestens 24 Stunden in einem speziellen Bereich mit angeschlossenem Trockenabscheider-Filtersystem abkühlen zu lassen.

Einige Schmelzbetriebe setzen jedoch inzwischen auf das Verfahren der Heiß-Badentfernung direkt nach dem Ausbau. Aus Sicht des Anlagenbauers sind die Vorteile dieser Verfahrensweise sehr zweifelhaft. Für alle Komponenten, die mit dem heißen Material in Berührung kommen, werden hitzebeständige

Materialien benötigt. Zudem erfordern alle Anlagen Hitzeschutzverkleidungen. Für die Materialförderung müssen Gurtförderbänder durch Plattenbänder ersetzt werden.

Da nicht immer gewährleistet ist, dass ausschließlich heiße Anoden ankommen, muss das System in der Lage sein, heiße, kalte und halbfeste („teigige") Badmaterialien zu verarbeiten. Letztere stellen durch ihre klebrige Konsistenz eine besondere Herausforderung dar. Zudem dampft das heiße Badmaterial im gesamten Bereich der Anodenanschlägerei aus, sodass aus Gründen der Luftreinhaltung umfangreiche Absauganlagen vorzusehen sind.

Anodenreste-Reinigung durch Stahlsandstrahlung

Die Stahlsandstrahlmaschine für Anodenreste übernimmt die Feinreinigung der Anoden nach der Badentfernung. Ihr Ziel ist es, Badreste von der Oberfläche zu entfernen. Zudem ist die Anlage darauf ausgelegt, eine geringe Menge Kohlenstoffmaterial von der Oberfläche abzutragen.

Nach der Elektrolyse ist die Anodenoberfläche häufig mit Natrium aus dem Badmaterial, welches mit dem Alumina aus dem Bayer-Prozess in die Elektrolyse verschleppt wurde, verunreinigt. Dieses ist für die Wiederverwendung der Kohlenstoffe ungeeignet. Durch das Sandstrahlen wird dieses Material entfernt und somit die Qualität des rückgewonnenen Kohlenstoffs verbessert. Um eine optimale Reinheit zu erreichen, wird ein intensives Stahlsandstrahlen empfohlen. Dadurch können etwa 4 % der Anodenreste als verschmutzter Staub verloren gehen, die dann im Prozess nicht verwendet werden können. Der verbleibende Rücklaufkohlenstoff enthält dann im Schnitt weniger als 300 ppm Natrium.

Je nach Anlagendurchsatz werden entweder eine Einkammer-Strahlanlage oder eine Zweikammer-Strahlanlage eingesetzt (**Bild 2.39**).

Die Anoden werden über den Hängeförderer in die Maschine geführt. Dort erfolgt die Reinigung mittels Stahlstrahlgut, das durch elektrisch betriebene Turbinenräder auf die Anodenoberfläche geschleudert wird. Die Ausrichtung der Turbinen und der Transportmechanismus gewährleisten eine vollständige und gleichmäßige Bearbeitung.

Unter Berücksichtigung der starken Belastung zeichnet sich das Gehäuse durch eine besonders robuste Bauweise aus. Für Bauteile, die mit Strahlgut in Berührung kommen, wird hochverschleißfester Manganstahl verwendet. Ein spezielles Gehäuse- und Dichtungssystem verhindert praktisch das Austreten von Strahlgut. Ein integriertes Rückgewinnungs- und Reinigungssystem durch ein Windsichtsystem für die Trennung trennt Strahlmittel von Bad und Kohlen-

Bild 2.39: Anoden Strahlanlage: *Nach der Vorreinigung entfernt die Schrot-Strahlanlage die letzten Reste von Badmaterial, um zu vermeiden, dass eventuell Spuren von unerwünschten Metallen in das Aluminium gelangen.*

stoffstaub. Das Strahlmittel wird zur Wiederverwendung zurückgeführt, während der Staub auf Deponie gehen muss.

Nach dem Strahlvorgang wird verbleibendes loses Material über eine Luftdüse mit Druckluft entfernt, um hohe Reinigungswirkung in kurzer Zeit zu erzielen

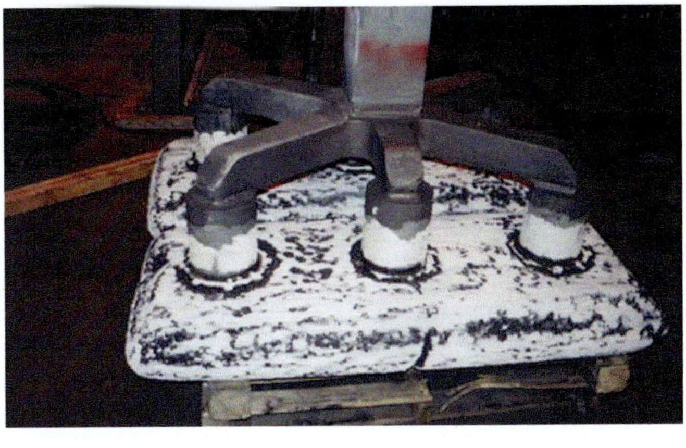

Bild 2.40: *Anodenrest nach der ersten Stufe der Vorreinigung*

Bild 2.41: *Anodenrest nach dem Stahlschrot-Strahlung*

(**Bild 2.40** und **Bild 2.41**). Die Trennung von Bad- und Kohlenstoffpartikeln von den Stahlpartikeln erfolgt über ein Windsichtsystem.

2.5.4.3 Entfernung von Anodenresten und Gusseisendübeln

In der Anodenanschlägerei kommen verschiedene spezialisierte Pressen zum Einsatz, die jeweils für klar definierte Bearbeitungsschritte in der Fertigungskette ausgelegt sind. Ziel dieser Pressen ist die sichere, reproduzierbare und beschädigungsfreie Durchführung mechanischer Trennvorgänge unter industriellen Serienbedingungen. Der Materialfluss zwischen den Stationen erfolgt im Rahmen einer verketteten Produktionslinie über das P&F-Hängebahnsystem, das den Transport der Anoden durch sämtliche Bearbeitungsstationen übernimmt. Der Betrieb aller Pressen ist, ebenso wie bei den anderen verketteten Stationen, vollständig automatisiert; lediglich wenige Einstellvorgänge werden für das Einrichten oder Umrüsten der Maschinen benötigt.

Die Entfernung der Kohlenstoff-Anodenreste sowie der Gusseisendübel kann entweder an getrennten Arbeitsstationen erfolgen – was der Standardlösung entspricht – oder in einer kombinierten Presse, die beide Arbeitsschritte in einem einzigen Vorgang durchführt (**Bild 2.42**).

Aufgrund der hohen Kräfte und bewegten Massen sind die Pressen vollständig eingehaust und mit Sicherheitseinrichtungen wie Lichtschranken, Not-Aus-Schaltern und Verriegelungen ausgestattet. Wartungs- und Rüstbereiche sind nur über gesicherte Zugänge erreichbar. Durch die konsequente Automatisierung und die Einbindung in das P&F-Hängebahnsystem wird ein kontinuierlicher Materialfluss sichergestellt, das Bedienpersonal von manueller Schwerarbeit entlastet und der Produktionsablauf mit hoher Taktleistung, reproduzierbarer Prozessqualität und minimalen Stillstands-Zeiten gewährleistet.

Bild 2.42: Kombipresse: *Mit dieser Presse können in einer Station sowohl der Anodenrest als auch die Gusshülsen von der Stange entfernt werden.*

Anodenresteabziehpresse

Nach dem Ausbau aus der Elektrolysezelle weisen die Anodenstangen noch festhaftende Anodenreste auf. Diese Reste müssen vollständig entfernt werden, um eine erneute Montage neuer Anodenblöcke auf die Stangen zu ermöglichen. Die Anodenresteabziehpresse führt diesen Arbeitsschritt automatisiert und unter kontrollierten Prozessbedingungen durch.

Die verbrauchte Stangenbaugruppe mit Restanode wird über das automatisierte P&F-Fördersystem in die Presse eingefahren. Eine kraftgesteuerte, hydraulisch betriebene Druckeinheit drückt gezielt gegen den verbleibenden Kohlenstoffblock, der formschlüssig und kraftschlüssig mit der Stangenbaugruppe verbunden ist. Der Restblock wird entweder in einem Stück abgestoßen oder – bei festerem Sitz – stufenweise abgeschert. Der Druck wird über einen schweren Stößel entweder von unten oder insbesondere bei einer zweireihigen Nippelanordnung von den Seiten her ausgeübt. Keilförmige schwere Gegenhalter unterstützen den Brechvorgang. Ideal wäre es, den Pressdruck von oben her aufzubringen: Das lässt sich konstruktiv wegen der Stange und der Spannvorrichtung für die Stange jedoch nur mit erheblichem Aufwand lösen. Die entstehenden Anodenreste fallen in einen Auffangtrichter oder auf ein Fördersystem zur Weiterverwertung, z. B. zur Rückführung in den Anodenkoks-Kreislauf oder zur Entsorgung.

Die Abziehpresse ist für den dauerhaften Betrieb unter rauen Umgebungsbedingungen ausgelegt. Zu den wesentlichen Komponenten zählen ein Schwerlast-Grundrahmen mit verschleißfest ausgekleideten Kontaktflächen, eine Hydraulikeinheit mit stabiler Zylinderbaugruppe zur Führung des schweren Abdrückstößels, geregeltem Druck- und Wegmesssystem, ein Spannsystem zur sicheren Fixierung der Anodenstange, Sensorik zur Überwachung des Presshubs, der Restblockposition und der Abziehkräfte sowie eine Schutzverkleidung und Lichtschranken zur Sicherstellung der Arbeitssicherheit im Bedienbereich. Zum Einrichten des Pressvorgangs ist ein vereinfachtes Bedienungspanel neben der Maschine angeordnet. Ein HMI-Panel stellt die Verbindung zu dem übergeordneten Prozessleitsystem „Einstellung und Überwachung aller Prozessparameter" sowie über Schnittstellen die Verbindung zur Anbindung an das Produktionsleitsystem her. Eine protokollierte Rückmeldung über jeden durchgeführten Abziehvorgang kann nach Wunsch der Betriebsleitung erfolgen und trägt zur Nachverfolgbarkeit und Qualitätssicherung bei.

Die Integration der Anodenresteabziehpresse in die Rückführlogistik der Anodenstangestangen ermöglicht eine deutliche Steigerung der Anlagenverfügbarkeit und reduziert die in früheren Zeiten üblichen manuelle Eingriffe auf ein Minimum.

Gusshülsenabziehpresse

Nachdem die Anodenreste entfernt wurden, werden die Gusseisenhülsen von den Ankerbolzen abgezogen.

Die Gusshülsenpresse ist eine spezialisierte Vorrichtung zur mechanischen Entfernung von Gusshülsen, wie sie bei der Formgebung von Anodenblöcken in der Primäraluminiumproduktion eingesetzt werden. Gusshülsen verbinden die Anodenstangen mit den Anoden. Diese werden durch Füllen des Spaltes zwischen den Löchern in der Anode und Ankerbolzen am Joch mit flüssigem Gusseisen gebildet. Auf diese Weise wird nach dem Erstarren des Gusseisens eine belastbare und gut elektrisch leitende Verbindung erreicht. Nach dem Entfernen der Restanode müssen diese Hülsen entfernt werden, um die Anodenstangen der weiteren Bearbeitung zuführen zu können.

Der Grundaufbau einer Gusshülsenabziehpresse besteht aus einem massiven, schwingungsarmen Maschinenrahmen, der sowohl die Presseneinheit als auch die Spann- und Führungseinrichtungen trägt. Die Pressenkraft wird hydraulisch erzeugt, da so hohe und gleichmäßig übertragene Kräfte bei kompaktem Antriebsaufbau realisierbar sind. Die Führungs- und Zentriereinheiten sorgen für die exakte Positionierung der Gusshülse relativ zum Pressstempel. Greif- oder Abzugsvorrichtungen, mechanisch oder hydraulisch betätigt, greifen form- oder kraftschlüssig an der Hülse an. Der Pressenstempel oder Abzugsgreifer übt eine kontrollierte axiale Kraft auf die Gusshülse aus, wobei die Haltekraft automatisch überwacht wird. Die Hülse wird mit definierter Geschwindigkeit und Kraft vom Ankerbolzen gelöst; bei schwergängigen Hülsen kann der Ablauf durch kurze Impulsbewegungen oder eine Vibrationsunterstützung ergänzt werden. Nach dem Abziehen wird die Hülse automatisch in ein separates Transport- oder Lagersystem überführt, während die Anodenstange direkt in die nächste Bearbeitungsstation ausgeschleust wird.

Kombinierte Restanoden- und Gusshülsenabziehpresse

In dieser Presse wird die Restanode zunächst in mehrere Stücke gebrochen, bevor der Hauptstempel weiter nach oben fährt, um die Gusshülse aus den Ankerbolzen zu drücken und zu zerbrechen.

Die Anlage (Bild 2.42) besteht aus einem schweren Gehäuse als Stahlschweißkonstruktion. In einem von einem Hydraulikzylinder betätigten Stößelsystem wird der Anodenrest gebrochen.

Die Kombipresse (Bild 2.42) ist wie auch die Einzelpressen für den dauerhaften Betrieb unter rauen Umgebungsbedingungen ausgelegt. Zu den wesentlichen Komponenten zählen ein Schwerlast-Grundrahmen in Stahlschweißkonstruktion mit verschleißfest ausgekleideten Kontaktflächen und eine Hydraulikeinheit mit stabiler Baugruppe zur Führung des schweren Abdrückstößels. Ein Klammersystem umfasst die Gusshülsen und streift sie von den Zapfen ab. Während des gesamten, zweistufigen Vorgangs wird die Anodenstange durch ein Anschlag- und Spannsystem zur sicheren Fixierung der Anodenstange fest eingespannt. Außerdem ist die Anlage mit geregeltem Druck- und Wegmesssystemen, Sensorik zur Überwachung des Presshubs, der Restblockposition sowie der Gusshülsen und der entsprechen Press- und Abziehkräfte sowie einer Schutzverkleidung und Lichtschranken zur Sicherstellung der Arbeitssicherheit im Bedienbereich ausgestattet. Zum Einrichten des Pressvorgangs ist ein vereinfachtes Bedienungspanel neben der Maschine angeordnet. Genauso wie bei den Einzelmaschinen stellt ein Panel die Verbindung zu dem übergeordneten Prozessleitsystem zur Einstellung und Überwachung aller Prozessparameter sowie über Schnittstellen zur Anbindung die Verbindung an das Produktionsleitsystem her. Eine protokollierte Rückmeldung über jeden durchgeführten Abziehvorgang kann nach Wunsch der Betriebsleitung erfolgen und trägt zur Nachverfolgbarkeit und Qualitätssicherung bei. Die Integration der Anodenresteabziehpresse in die Rückführlogistik der Anodenstangen ermöglicht eine deutliche Steigerung der Anlagenverfügbarkeit und reduziert die in früheren Zeiten üblichen manuelle Eingriffe auf ein Minimum.

Über Ablaufrutschen werden die abgestreiften Gusshülsen und Gusshülsenreste auf einem Förderband gesammelt und in einem Behälter zum Wiedereinschmelzen zur Gießstation gebracht. Wenn die Anodenreste- und Gusshülsentfernung getrennt erfolgt, ist es normal, dass etwa 5 bis 10 % der Dübel bereits beim Reste-Abtrennen mit entfernt werden. Im Falle der Kombipresse sind jedoch die gebrochenen Anodenreste und die Gusshülsen in einem Haufwerk enthalten. Die Konsequenz ist, dass in beiden Varianten ein effektives Magnetabscheidesystem installiert wird, wobei als erste Stufe ein Überbandmagnet mit Trommelmagnetanscheider bei den zerkleinerten Resten eingesetzt wird.

Die typische Zykluszeit dieser Maschine beträgt 60–75 Anoden pro Stunde.

2.5.4.4 Stabvorbereitung

Bevor die zurückgewonnenen Anodenstabbaugruppen erneut mit gebrannten Anoden verbunden und vergossen werden können, müssen sie gereinigt und kontrolliert werden. Das ist erforderlich, um sicher zu stellen, dass in der Elektrolysezelle ein guter Kontakt mit den Stromschienen des Anodenbaums und eine optimale Verbindung mit dem Gusseisendübel bestehen. Dazu werden die Aluminiumstangen mit Stahlbürsten in einer eigenen Kammer gesäubert, während die Stahlzapfen in einer separaten Kammer gesandstrahlt werden.

Qualitätsprüfung und automatische Aussortierung

An einer Kontrollstation wird der Zustand der Baugruppe überprüft. Bewertet wird u. a. der Zustand der Zapfen, wobei sich in der Aluminiumindustrie Ausdrücke wie „Washing“, „Necking“ und „Toeing“ eingebürgert haben, womit wohl Auswaschungen am Stahl, Anbackungen oder auch Ablagerungen gemeint sind. Ganz wichtig ist es, auch zu prüfen, ob keine Verbiegung der Anodenstange vorhanden ist. Die Inspektion erfolgt durch erfahrenes Personal, kann aber auch bis zu einemgewissen Grad durch eine Automatik ersetzt werden.

Überschreitet eine Stabbaugruppe die zulässigen Toleranzen, wird sie automatisch auf einen Reparaturkreislauf umgeleitet.

Reparaturkreislauf

In dem Reparaturbereich können die wichtigsten Arbeiten an der Stangenbaugruppe vorgenommen werden. Das kann sich auf das Auswechseln der Stutzen beziehen, wobei hier die notwendigen Werkzeuge vorhanden sind, ebenso wie für das Reparieren und Ausrichten des Stahljochs, wenn es nicht mit der Aluminiumstange fluchtet, wobei hierzu auch eine induktive Heizvorrichtung erforderlich ist, die eingesetzt werden muss, wenn die Verformung zu groß ist, um sie kalt zu richten. Auch in diesem Bereich wird so weit wie möglich automatisiert, z. B. mit einer halbautomatischen Schweißmaschine. Ganz wichtig ist auch die automatische Stangenrichtmaschine.

Nach erfolgter Reparatur wird die Anodenstange wieder in den normalen Produktionsablauf zurückgeführt.

Zapfenbeschichtung & Trocknung

Nach bestandener Kontrolle werden die Zapfen in eine Graphitemulsion getaucht. Das geschieht dadurch, dass die Anodenstange während eines Taktes über einem Behälter mit Emulsion steht, der durch einen Hubtisch angehoben wird, wodurch die Bolzen in die Emulsion eintauchen.

Die Emulsion bewirkt die Verbesserung des elektrischen Kontakts zwischen Gusseisendübel und Zapfen sowie die Vermeidung von Verbindungen oder „Verbackung" zwischen den Teilen (leichteres Entfernen der Dübel bei der nächsten Entsorgung).

Bei Verwendung dieser nassen Graphitbeschichtung ist eine gründliche Trocknung vor der Anodenmontage zwingend erforderlich. Hierzu wird die Anodenstange durch eine Heizkammer mit Gasbrennern oder elektrische Widerstandsheizung geleitet.

2.5.4.5 Anodenmontage und Gießstation

Nachdem die Anodenstangen für die Montage von Anoden vorbereitet sind, erfolgt schließlich die Montage von Stangen und neuen gebrannte Anoden, wobei die Verbindung durch Vergießen mit Grauguss hergestellt wird. Das erfolgt in der Gießstation (**Bild 2.43**). Die Anforderungen an diese Station sind

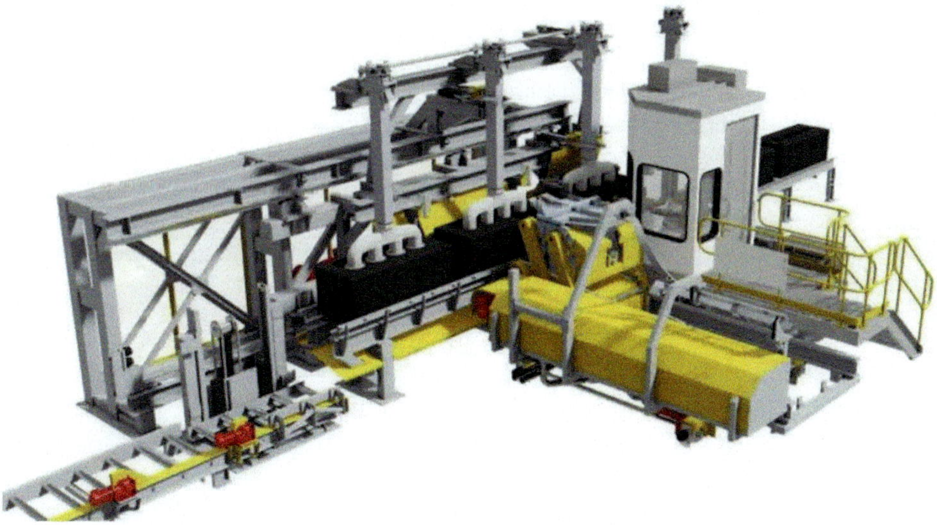

Bild 2.43: Gießstation: *Die Anlage arbeitet vollautomatisch, um den Ringspalt zwischen Joch und Anode mit flüssigem Gusseisen zu füllen. Bei eventuellen Störungen kann ein Bediener von einer geschützten Kabine aus eingreifen.*

sehr hoch, denn die präzise Anordnung von Anode und Anodenstange sind entscheidend für einen störungsfreien Betrieb in der Elektrolysezelle. Ganz wichtig ist dabei, dass Anodenboden und Stange einen exakten rechten Winkel bilden. Natürlich sind auch ein einwandfreier elektrischer Kontakt und eine feste und stabile Aufhängung wesentliche Voraussetzengen. Demzufolge ist auch die Anforderung an Mechanik und Automation der Gießstation entsprechend hoch, sodass diese Anlage den höchsten Mechanisierungsgrad der gesamten Anodenanschlägerei besitzt.

Die einzelnen Stationen der Gießmaschine sind daher:

- Positionieren und Ausrichten der gebackenen Anodenblöcke und Stabbaugruppen, dem sogenannten „Mating"
- Vergießen mit flüssigem Gusseisen
- Kühlung der Verbindung
- Übergabe der montierten Anode an den Hängeförderer
- Mating-Station

Eine einzelne vorbereitete Anodenstange wird vom P&F-Mating-System freigegeben und zu dem Hubtisch der Mating-Station gefördert. Etwas unterhalb der Anodenstange wird ein Anodenblock – nach dem Trocknen der vorgeformten Löcher durch Gasbrenner – von dem Rollenförderer durch ein Schiebesystem auf den Hubtisch geschoben. Nach Erreichen ihrer korrekten Positionen werden Klemmvorrichtungen aktiviert und Anodenstange, Joch und Anodenblock durch Klammern präzise ausgerichtet, wobei Anodenboden und Stange einen genauen rechten Winkel bilden- und in dieser Position fixiert werden. Anschließend hebt der Hubtisch den Anodenblock an, wodurch nun die Bolzen der Anodenstange genau in die vorgeformten Löcher des Anodenblocks eingepasst werden. Der Indexförderer schiebt nun die gesamte Anordnung in die Gießposition. Als Indexförderer bietet sich ein Hubbalkenförderer an, der das Fördergut, in diesem Fall die Anordnung aus Anodenstange und Anodenblock, schrittweise exakt in die nächste Position fördert.

Gießstation

An der Gießstation fährt nun der Gießwagen in die Position, die quer zur Transportstrecke der Anoden verfahrbar ist. Ein Fahrrahmen trägt ein Kippgestell mit einem beheizten Tiegel mit flüssigem Grauguss. Die Gießmaschine ist dafür ausgelegt, Gusseisen sicher und effizient in die Verbindungsstellen zwischen Stabzapfen und Anodenblock zu gießen. Eine feinfühlige Hydraulik ermöglicht sanftes und kontrolliertes Kippen des Gießtiegels, das zum Gießen der Graugussnippel erforderlich ist, und reduziert so das Risiko von Spritzern oder

Überschwappen des Metalls Für das Vergießen von zweireihigen Anodennippeln ist die Gießstation mit einem Drehtisch ausgestattet.

Das Gießverfahren erfolgt automatisch. Allerdings können Korrekturen durch einen Gießer erforderlich werden, der in einem geschützten und klimatisierten Bedienstand den Gießvorgang verfolgen kann. Nach dem Gießen fährt der Gießwagen in seine Ausgangsposition zurück, ebenso wie die Klammern und Zangen, die in ihre Position an der Mating-Station fahren.

Da es sich um einen Hochtemperaturprozess handelt, ist die Maschine mit Hitzeschutzblechen, Ablaufblechen („shedder plates“) sowie diversen Schutzeinrichtungen ausgerüstet.

Kühlstation

Nach Beendigung des Gießvorganges fördert der Indexförderer die nunmehr komplett montierte Anode auf die Positionen der Kühlstation. Selbst wenn die Abkühlung des Gusseisens noch nicht vollständig erfolgt ist, kann die Verbindung von Stange und Anoden schon komplett belastet werden, da erstarrendes Gusseisen keine teigige Phase entwickelt, sondern sofort fest erstarrt. Nach der Kühlphase wird die komplett montierte Anode wieder in den Kreislauf des P&F-Förderer integriert und in das entsprechende Lager gefördert. Vor dieser Übergabe ist ein Querförderer angeordnet, durch den nicht korrekt vergossene Anoden ausgeschleust werden. Manche Betreiber wünschen, dass die Anode mit einer aufgesprühten Schicht von Aluminium versehen wird. Die entsprechende Sprühstation ist kurz hinter der Kühlstation angeordnet.

Unfallschutz in der Anodenanschlägerei

Die Anodenanschlägerei gehört zu den gefährlicheren Bereichen innerhalb eines Aluminium-Schmelzbetriebs. Grund dafür sind fahrende Fahrzeuge, die aufgrund geforderter Zykluszeiten oft sehr schnell unterwegs sind und dass die Übersicht durch den Fahrer nicht immer gegeben ist und oft Tiegel mit flüssigem Metall zur Bereitstellung von flüssigem Gusseisen transportiert werden, wobei der Flüssigmetalltransport und die Gießstation besondere Gefahrenquellen durch spritzendes Metall mit hoher Temperatur darstellen. Montierte Anoden und leere Anodenstangen bewegen sich oft pendelnd von dem Hängebahnsystem durch viele Anlagenbereiche. Die automatischen Maschinen in der Anlage arbeiten ohne Aufsicht durch Bedienungspersonal, sodass bei zufälliger Berührung keine Hilfe zugegen ist, die z. B. einen Notausschalter betätigen könnte. An einigen Anlagen wirken Brenner, ebenfalls automatisch, weshalb auch hier besondere Vorsicht geboten ist.

Deshalb stehen Sicherheits-, Umwelt- und Gesundheitsschutzaspekte bei der Planung stets an oberster Stelle. Während der Planungsphase werden hierzu Risiko- und Betrieblichkeitsanalysen (HAZOP-Studien) durchgeführt.

Die wichtigsten arbeitsmedizinischen Aspekte im Rodding-Shop sind Staub- und Lärmemissionen. Eine dezentrale Entstaubung stellt eine staubfreie Arbeitsumgebung sicher, wobei der Schwerpunkt auf folgenden Stationen liegt:

- Lade-/Entladestation und Badreinigung
- Anodenreste-Sandstrahlmaschine
- Anodenreste-Abstreifung und -Zerkleinerung
- Dübelreinigung
- Stutzen-Sandstrahlmaschine
- Stabbürstung
- Induktionsöfen.

Ein wichtiger Punkt ist die Reduzierung von Lärmemissionen. Dies wird erreicht durch die Unterbringung hydraulischer Aggregate in separaten Räumen (Schallschutz & Staubschutz) und der Einhausung besonders lauter Maschinen, z. B. der Gusseisen-Reinigungstrommel.

2.6 Anodenanlage/Grünanodenanlage

Bei der Elektrolyse von Aluminium werden etwa 0,5 kg Anodenkohle verbraucht. Das erfordert für die Logistik von Rohmaterial und die Herstellung von Anoden einen erheblichen Aufwand. In der Vergangenheit wurden daher an von der Hütte unabhängigen Standorten eigene Anodenfabriken gebaut, die dann verschiedene Hütten belieferten. Bei immer weiterwachsenden Hüttenkapazitäten wurde die entsprechende Logistik schwieriger. Daher wurde es sinnvoll, die Anodenfertigung komplett dem Standort der Hütte zuzuordnen. Damit konnten nunmehr auch die für die entsprechende Hütte typischen Parameter für die Rezeptur der Anoden, beispielsweise die Korngrößenauswahl, berücksichtigt werden.

2.6.1 Anforderungen an die Anodenqualität

Die Leistungsfähigkeit und Wirtschaftlichkeit der Aluminiumelektrolyse hängen in erheblichem Maße von der Qualität der eingesetzten Anoden ab. Um den extremen thermischen, mechanischen und chemischen Beanspruchungen während des Betriebs standzuhalten, müssen Anoden eine Reihe definierter Eigenschaften aufweisen, die im Folgenden näher beschrieben werden.

Anodenverbrauch

Der spezifische Anodenverbrauch ist eine zentrale Kenngröße der Prozesswirtschaftlichkeit. Er beschreibt die Masse an Anodenmaterial, die pro Tonne produzierten Aluminiums umgesetzt wird. Ein niedriger Verbrauch verlängert die Standzeit der Anoden, reduziert die Wechselhäufigkeit und damit die Stillstandzeiten sowie die Betriebskosten. Er wird maßgeblich von der Mikrostruktur, der Packungsdichte und der chemischen Beständigkeit der Anode bestimmt.

Elektrische Leitfähigkeit

Eine hohe elektrische Leitfähigkeit ist erforderlich, um den Stromwiderstand zwischen Stromzuführung und Elektrolysebad gering zu halten. Schlechte Leitfähigkeit führt zu erhöhten Energieverlusten und höheren Produktionskosten. Die Leitfähigkeit hängt im Wesentlichen von der Rohstoffqualität des Petrolkokses, der Korngrößenverteilung und dem Bindemittelgehalt ab.

Mechanische Festigkeit

Anoden sind beim Transport, beim Handling in der Anodenanschlägerei und in der Elektrolysezelle erheblichen mechanischen Beanspruchungen ausgesetzt.

Eine hohe Druck- und Biegefestigkeit ist daher erforderlich, um Brüche, Abplatzungen oder übermäßigen Verschleiß zu vermeiden. Festigkeit und Dauerhaftigkeit hängen dabei stark von der Kornstruktur, der Verdichtung während der Formgebung sowie dem Brennprozess ab.

Chemische Beständigkeit

Die chemische Stabilität der Anodenoberfläche gegenüber dem Elektrolysebad und den Reaktionsgasen ist ein entscheidender Faktor für ihre Beständigkeit. Hohe Beständigkeit reduziert den Materialabbau durch Reaktionen mit Kohlendioxid und Fluoriden. Eine unzureichende Beständigkeit führt zu verstärkter Porosität und damit zu erhöhtem Verbrauch.

Rieselfestigkeit

Die Oberfläche einer Anode muss widerstandsfähig gegen Abrieb und Abplatzungen sein. Eine geringe Rieselfähigkeit verhindert, dass während des Betriebs feine Partikel in das Elektrolysebad gelangen, die dort die Badchemie stören und Staubemissionen verursachen könnten. Eine dichte, kompakte Oberfläche ist daher ein wichtiges Qualitätsmerkmal, das sowohl die Prozessstabilität als auch die Umweltbilanz verbessert.

Airburn

Unter Airburn versteht man die Oxidation des Anodenmaterials durch Luftsauerstoff bei erhöhten Temperaturen, insbesondere während der Vorwärmung und im Betrieb bei Kontakt mit der Ofenatmosphäre. Ein hoher Airburn-Wert führt zu verstärktem Substanzverlust an der Anodenoberfläche und reduziert die Standzeit erheblich. Durch geeignete Rohstoffauswahl und Brennführung lässt sich die Luftreaktivität reduzieren und somit die Lebensdauer der Anoden verlängern.

Zusammenfassung

Die genannten Anforderungen – geringer spezifischer Verbrauch, hohe elektrische Leitfähigkeit, ausgeprägte mechanische Festigkeit, chemische Beständigkeit, Rieselfestigkeit und geringe Luftreaktivität – sind entscheidend für die Qualität und Lebensdauer von Anoden. Ihre Optimierung trägt unmittelbar zur Energieeffizienz, Betriebssicherheit und Wirtschaftlichkeit der Aluminiumerzeugung bei.

2.6.2 Rohmaterial

2.6.2.1 Petrolkoks

Die Aluminiumproduktion nach dem Hall-Héroult-Verfahren basiert auf dem Einsatz großformatiger Anoden aus kohlenstoffhaltigen Werkstoffen. Diese Anoden bestehen im Wesentlichen aus Petrolkoks als Hauptkomponente und Steinkohlenteerpech als Bindemittel. Die Qualität dieser beiden Rohstoffe bestimmt maßgeblich die Effizienz, die Standzeit und die Wirtschaftlichkeit der Elektrolysezellen.

Petrolkoks entsteht als Nebenprodukt der Erdölraffination. Je nach eingesetztem Verfahren unterscheidet man verschiedene Koksarten. Das Delayed-Coking-Verfahren liefert den sogenannten „Sponge Coke", der sich durch eine schwammartige Porenstruktur und eine grobkörnige Morphologie auszeichnet. Diese Struktur ist für die Anodenproduktion besonders vorteilhaft, da sie eine gute Penetration mit Pech ermöglicht und eine hohe Dichte erlaubt. Im Gegensatz dazu entsteht beim Fluid-Coking-Verfahren der sogenannte „Fluid Coke". Dieser besteht aus feinen Partikeln mit Poren, die einen Durchmesser von meist unter 150 Mikrometern aufweisen. Aufgrund dieser Eigenschaften lässt er sich nur schwer verdichten. Gleichzeitig erschwert die feine Porenstruktur die Penetration des Pechs, sodass die Bildung eines dichten, homogenen Gefüges nur unzureichend gelingt.

Neben der ungünstigen Mikrostruktur hat Fluid Coke eine geringere elektrische Leitfähigkeit als Sponge Coke, da er mehr nicht-kristallinen Kohlenstoff enthält. Hinzu kommt, dass Fluid Coke häufig höhere Gehalte an Schwermetallen wie Nickel und Vanadium aufweist. Diese Metalle können in die Elektrolyse übergehen, die Zellchemie stören und die Standzeit der Anoden verkürzen. In der Praxis zeigt sich außerdem, dass Anoden mit einem zu hohen Fluid-Choke-Anteil anfällig für Risse, eine geringere Druckfestigkeit und einen beschleunigten Verbrauch sind. Aus diesen Gründen ist Fluid Coke für die Aluminiumindustrie nur eingeschränkt nutzbar. Er wird in Einzelfällen in geringen Mengen dem Sponge Coke beigemischt, um die Rohstoffversorgung zu ergänzen oder Kosten zu senken, doch sein Anteil darf 10 bis 15 % i. d. R. nicht überschreiten, ohne die Anodenqualität deutlich zu verschlechtern.

Die grundlegenden Qualitätsanforderungen an Petrolkoks für die Aluminiumindustrie lassen sich durch einige wesentliche Kenndaten beschreiben. Der Kohlenstoffgehalt sollte über 97 % liegen, während der Aschegehalt unter 1 % gehalten werden muss, um Defekte und Verunreinigungen in der Anode zu vermeiden. Der Schwefelgehalt sollte idealerweise unter 2 bis 3 % liegen, da Schwefel sowohl die Umweltbilanz als auch die Elektrolesebedingungen negativ beeinflusst. Metallische Verunreinigungen wie Nickel, Vanadium, Eisen oder Natrium sind ebenfalls problematisch, da sie die Stabilität der Elektrolysezellen beeinträchtigen und den Verbrauch von Anoden erhöhen können. Ein weiteres zentrales Kriterium ist die Dichte des kalzinierten Kokses, die typischerweise oberhalb von 1,55 g/cm^3 liegen sollte, um eine niedrige Gasdurchlässigkeit und einen geringen spezifischen Anodenverbrauch zu gewährleisten.

Zusammenfassend lässt sich festhalten, dass Petrolkoks das zentrale Basismaterial für die Anodenherstellung in der Aluminiumindustrie ist. Die Herkunft, das Herstellungsverfahren und die Mikrostruktur bestimmen seine Eignung. Sponge Coke stellt den bevorzugten Standard dar, während Fluid Coke nur begrenzt eingesetzt werden kann, da seine feine Partikelgröße, hohe Porosität, geringere Leitfähigkeit und erhöhte Verunreinigungen zu erheblichen Qualitätseinbußen führen.

2.6.2.2 Pech

Steinkohlenteerpech spielt als Bindemittel eine Schlüsselrolle, indem es die Struktur verdichtet, Poren füllt und eine stabile, leitfähige Anodenmatrix schafft. Die Kombination aus einem optimierten Kornband und einer präzisen Pechdosierung bildet die Grundlage für langlebige und prozessstabile Anoden, die in der modernen Aluminiumproduktion unverzichtbar sind.

Der zweite entscheidende Rohstoff ist demnach Steinkohlenteerpech, das in Anteilen von etwa 15 bis 20 % beigemischt wird. Das Pech erweicht beim Erwärmen, benetzt die Koksoberflächen und füllt die Zwischenräume sowie die Poren der Körner. Während des anschließenden Brennprozesses verkokt es und bildet festen Kohlenstoff, der die Koksgranulate dauerhaft miteinander verbindet. Auf diese Weise wird die Anode verdichtet, ihre mechanische Festigkeit erhöht und die Gasdurchlässigkeit verringert. Neben der Bindung trägt das karbonisierte Pech auch zur elektrischen Leitfähigkeit bei, wenngleich in geringerem Maße als der Koks selbst. Die richtige Dosierung ist entscheidend: Ein zu geringer Pechanteil führt zu ungenügender Kohäsion und hoher Porosität, während ein Überschuss die Bildung von Rissen und Blasen während des Brennens führt.

Steinkohlenteerpech ist in der industriellen Anodenfertigung ein zentrales Bindemittel, das im Wesentlichen dafür verantwortlich ist, die festen Koks- und Butts-Partikel während der Formgebung zusammenzuhalten und der Anode sowohl in der grünen als auch in der gebackenen Form ihre mechanische Festigkeit zu verleihen. Gewonnen wird das Pech als Destillationsrückstand des Steinkohlenteers, der bei der Verkokung von Steinkohle in Kokereien anfällt. Damit handelt es sich um ein klassisches Nebenprodukt der Eisen- und Stahlindustrie, das in der Aluminiumproduktion eine entscheidende Rolle spielt. In der Praxis wird das Pech vor der Verarbeitung auf Temperaturen im Bereich von etwa 150 bis 200 °C erhitzt, wodurch es flüssig wird und so die einzelnen Kokspartikel gleichmäßig benetzen und umhüllen kann. Nach dem Abkühlen erstarrt es und fixiert die Mischung mechanisch, bis im späteren Brennprozess bei Temperaturen von rund 1.100 bis 1.200 °C eine Umwandlung in einen weitgehend kohlenstoffhaltigen Feststoff erfolgt.

Die Qualität von Steinkohlenteerpech wird durch mehrere Parameter bestimmt, von denen der Erweichungspunkt einer der wichtigsten ist. Typische Werte liegen zwischen 100 und 120 °C, was das Fließverhalten und die Verarbeitbarkeit in der Anodenfertigung maßgeblich beeinflusst. Ein zweites zentrales Kriterium ist der Kohlenstoffrückstand nach dem Backprozess, der i. d. R. bei 55 bis 65 % liegt und beschreibt, wie viel wirksamer Bindekohlenstoff in der fertigen Anode verbleibt. Je höher dieser Wert ist, desto dichter und stabiler wird die gebackene Anode. Ebenso spielt die Viskosität im verflüssigten Zustand eine entscheidende Rolle, da sie die Durchmischung der Anodenmischung steuert und homogene Strukturen fördert.

Neben diesen Eigenschaften ist der Aschegehalt ein kritischer Faktor. Bei hochwertigem Pech liegt er unter 0,5 %, da mineralische Bestandteile die elektrische Leitfähigkeit verringern und die Lebensdauer der Anode verkürzen können. Auch der Schwefelgehalt wird streng überwacht; typische Werte bewegen sich zwischen 0,5 und 1,0 %. Schwefel gelangt im Betrieb in die Elektrolyse und kann die Qualität des produzierten Aluminiums sowie die Prozessstabilität negativ beeinflussen. Zudem müssen Spurenelemente wie Vanadium, Eisen oder Natrium möglichst niedrig gehalten werden, da auch sie den Elektrolyseprozess stören können.

Die Auswahl eines geeigneten Pechs und die strikte Kontrolle seiner Eigenschaften haben damit einen direkten Einfluss auf die Gesamtqualität der Anoden. Ist der Kohlenstoffrückstand zu niedrig oder die Viskosität für den Mischprozess ungeeignet, so entstehen poröse und wenig dichte Anoden, die in der Elektrolysezelle schneller abbrennen, mehr Kohlenstoffverlust verursachen und die Energieeffizienz der Aluminiumproduktion reduzieren. Ein Pech mit hohem Kohlenstoffrückstand, niedrigem Asche- und Schwefelgehalt sowie stabilen thermischen Eigenschaften sorgt hingegen für feste, dichte und langlebige Anoden, die den Abbrand verringern, den spezifischen Energieverbrauch senken und die Wirtschaftlichkeit des Gesamtprozesses spürbar verbessern.

2.6.3 Herstellungsverfahren

2.6.3.1 Kornbandzusammensetzung für Petrolkoks

Die Kornbandzusammensetzung des Petrolkokses ist einer der entscheidenden Faktoren für die Qualität der Anoden, die in der Aluminiumindustrie eingesetzt werden. Sie beeinflusst nicht nur die Dichte und Festigkeit des Anodenkörpers, sondern auch dessen elektrische Leitfähigkeit, Gasdurchlässigkeit und schließlich den spezifischen Kohlenstoffverbrauch während der Elektrolyse. Eine gezielte Optimierung des Kornbandes ermöglicht eine homogene Gefügestruktur, eine gleichmäßige Benetzung mit Pech und eine Minimierung der offenen Porosität.

Unter dem Begriff „Kornband" versteht man die Massenanteile der einzelnen Korngrößenfraktionen im Anodenkoks. In der Praxis wird der kalzinierte Petrolkoks durch eine Kombination aus Brechern, Schwingsieben und Windsichtern in mehrere Fraktionen getrennt, beispielsweise in Grobkoks (> 10 mm), Mittelkorn (3–10 mm), Feinkoks (0,5–3 mm) und Staub (< 0,5 mm). Das ideale Mischungsverhältnis dieser Fraktionen ist das Ergebnis empirischer Erfahrung und theoretischer Packungsmodelle.

Die Packungsdichte des Mischgutes ist eine zentrale Kenngröße, die die spätere Dichte der gebackenen Anode stark beeinflusst.

Eine möglichst hohe Packungsdichte wird erreicht, wenn kleinere Körner die Hohlräume zwischen den größeren Partikeln weitgehend ausfüllen, ohne selbst neue große Hohlräume zu erzeugen. Dieses Prinzip ist analog zum geometrischen Füllungsmodell nach Fuller, das besagt, dass das optimale Kornband einer kontinuierlichen Korngrößenverteilung folgt, in der jede Partikelgröße in etwa den Zwischenraum der nächstgrößeren ausfüllt.

Praktisch hat sich für Petrolkoks in der Anodenfertigung eine Verteilung bewährt, die zu etwa 30–35 % aus Grobkorn (> 10 mm), 40–45 % aus Mittelkorn (3–10 mm) und 20–25 % aus Feinkorn (< 3 mm) besteht. Der Feinstaubanteil unter 0,5 mm sollte 5 % nicht überschreiten, da er zu erhöhter Pechaufnahme und zur Bildung von Mikroporen im gebrannten Anodenkörper führt.

Der Zusammenhang zwischen der Kornbandverteilung und der erreichbaren Dichte der Anode kann empirisch durch eine Funktion beschrieben werden. Diese empirische Formel enthält jedoch ebenfalls empirische Konstanten, sodass die Hüttenwerke selbst durch Erfahrung und Versuche eine für sie typischen Rezeptur festlegen. Ein wichtiger Faktor ist dabei, dass selbst kleine Abweichungen vom optimalen zu einer überproportionalen Reduktion der Dichte führen können, was die Bedeutung einer präzisen Siebung und Mischung unterstreicht. Eine Dichteerhöhung von nur 0,02 g/cm³ kann den spezifischen Anodenverbrauch bereits um 1–2 % senken, da die Reaktivität gegenüber CO_2 abnimmt.

Bei der praktischen Einstellung der Kornbandzusammensetzung sind verschiedene Parameter zu berücksichtigen. Eine zu grobe Mischung kann zu einer unzureichenden Benetzung durch das Bindemittel führen, während ein Überschuss an Feinkorn zu einer übermäßigen Pechaufnahme und ungleichmäßigen Porenverteilung führt. Das Ziel ist daher eine ausgewogene Verteilung, die eine maximale Packungsdichte bei minimaler Pechaufnahme erreicht.

Das Mischungsverhältnis der Fraktionen wird durch automatisierte Dosiersysteme gesteuert, die über Wägezellen und gravimetrische Födereinrichtungen die Massenanteile kontinuierlich überwachen. Auf diese Weise lässt sich die Kornverteilung während der Produktion stabil halten. Moderne Anlagen verwenden zusätzlich Online-Analysesysteme mit Lasergranulometrie oder Bildauswertung, um Schwankungen der Kornverteilung frühzeitig zu erkennen und auszugleichen.

Die Qualität der Kornbandzusammensetzung hat nicht nur Einfluss auf die physikalischen Eigenschaften der Anode, sondern auch auf deren Verhalten während der Kalzinierung und im Elektrolyseprozess. Gleichmäßige Kornverteilungen führen zu homogener Wärmedurchdringung und gleichmäßiger Verkokung des Bindemittels, wodurch Rissbildung und Spannungen im Anodenkörper reduziert werden.

Abschließend lässt sich festhalten, dass die Optimierung der Kornbandzusammensetzung ein wesentlicher Bestandteil der Anodenfertigung ist. Sie stellt das Bindeglied zwischen der Siebtechnik, der Mischtechnik und der späteren Brennstufe dar. Nur durch ein exakt eingestelltes Kornband können homogene, dichte und leitfähige Anoden hergestellt werden, die zu einem niedrigen spezifischen Verbrauch und einer hohen Prozessstabilität in der Aluminiumproduktion führen.

2.6.4 Optimierung der Granulatpackung bei der Anodenfertigung

Die Optimierung der Granulatpackung spielt in der Anodenfertigung mit Petrolkoks eine zentrale Rolle.

Wird ausschließlich Grobkorn (z. B. 1–5 mm) eingesetzt, ergibt sich in einer lockeren Schüttung typischerweise ein Feststoffanteil von rund 60 %.

Entsprechend verbleiben etwa 40 % des Volumens als Hohlräume, die entweder mit Binder oder nach dem Brennen als offene Poren auftreten.

Bezogen auf ein Volumen von 1,0 m^3 bedeutet dies, dass lediglich 0,60 m^3 durch Koksgefüge ausgefüllt sind, während 0,40 m^3 Hohlraum vorhanden bleiben.

Diese Hohlräume müssten beim Mischen vollständig durch Pech als Binder gefüllt werden. Bei einer Binderdichte von etwa 1,3 t/m^3 entspricht dies rund 520 kg Pech pro Kubikmeter Anodenmischung.

Wird hingegen eine abgestufte Korngrößenverteilung eingesetzt, bei der Grobkorn mit Mittel- und Feinanteilen kombiniert wird, so können die Zwischenräume deutlich effizienter gefüllt werden. In der Praxis werden Packungsgrade von bis zu 75 % erreicht, was einer Porosität von nur noch 25 % entspricht.

Bezogen auf 1,0 m^3 ergibt dies 0,75 m^3 Feststoffvolumen und lediglich 0,25 m^3 Hohlraum. Für das Ausfüllen dieser Restporen werden folglich nur noch etwa 325 kg Pech benötigt. Der Unterschied von fast 200 kg Pech pro Kubikmeter verdeutlicht das Einsparpotenzial einer optimierten Kornabstufung.

Die Folgen sind unmittelbar spürbar: Durch den reduzierten Binderanteil wird beim Backprozess weniger Gas freigesetzt, wodurch die Porenbildung im Gefüge begrenzt wird. Gleichzeitig steigt die Dichte der gebackenen Anode, was zu einer verbesserten elektrischen Leitfähigkeit und einem geringeren Spannungsabfall in der Elektrolysezelle führt.

Darüber hinaus erhöht die dichtere Packung die mechanische Stabilität der Anoden, sodass Brüche der Anodenanschlägerei oder während des Betriebs minimiert werden.

Die methodische Grundlage für die Wahl einer geeigneten Kornabstufung wird durch die sogenannte „Fuller-Kurve“ (**Bild 2.44**, **Bild 2.45**) beschrieben. Diese Siebliniengleichung wurde ursprünglich für Betongemische entwickelt, lässt sich jedoch direkt auf Petrolkoks anwenden. Sie lautet:

$$P(d) = (d) / D_{max}{}^{n} \qquad (2.17)$$

Dabei bezeichnet P(d) den kumulierten Massenanteil der Körner, die kleiner als die Siebweite d sind, D_{max} ist der maximale Korndurchmesser im Gemisch und n ist ein Exponent, der die Form der Sieblinie bestimmt. Für klassische Fuller-Mischungen wird n = 0,5 gewählt, was einer parabolischen Verteilung entspricht.

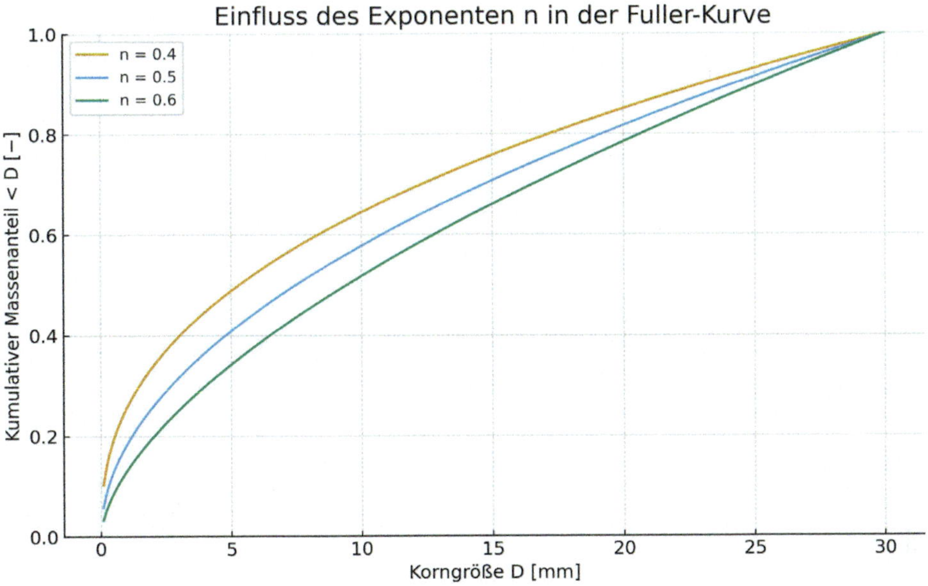

Bild 2.44: *Einfluss des Exponenten n in der Fuller-Kurve*

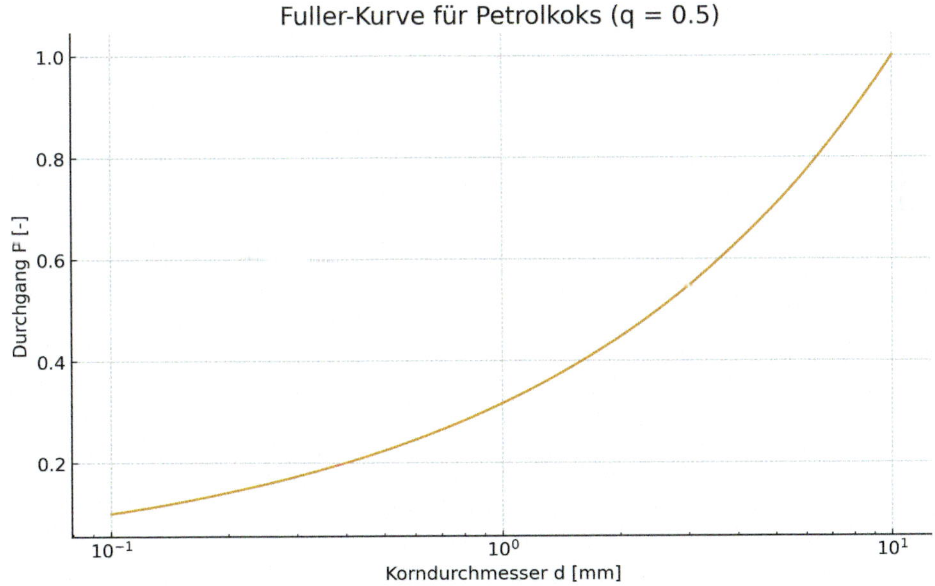

Bild 2.45: *Fuller-Kurve: Die Kurve zeigt die Abhängigkeit der Anteile einer bestimmten Korngröße von dem Exponenten n der Fuller-Gleichung. Für Petroleumkoks für Anodenanlagen wird erfahrungsgemäß ein Wert zwischen 0,4 und 0,55 eingesetzt.*

Eine solche Sieblinie gewährleistet, dass sich feine Partikel optimal in die Zwischenräume der gröberen Körner einfügen und so die theoretisch höchstmögliche Packungsdichte annähernd erreicht wird.

Praktisch hat sich für Petrolkoks in der Anodenfertigung eine Verteilung bewährt, die zu etwa 30–35 % aus Grobkorn (> 10 mm), 40–45 % aus Mittelkorn (3–10 mm) und 20–25 % aus Feinkorn (< 3 mm) besteht. Der Feinstaubanteil unter 0,5 mm sollte 5 % nicht überschreiten, da er zu erhöhter Pechaufnahme und zur Bildung von Mikroporen im gebrannten Anodenkörper führt. Allerdings hat jeder Hüttenbetrieb die für den eigenen Prozess optimale Rezeptur ermittelt. Das Ergebnis, das bei der entsprechenden Anodenfertigung erzielt wird, unterscheidet sich kaum von dem anderer Anodenfabriken. Das hier beschriebene Konzept geht von folgender Rezeptur aus:

- Rücklaufmaterial
- Grob-Koks
- Medium-Koks
- Fein-Koks
- Mühlenstaub.

Das Rücklaufmaterial besteht aus gebrochenen Restanoden, gebrannten und grünen Ausschussanoden und Grünmasse. Das rezyklierte Material wird gesondert klassiert und liegt dann als Mischung von gebrochenen Restanoden und gebrochenem grünem Rücklaufmaterial als Grobfraktion vor. Das Gemisch wird dann in der Anodenfertigung verarbeitet. Bei der Aufbereitung von Restanoden und bereits gebranntem Material wird allerdings darauf geachtet, dass Restanoden und gebrannte Ausschussanoden nicht gemeinsam mit Koks verarbeitet werden, da diese Reste sehr hart sind und dadurch zu erhöhtem Verschleiß der Einrichtungen beim Brechen und Mahlen führen würden.

2.6.5 Anlagenkonzept

Die Qualität der Anode trägt wesentlich zur Wirtschaftlichkeit und Qualität der Produktion in der Elektrolyse bei. Bei der Anodenfertigung sind daher die sorgfältige Wahl der Rohstoffe, die stetige Überwachung der Betriebsparameter und eine kritische Qualitätskontrolle unabdingbar.

2.6.5.1 Trockenkoksaufbereitung

Die Trockenkoksaufbereitung dient der Herstellung eines homogenen, definierbaren Petrolkoksgranulats für die Anodenproduktion. Sie ist in einem mehrstöckigen Stahlbaugebäude untergebracht, das den vertikalen Materialfluss nutzt, um Energieaufwand und Fördertechnik zu minimieren, um für die unterschiedlichen Einlaufhöhen der Aggregate individuelle Liftsysteme zu vermeiden Im oberen Gebäudebereich erfolgt die Materialaufgabe vorzugsweise über Schwerkraftrutschen in Vorratsbunker, aus denen der Koks über Dosierorgane gleichmäßig den nachfolgenden Prozessstufen zugeführt wird.

Vorbrechstufe

Die angelieferten Petrolkoksstücke weisen unterschiedliche Kornverteilungen auf. Zur Erzielung einer definierten Kornstruktur wird das Material zunächst in einer Brechstufe zerkleinert. Dabei entsteht die gesamte Bandbreite der Kornverteilung. Hier kommen vorzugsweise Prallbrecher (**Bild 2.46**) zum Einsatz, um sprödes, mittelhartes bis hartes Material durch Schlagbeanspruchung zu zerkleinern. Das Prinzip beruht auf der Beschleunigung des Aufgabematerials durch einen schnell rotierenden Rotor, an dem Schlagleisten aus verschleißfestem Material angebracht sind. Diese Schlagleisten schleudern den Petrolkoks mit hoher Geschwindigkeit gegen Prallplatten im Gehäuseinneren, wo die eigentliche Zerkleinerung durch Aufprall und Zerreißkräfte erfolgt.

Die Zerkleinerung geschieht in mehreren Stufen des Prallraums: Zunächst erfolgt eine grobe Auflösung der größeren Stücke an den ersten Prallplatten, anschließend eine Nachzerkleinerung durch weitere Umlenkungen und Kolli-

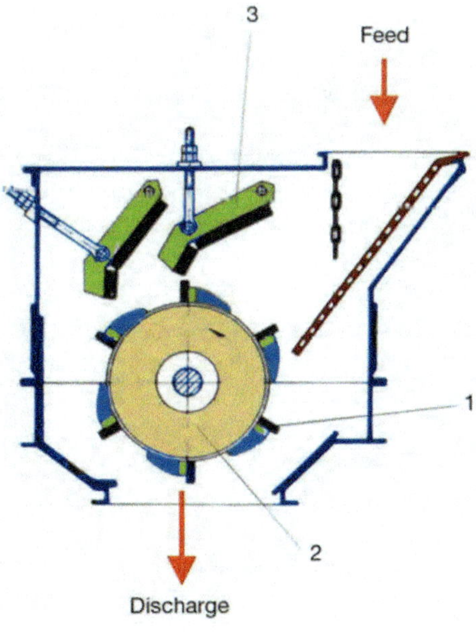

Bild 2.46: *Prallbrecher: Dieser Brecher ist als Vorbrecher eingesetzt. Er erzeugt das gesamte Kornband vor der Klasierung.*

sionen mit kleineren Partikeln im Brechraum. Die Drehzahl des Rotors liegt je nach Baugröße typischerweise zwischen 600 und 1.200 min^{-1}, wobei die Umfangsgeschwindigkeit im Bereich von 25–45 m/s liegt. Der Energieverbrauch ist höher als bei Druckzerkleinerern (z. B. Backenbrechern), wird jedoch durch die hohe Effizienz der Kornformgebung und die gute Steuerbarkeit des Endprodukts kompensiert.

Eine integrierte Staubabsaugung ist aufgrund der starken Feinstaubbildung und der potenziellen Explosionsgefahr bei feinem Petrolkoks obligatorisch.

Die wichtigsten Vorteile des Prallbrechers sind die hohe Flexibilität hinsichtlich der Endkornverteilung, die gute Kornform, die einfache Wartung durch hydraulisch öffnende Gehäuse sowie der geringe Verschleiß bei der Verarbeitung von sprödem Petrolkoks.

Klassierung

Das gebrochene Material gelangt anschließend über ein Gurtbecherwerk und einen Bandförderer, der mit Eienabscheidern versehen ist, um Eisenteile zu entfernen, in eine Siebmaschine, typischerweise ein mehrdeckeriges Schwingsieb, das den Petrolkoks in mehrere Fraktionen (Grob-, Mittel- und Feinkorn) trennt.

Schwingsieb

Schwingsiebe dienen der Klassierung von Schüttgütern nach Korngröße und gehören zu den wichtigsten Einrichtungen der mechanischen Verfahrenstechnik. Das Funktionsprinzip beruht auf einer periodischen Schwingungsbewegung des Siebkastens, durch die das Siebgut über die Siebflächen transportiert und gleichzeitig in Schwingung versetzt wird. Dadurch werden kleinere Partikel durch die Maschenöffnungen hindurchgeleitet, während größere Körner auf der Siebfläche verbleiben.

Ein Schwingsieb (**Bild 2.47**) besteht im Wesentlichen aus dem Siebkasten mit den eingespannten Siebbelägen, einem Antriebssystem (meist ein oder zwei Unwuchtmotoren oder eine Wellenantriebseinheit mit Unwuchtmassen), einer elastischen Lagerung des Siebkastens (Gummifedern oder Schraubenfedern) sowie den Ein- und Austragsöffnungen. Die Schwingungen können kreisförmig, linear oder elliptisch ausgeführt sein (**Bild 2.48**) – je nach Auslegung des Antriebs und der gewünschten Trenncharakteristik.

Die Leistung eines Schwingsiebs hängt von mehreren Parametern ab, insbesondere von der Amplitude A, der Schwingungsfrequenz f, der Neigung α der

Bild 2.47: *Schwingsieb mit Gummifedern*

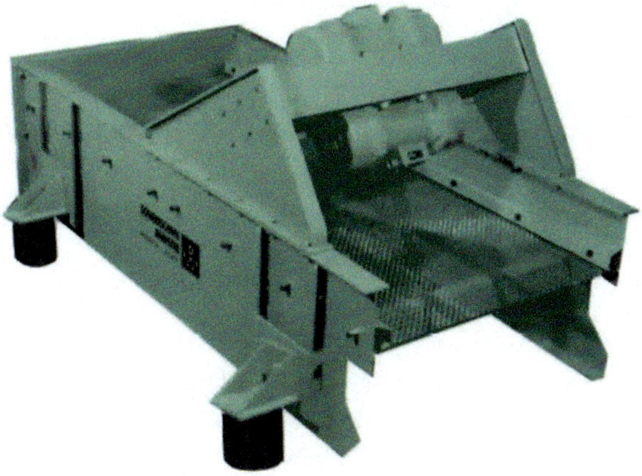

Siebfläche und der Maschenweite d. Die Schwingbeschleunigung bestimmt maßgeblich die Siebleistung und den Durchsatz. Typische Werte für Amplitude und Frequenz liegen bei 2–6 mm bzw. 12–25 Hz, was einer Schwingbeschleunigung von 3–5 g entspricht.

Die Siebbeläge bestehen je nach Anwendung aus Stahl, Polyurethan oder Gummi. Stahl bietet hohe Verschleißfestigkeit, Polyurethan dämpft Lärm und ist besonders für abrasive Materialien geeignet.

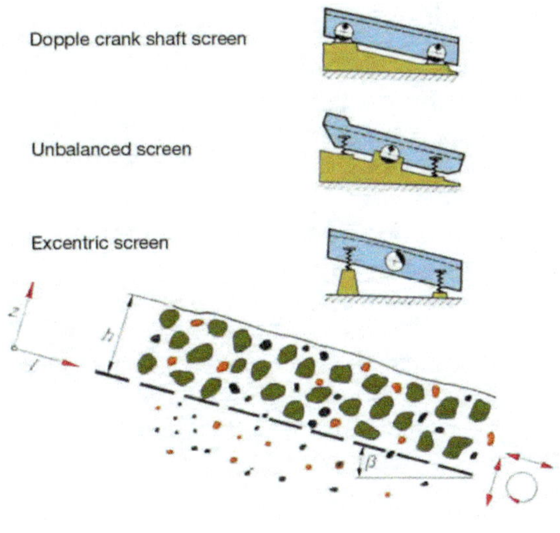

Bild 2.48: *Schwingsiebe mit verschieden Erregertypen und Trennkonzept eines Schwingsiebes; durch die Schwingung wird das Siebgut entmischt und kann so in größerem Umfang das Siebdeck passieren.*

Anwendung bei Petrolkoks

In der Trockenkoksaufbereitung wird das Schwingsieb (Bild 2.47) eingesetzt, um das gebrochene Petrolkoksgranulat in definierte Fraktionen zu trennen. Typischerweise werden drei Fraktionen unterschieden:

- Grobkorn: > 4 mm
- Mittelkorn: 1–4 mm
- Feinkorn: < 1 mm

Die exakte Kornverteilung soll einer Fuller-Kurve entsprechen, die eine optimale Packungsdichte beschreibt. Das ist in der Praxis jedoch nicht einzuhalten. Durch die Schwingung der Siebdecks werden die Partikel beschleunigt. Durch die sich daraus ergebende Wurfbewegung wird das Siebgut entmischt. Die Entmischung des Siebgutes auf einem Schwingsieb ist eine direkte Folge der Wurfbewegung der einzelnen Partikel infolge der Schwingungsanregung. Durch die oszillierende Bewegung des Siebdecks werden die Partikel wiederholt angehoben und in einer flachen Parabelbahn in Förderrichtung geworfen. Dabei tritt eine Sortierung nach Korngröße und Dichte ein: Grobkörnige Partikel besitzen aufgrund ihrer höheren Masse und Trägheit längere Flugbahnen und verbleiben bevorzugt in den oberen Schichten des Siebgutes, während feinkörnige Partikel leichter zwischen die größeren Körner absinken und die Sieböffnungen leichter erreichen. Dieser Effekt der Selbstsortierung führt zu einer ständigen vertikalen Umorientierung des Schüttguts, die als Entmischung bezeichnet wird.

Trotz einer grundsätzlich guten Siebleistung gelingt es jedoch nicht, alle für eine bestimmte Sieböffnung geeigneten Partikel vollständig zu trennen. Einige Feinanteile verbleiben im Überkorn, weil sie entweder durch den ständigen Materialfluss verdeckt werden, sich in Zwischenräumen größerer Körner verfangen oder die Öffnungen aufgrund ungünstiger Orientierung oder unzureichender Kontaktzeit nicht passieren können. Ebenso kann ein Teil der groben Körner durch Sprungbewegungen kurzzeitig auf dem Sieb verweilen, bevor sie endgültig weitertransportiert werden.

Das Ergebnis dieser physikalischen Vorgänge ist, dass kein scharfes Trennergebnis erreicht wird, sondern stets ein sogenanntes „Kornband“ entsteht (Bild 2.48). Dieses Kornband beschreibt den Übergangsbereich zwischen Über- und Unterkorn und enthält Partikel, deren Größe nahe der Trenngrenze liegt. In der Praxis ist dieses Kornband umso breiter, je größer die Schichtdicke des Materials, je höher die Siebneigung und je stärker die Wurfbewegung ausgeprägt ist. Somit ist die Entmischung durch die Wurfbewegung einerseits Voraussetzung für den Siebvorgang, andererseits aber auch Ursache für die unvermeidbare Unschärfe der Trennung und die Entstehung des Kornbandes.

Das Ziel der Siebung ist eine stabile Kornzusammensetzung der Anodenmischung. Grobkorn sorgt für eine gute elektrische Leitfähigkeit, während Feinanteile den Porenraum füllen und die Dichte erhöhen. Eine präzise Trennung durch das Schwingsieb verbessert daher die Homogenität, Dichte und Leitfähigkeit der Anoden und trägt zu einem geringeren Abbrand in der Elektrolysezelle bei.

Zur Minimierung der Staubentwicklung wird das Schwingsieb i. d. R. an die zentrale Entstaubungsanlage angeschlossen. Der abgeschiedene Feinstaub kann in definierter Menge wieder in die Rezeptur eingebracht werden, um Materialverluste zu vermeiden.

Jede dieser Fraktionen wird über Fallrohre und Schwerkraftrutschen in getrennte Bunker geführt, die im mittleren Gebäudeteil angeordnet sind. Die Bunker sind mit Austragsorganen wie Zellradschleusen versehen, um eine gleichmäßige Dosierung in die nachfolgende Mischanlage zu ermöglichen. Zusätzlich sind Mengenregelorgane zur präzisen Dosierung nach vorgesehenem Programm des Prozessleitsystems unter den Silos angeordnet.

Der bei den Brech- und Siebvorgängen entstehende Feinstaub wird über Absaughauben erfasst und einer zentralen Entstaubungsanlage zugeführt. I. d. R. kommen Patronen- oder Schlauchfilter zum Einsatz, die den abgesaugten Staub abscheiden und als feine Koksfraktion wieder in den Prozess zurückführen. Dadurch werden Materialverluste vermieden und die Umweltbelastung minimiert.

Stauberzeugung

Zusätzlich wird ein Anteil an Staub erzeugt, der gemeinsam mit dem Filterstaub einen Anteil an der für den Prozess vorgesehenen Staubmenge darstellt. Dazu wird der Unterlauf der Siebanlage in eine Mühle geleitet. Üblicherweise werden hierfür Umluftmahlanlagen verwendet.

Luftstrommahlanlage für Petrolkoks

Die Luftstrommahlanlage (**Bild 2.49**) auf der Basis einer Kugelmühle dient zur Herstellung der erforderlichen Staubmenge.

Das System besteht im Wesentlichen aus einer Kugelmühle, einem Luftstromkreislauf mit Sichter und einer Zyklonabscheidung mit Fördereinrichtung zur zentralen Filtereinheit. Das Rohmaterial wird über eine Dosierschnecke oder eine Zellenradschleuse in die Mühle eingetragen. In der rotierenden Mahlkammer wird der Petrolkoks durch Mahlkörper aus Stahl oder Keramik zerkleinert.

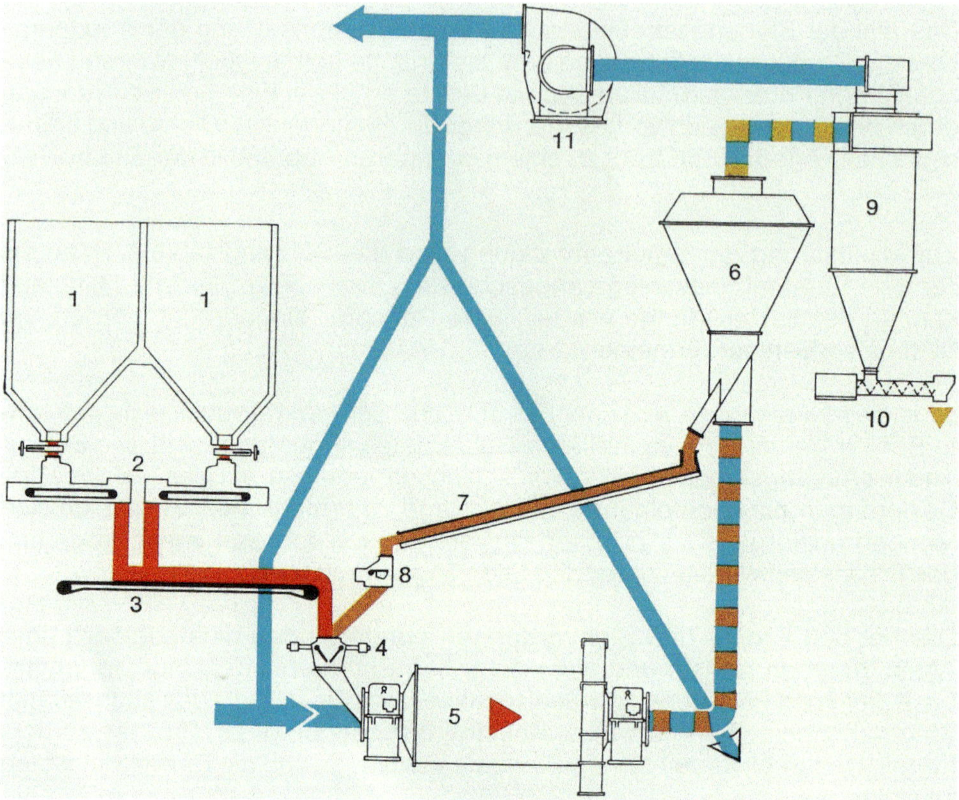

Bild 2.49: *Luftstrommahlanlage: Die Mahlanlage arbeitet nach dem Prinzip einer Kugelmühle. Das Mahlprodukt wird durch einen Luftstrom ausgetragen. Überkorn wird durch einen Sichter getrennt und zu der Mahlanlage zurückgeführt.*

Gleichzeitig strömt Luft durch die Mühle und nimmt das zerkleinerte Material mit.

Die Luft dient dabei einerseits dem Transport des Mahlguts und andererseits der Trocknung eventuell vorhandener Restfeuchte. Der feine Koksstaub wird im nachgeschalteten Sichter nach Korngröße getrennt. Nur Partikel, die die geforderte Feinheit (typischerweise < 100 µm) aufweisen, werden über den Luftstrom in den Zyklon und anschließend in den Filter transportiert, während zu grobe Partikel in den Mahlkreislauf zurückgeführt werden.

Die Prozessparameter – insbesondere Luftmenge, Sichterdrehzahl und Mahlkörperfüllgrad– werden so eingestellt, dass ein optimaler Energieverbrauch bei konstanter Produktqualität erzielt wird.

Die Anlage arbeitet im Umluftbetrieb, wobei der Luftstrom nach der Filterung wieder in den Kreislauf zurückgeführt wird. Dies reduziert den Energiebedarf erheblich. Der erzeugte Staub wird in die zentrale Entstaubungsanlage und anschließend gemeinsam mit dem Filterstaub in definiertem Anteil der Kornbandmischung für die Grünanodenfertigung beigemischt. Eine gleichmäßige und reproduzierbare Feinvermahlung trägt wesentlich zur Homogenität der Anodenmasse, zur hohen Packungsdichte und damit zur geringen Porosität der Anoden bei. Dies wirkt sich positiv auf die elektrische Leitfähigkeit und den Abbrand in der Elektrolysezelle aus.

Bei neueren Anlagen werden zunehmend Wälzmühlen eingesetzt.

Wälzmühle

Traditionell werden in den Grünanodenanlagen Luftstrommahlanlagen zur Erzeugung der Staubkomponente eingesetzt. Gegenüber der Luftrommahlanlage auf der Basis einer Kugelmühle bietet das Wälzmahlverfahren (**Bild 2.50**) Vorteile im Hinblick auf den Energieverbrauch, gleichmäßige Korngrößenverteilung und geringeren Wartungsaufwand. Große Vorteile bestehen in dem geringeren Platzbedarf und ganz besonders in der viel geringeren Geräuschentwicklung. Bei der Kugelmühle war es unbedingt erforderlich, das System in einem gesonderten Raum mit dicken Schallschutzwänden unterzubringen.

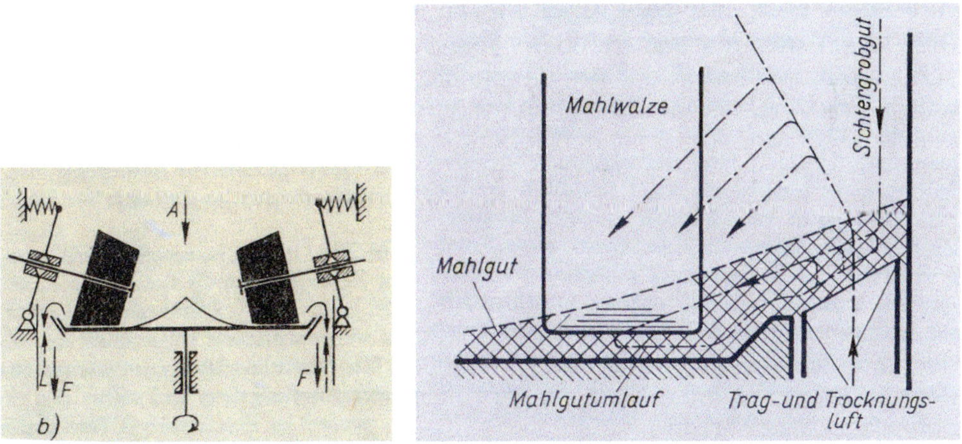

Bild 2.50: *Wälzmühle: Dieses Mahlsystem ist eine moderne Weierentwicklung des traditionellen Kollergangs. Gegenüber der Luftstrommahlanlage, die wegen der Umwälzung der Mahlkugeln sehr starke Geräusche entwickelt und daher eine Schallschutzeinfassung erfordert, arbeitet die Wälzmühle wesentlich ruhiger. Ein weiterer Vorteil ist der geringere Energiebedarf.*

Ausgehend von dem seit Jahrhunderten eingesetzten Kollergang für vielfältige Zerkleinerungsraten bietet die moderne Wälzmühle eine hochwertige Technik. Bei dieser Mühle wälzen sich Mahlkörper auf Mahlbahnen ab und zerkleinern das Gut durch Druckbeanspruchung sowie teilweise durch Scherung bzw. Abriebwirkung. Zum Mahlen werden konische oder ballige ortsfeste Rollen verwendet, die auf eine rotierende schüsselförmige Mahlbahn drücken. Die Druckkraft wird durch Federn aufgebracht. Hierbei kann auch ein Hydrauliksystem mit vorgeladenem Druckspeicher angewendet werden. Der Vorteil ist in diesem Fall, dass verschiedene Mahldrücke durch Vorspannen der Hydraulik einstellbar sind. Über Kniehebel wird die Federkraft auf die Rollen übertragen. Die Mahlschüssel wird durch ein Getriebe im unteren Bereich des Grundgehäuses angetrieben. Die Umfangsgeschwindigkeit der Walzen beträgt ca. 3 m/s. Das Mahlgut wird zentral aufgegeben und durch Fliehkraft nach außen gefördert. Dabei muss es den Bereich der Mahlwalzen passieren und wird schließlich über den Rand der Schüssel abgeworfen und gelangt über den die Mahlschüsel umgebenden Düsenring in einen nach oben gerichteten Luftstrom. Die Düsen sind so angeordnet, dass sich durch die eingeleitete Luft ein fließbettähnliches Gutbett einstellt. Nachdrängendes Mahlgut verursacht eine nach innen verlaufende Materialbewegung. Das von dem Luftstrom erfasste Mahlgut gelangt in einen über dem Mahlraum angeordneten Sichter. Das Sichterfeingut stellt das Mahlprodukt dar und wird direkt in den zentrale Entstaubungsfilter gefördert. Das Sichtergrobgut fällt in den Mahlraum zurück.

Aufbereitung des Rücklaufmaterials

Das Rücklaufmaterial besteht überwiegend aus Anodenresten sowie aus Ausschussmaterial, das in der Anodenanschlägerei und im Brennofenprozess anfällt. In geringem Umfang enthält es zudem überschüssige grüne Anodenmasse. Die in der Anodenanschlägerei und im Brennofen anfallenden Reste sowie fehlgeformte grüne Anoden liegen meist in großen Abmessungen vor und müssen daher vor der Wiederverarbeitung in der Grünanodenanlage zerkleinert werden.

Aufgrund der Größe der Stücke kommt für die Vorzerkleinerung insbesondere ein Backenbrecher in Betracht, der grobstückiges Material aufnehmen und auf ein handhabbares Korn reduzieren kann. Das im Backenbrecher erzeugte Produkt wird in einem Zwischenlager bevorratet und von dort der Grünanodenanlage zugeführt.

Zur Erzeugung der für die Anodenfertigung erforderlichen Korngrößen wird anschließend ein Kreiselbrecher (**Bild 2.51**) eingesetzt. Ein wesentlicher Vorteil dieser Bauart liegt in der geringen Feinkornbildung, wodurch das Brechprodukt bevorzugt als Grobkornfraktion in die Anodenrezeptur eingebracht wird.

Kreiselbrecher finden in der Aluminiumindustrie zunehmend Anwendung für die Aufbereitung von Anodenresten, die beim Entfernen der verbrauchten Anoden aus den Elektrolysezellen anfallen. Diese Anodenreste bestehen aus grafitischem Kohlenstoff, eingebetteten Leitstangenresten sowie anhaftenden Elektrolytrückständen und müssen vor ihrer Weiterverwendung oder Entsorgung zerkleinert werden.

Das Funktionsprinzip des Kreiselbrechers (Bild 2.52) basiert auf einer kontinuierlichen Zerkleinerung im sich verengenden Spalt zwischen einem feststehenden konkaven Brechmantel und einem exzentrisch schwingenden Brechkegel. Durch die Exzenterbewegung erfährt das Aufgabegut eine Kombination aus Druck- und Scherbeanspruchung, wodurch auch großvolumige Anodenstücke zuverlässig zerkleinert werden können.

Ein wesentlicher Vorteil von Kreiselbrechern im Vergleich zu Prall- oder Backenbrechern liegt in der Fähigkeit, hohe Durchsatzleistungen bei gleichmäßiger Kornverteilung zu erzielen. Für Anodenreste werden typischerweise Aufgabegrößen von bis zu 300–500 mm verarbeitet, während die Austragsgrößen im Bereich von bis zu 50–100 mm liegen. Der Zerkleinerungsgrad bewegt sich damit in der Praxis zwischen 4 und 6.

Durch die kontinuierliche Materialbeanspruchung im Ringspalt ist der Verschleiß an den Brechwerkzeugen vergleichsweise gleichmäßig, was eine hohe Standzeit ermöglicht. Da Anodenreste neben sprödem Kohlenstoff auch metallische Bestandteile (z. B. Stahlbolzen) enthalten können, ist der Einsatz von verschleißfesten Auskleidungen sowie Schutzsystemen gegen nicht brechbares Material erforderlich.

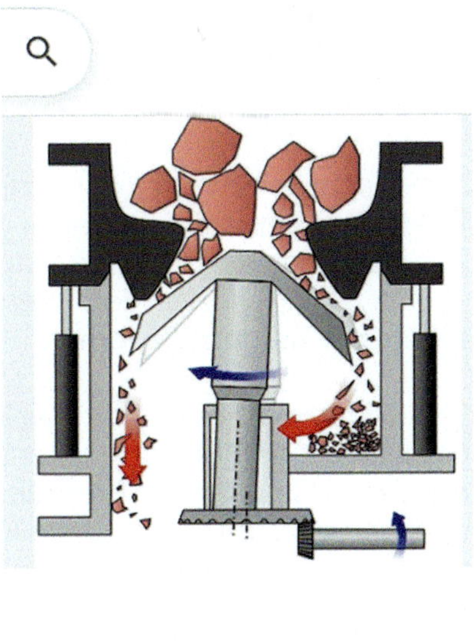

Bild 2.51: *Kreiselbrecher: Im Gegensatz zum Prallbrecher produziert dieser Brecher einen nur geringen Anteil an Feinkorn.*

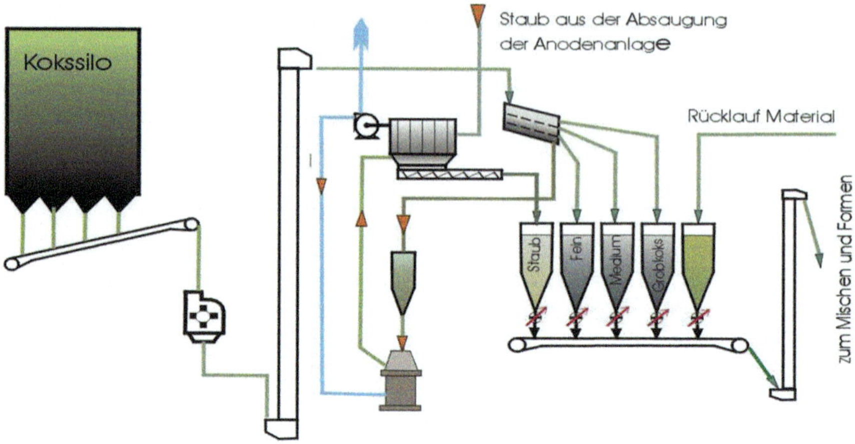

Bild 2.52: *Verfahrensschema*

Für den Einsatz in der Anodenaufbereitungslinie werden Kreiselbrecher meist in Kombination mit Schwingsieben betrieben, um ein definiertes Produktkornspektrum für die nachfolgenden Prozessschritte wie Brechen, Mahlen oder Recycling der Kohlenstofffraktionen bereitzustellen.

Ein nachgeschaltetes Schwingsieb trennt das gebrochene Material in zwei Fraktionen – grob und mittelgrob. Diese Fraktionen werden in getrennten Bunkern gelagert und anschließend nach genau definierten Anteilen wieder zusammengeführt, um die gewünschte Kornzusammensetzung für die Anodenfertigung sicherzustellen.

Die beim Brech- und Siebvorgang sowie bei der Beschickung und Entleerung der Silos entstehende geringe Staubmenge wird erfasst und direkt der zentralen Entstaubungsanlage zugeführt, um die Umweltbelastung gering zu halten.

Ein wesentlicher Vorteil der vertikalen Bauweise der Trockenkoksaufbereitung (**Bild 2.52**) besteht darin, dass der gesamte Prozess – von der Aufgabe über Zerkleinerung, Klassierung, Lagerung und Dosierung – schwerkraftgestützt abläuft. Dies reduziert den Energiebedarf, vereinfacht die Anlagenlogistik und erhöht die Betriebssicherheit.

Das Endprodukt der Trockenkoksaufbereitung ist ein homogenes Petrolkoksgranulat mit definierter Kornverteilung. Es bildet die Grundlage für eine stabile Anodenmischung, hohe Pressdichte und geringe Porosität der fertigen Anoden, wodurch letztlich der Abbrand in der Elektrolysezelle reduziert und die Leitfähigkeit verbessert wird.

2.6.5.2 Herstellung der Anodenmasse

Holoflite-Vorwärmschnecke für die Anodenfertigung

Die Holoflite-Vorwärmschnecke (**Bild 2.53**) ist ein kontinuierlich arbeitender Wärmetauscher, der in der Anodenfertigung zur Vorwärmung der kalten Petrolkoks- und Pechmischung vor dem Knetprozess eingesetzt wird. Sie besteht aus einem zylindrischen Trog mit einer doppelwandigen Schneckenwelle, deren Hohlräume als Wärmeübertragungsflächen dienen. Durch die Hohlwelle und den Mantel zirkuliert ein Heizmedium – meist Thermoöl oder Sattdampf – mit Temperaturen zwischen 180 und 250 °C.

Das Beschickungsmaterial tritt mit typischen Temperaturen von etwa 60–80 °C in die Schnecke ein und wird während der Förderbewegung gleichmäßig auf etwa 140–160 °C erwärmt. Die Wärmeübertragung erfolgt sowohl über die Wandflächen der Wendel als auch über den beheizten Mantel, wodurch eine homogene Temperaturverteilung erreicht wird.

Die Holoflite-Schnecke erfüllt eine Doppelfunktion: Zum einen dient sie als Förderorgan, zum anderen als effizienter Wärmetauscher. Die Förderleistung liegt – abhängig von dem Durchmesser und der Steigung der Schneckenwendel – im Bereich zwischen 5 und 40 t/h. Übliche Schneckendurchmesser bewegen sich zwischen 300 und 800 mm, die Länge beträgt das Sechs- bis Zehnfache des Durchmessers.

Durch die indirekte Beheizung ist die Holoflite-Vorwärmschnecke staubdicht, emissionsarm und wartungsfreundlich. Eine kontrollierte Erwärmung der Anodenmischung führt zu einer verbesserten Plastizität und damit zu einer gleichmäßigeren Knetwirkung im anschließenden Buss-Kneter. Zudem reduziert die homogene Temperaturverteilung das Risiko einer lokalen Überhitzung oder teilweisen Pechvergasung, was die Homogenität der Masse und den späteren Abbrand der Anoden in der Elektrolysezelle positiv beeinflusst.

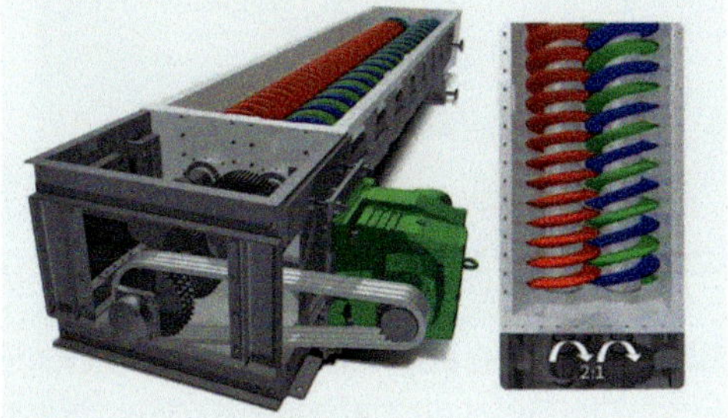

Bild 2.53: *Holoflite: Diese Schnecke dient zum Mischen und Aufheizen der Trockenmasse auf bis zu 200 °C.*

Buss-Kneter für die Aufbereitung von Anodenmassen

Der Buss-Kneter (**Bild 2.54**) ist ein kontinuierlich oder diskontinuierlich arbeitendes Misch- und Knetaggregat, das in der Anodenfertigung zur intensiven Aufbereitung der Petrolkoks-Pech-Mischung eingesetzt wird. Er zeichnet sich durch seine besondere Kombination aus Scher-, Druck- und Mischwirkung aus, die eine homogene, plastische und entgaste Anodenmasse gewährleistet.

Die erhitzte Trockenmasse wird von der Holoflite-Vorwärmschnecke dem nachgeschalteten Buss-Kneter zugeführt. Ebenso wird nun die erforderliche Pechmenge zusetzt.

Pech wird durch Tankwagen angeliefert und in isolierten Tanks gelagert.

Speziell für diesen Zweck ausgelegte Pumpen befördern das Pech in die Grünanodenanlage. Dabei passiert es zunächst ein Wärmetauscher-System, um die notwendige Temperatur zu erreichen. Ein nachgeschalteter Regelschieber dosiert die für die Mischung notwendige Pechmenge. Die überschüssige Menge des erhitzten Pechs wird in die Pechbehälter zurückgepumpt, um dort ein Abkühlen zu verhindern. Die Rohrleitungen für Pech sind mit einer Begleitheizung versehen.

Das Kernbauteil des Buss-Kneters ist eine horizontale, oszillierend drehende Schnecke, die in einem feststehenden, zylindrischen Gehäuse läuft. Im Gehäuse sind segmentierte Mischelemente angeordnet, die eine definierte Scher- und Umwälzbewegung des Materials erzeugen. Die Schnecke führt eine Drehbewegung mit Überlagerung einer axialen Hubbewegung aus, wodurch das Material periodisch neu gefaltet und intensiv durchmischt wird.

Die typische Betriebstemperatur der Anodenmischung liegt bei 160–180 °C, um das Steinkohlenteerpech plastisch zu halten und eine vollständige Benet-

Bild 2.54: *Buss-Kneter: Bei diesem kontinuierlichen Verfahren wird der Trockenmasse Pech zugesetzt und intensiv zu einer homogenen Anodenmasse geknetet.*

zung der Koksoberflächen zu ermöglichen. Die Verweilzeit im Kneter beträgt je nach Anlagengröße 2–5 Minuten. Durch die intensive Knetbewegung werden Agglomerate aufgebrochen, Lufteinschlüsse entfernt und eine gleichmäßige Verteilung des Bindemittels erreicht.

Ein wesentlicher Vorteil des Buss-Kneters gegenüber konventionellen Doppelwellenmischern besteht in der exakten Steuerbarkeit der Scherenergie und der Temperaturführung. Die entstehende Reibungswärme wird durch ein temperiertes Gehäuse kontrolliert abgeführt, sodass eine thermisch stabile und reproduzierbare Materialkonditionierung möglich ist.

Die resultierende Anodenmasse weist eine hohe Homogenität, eine definierte Plastizität und eine gleichmäßige Korn-Bindemittel-Verteilung auf. Dadurch wird eine bessere Formfüllung in der Rüttelformmaschine erreicht und die Dichte der grünen Anoden erhöht. In der Folge sinken Porosität und Abbrand in der Elektrolysezelle, während elektrische Leitfähigkeit und Standzeit der Anoden steigen.

Eirich-Anodenmassekühler

Der Eirich-Anodenmassekühler dient der kontrollierten Abkühlung der gekneteten Anodenmasse vor der Weiterverarbeitung in der Rüttelformmaschine. Nach dem Knetprozess weist die Masse Temperaturen von etwa 160–180 °C auf, während für die Formgebung optimale Werte zwischen 100 und 120 °C erforderlich sind, um die gewünschte Plastizität und Maßhaltigkeit zu gewährleisten.

Das Funktionsprinzip des Eirich-Kühlers beruht auf einer indirekten Wärmeabfuhr über gekühlte Wandungen und Werkzeuge. Die Anlage besteht aus einem robusten, doppelwandigen Trog mit einer rotierenden Misch- und Fördereinrichtung, die das Material gleichmäßig bewegt und die Wärmeübergangsfläche kontinuierlich erneuert. Als Kühlmedium dient meist Wasser oder ein temperiertes Öl, das durch die doppelwandigen Kühlkanäle zirkuliert.

Zur zusätzlichen Temperaturabsenkung kann Wasser fein zerstäubt in den Mischraum eingespritzt werden. Durch die Verdampfung des Wassers wird eine erhebliche Verdampfungsenthalpie freigesetzt, die eine schnelle und gleichmäßige Abkühlung bewirkt. Dabei wird darauf geachtet, dass keine übermäßige Wasseraufnahme der Masse erfolgt, um die Verarbeitbarkeit nicht zu beeinträchtigen.

Die Kühlung erfolgt kontinuierlich oder diskontinuierlich, je nach Ausführung und Anlagenkonzept. Typische Durchsatzleistungen liegen im Bereich von 5 bis 30 t/h. Das Temperaturprofil wird über die Kühlmedienströme und die Verweilzeit präzise geregelt, sodass eine homogene Endtemperatur im gesamten Materialvolumen erreicht wird.

Durch den Einsatz des Eirich-Anodenmassekühlers werden die Homogenität und Plastizität der Anodenmasse verbessert. Die gleichmäßige Temperaturverteilung verhindert lokale Überhitzungen und sichert ein konstantes Formverhalten. Dadurch steigt die Maßhaltigkeit der grünen Anoden, was wiederum den Abbrand in der Elektrolysezelle reduziert, und die Stromausbeute erhöht.

2.6.5.3 Anodenformung

Rüttelformmaschine für Anoden

Die Rüttelformmaschine ist eine zentrale Anlage in der Fertigung von vorgeformten Anoden für die Aluminium-Elektrolyse. Sie dient der Verdichtung der heißen, plastischen Anodenmasse in einer Stahlform zu einer „grünen" Anode mit definierter Geometrie und Dichte.

Das Grundprinzip beruht auf der Kombination von mechanischer Verdichtung und Schwingungsverdichtung. Die Anlage besteht aus einem massiven Rütteltisch, auf dem eine Stahlform formschlüssig, aber lösbar angeordnet ist. Diese Form wird hydraulisch geklammert, um während des Füll- und Verdichtungsvorgangs mit dem Rütteltisch fest verbunden zu bleiben.

Zur genauen Dosierung der Menge wird die Anodenmasse nach Passieren des Eirich-Kühlers in einen Dosierbehälter chargiert (**Bild 2.55**). Die genaue Abstimmung der einzelnen Masseströmung zum Chargieren der taktweise arbeitenden Rüttelmaschine ist eine trickreiche Herausforderung für das Personal der Anlage.

Überschüssige Anodenmasse wird in die Grünanodenanlage zum Recyceln verbracht.

Nach dem Einfüllen der Anodenmasse wird ein schweres Deckkgewicht, das maßlich genau in den Querschnitt der Form passt, auf die Masse abgesenkt. Durch die bei der Schwingung erzeugte Hubbewegung des Deckgewichts erhält sie Energie, die beim Herabfallen auf die Anodenmasse wirkt und die Schwingungsverdichtung verstärkt.

Anschließend wird der Rütteltisch über Unwuchtmotoren oder elektromechanische Schwingantriebe in hochfrequente Schwingung versetzt. Typische

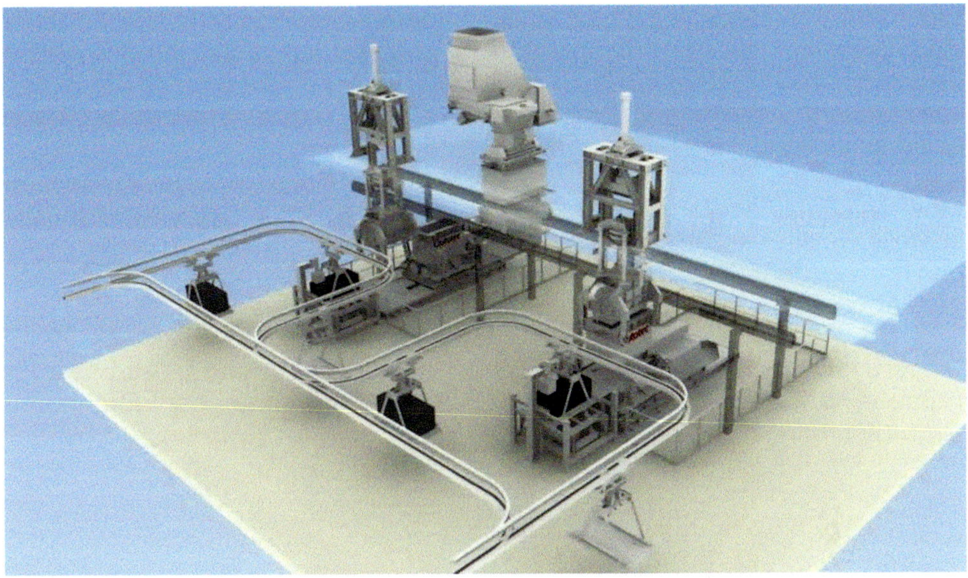

Bild 2.55: *Vibrationsformmaschine: Die Abbildung zeigt ein Zwillingssystem mit verfahrbarem Dosierbehälter.*

Frequenzen liegen zwischen 25 und 50 Hz, die Amplituden im Bereich von 2 bis 6 mm. Durch die Vibrationen verdichtet sich die Masse schichtweise, wobei Luft- und Gasblasen entweichen und die Kohlenstoffkörner dichter gepackt werden.

Die Verdichtung erfolgt in mehreren Füllschritten, um eine homogene Dichte über das gesamte Volumen der Anode zu erzielen:

- Absenken und Klammern der Form
- Einfüllen von Anodenmasse
- Absenken des Deckgewichtes
- Vibrationsrütteln
- Abheben des Deckgewichtes und Heben der Form
- Ausstoßen des grünen Anodenblocks.

Der Pressdruck kann zusätzlich durch hydraulische Oberstempel verstärkt werden. Durch die Anwendung von Vakuum kann die Verdichtung zusätzlich verbessert werden. Nach Erreichen der Endhöhe wird die Schwingung gestoppt, die hydraulischen Klammern lösen und die Stahlform wird geöffnet, um die grüne Anode auszuschalen.

Die Rüttelformmaschinen ist mit einem automatischen Füllsystemen, Formreinigungseinrichtungen und Temperaturregelungen ausgestattet, um eine gleichbleibend hohe Produktqualität zu gewährleisten. Durch die gezielte Steuerung von Frequenz, Amplitude und Füllfolge lässt sich die Dichteverteilung der Anode exakt einstellen.

Eine gleichmäßige Verdichtung der Anodenmasse ist entscheidend für die spätere Qualität im Brennofen und den Betrieb in der Elektrolysezelle. Hohe und homogene Rohdichten führen zu geringerem Gasdurchgang, gleichmäßigem Abbrand und verbesserter elektrischer Leitfähigkeit.

Die fertigen Grünanoden werden nach sorgfältiger Inspektion in das Lager für grüne Anoden und von dort aus zum Kalzinieren in den Brennofen abgerufen.

2.7 Anodenbrennofen – Brennprozess und Ofenaufbau

Grüne Aluminiumanoden müssen im Anodenbrennofen (**Bild 2.56**) thermisch behandelt werden, um ihre mechanischen, elektrischen und chemischen Eigenschaften so weit zu stabilisieren, dass sie den hohen Anforderungen des Elektrolyseprozesses in der Primäraluminiumproduktion standhalten. Die während der Formgebung hergestellte „grüne" Anode besteht aus kalziniertem Petrolkoks als leitfähigem Füllstoff und Steinkohlenteerpech als thermoplastischem Bindemittel. In diesem Zustand weist die Anode eine vergleichsweise geringe Festigkeit, eine hohe Porosität sowie eine noch unzureichende elektrische Leitfähigkeit auf. Erst der kontrollierte Brennprozess führt zu den für den Elektrolysebetrieb erforderlichen Materialeigenschaften.

2.7.1 Brennprozess

Der Brennprozess erfolgt üblicherweise in gasbeheizten ringförmigen oder offenen Grubenbrennöfen bei maximalen Brenntemperaturen von etwa 1.100 bis 1.200 °C. Die Anoden werden in der Hochtemperaturzone für etwa 15 bis 30 Stunden auf dieser Temperatur gehalten. Während des Brennens zersetzt sich das Bindemittelpech unter Bildung flüchtiger Komponenten und eines festen Kohlenstoffrückstandes. Die flüchtigen Bestandteile entweichen aus der Anode, während sich die aromatischen Pechstrukturen karbonisieren und eine kohlenstoffreiche Matrix erzeugen, die die Koksaggregate dauerhaft verbindet.

Bild 2.56: *Anodenbrennofen*

Die chemische Struktur und der Anteil aromatischer Moleküle im Pech beeinflussen maßgeblich die entstehende Kohlenstoffmatrix. Damit bestimmen sie Dichte, elektrische Leitfähigkeit und Festigkeit der gebrannten Anode. Eine stabile und reproduzierbare Pechqualität ist daher essenziell für gleichbleibende Anodeneigenschaften und einen geringen spezifischen Abbrand in der Elektrolysezelle.

Durch den Brennvorgang steigt die Druck- und Biegefestigkeit deutlich an, die Maßstabilität verbessert sich und die chemische Beständigkeit der Anode wird erhöht. Gleichzeitig minimiert die Entfernung flüchtiger Bestandteile die Gasentwicklung während des späteren Einsatzes, wodurch Riss- und Blasenbildung in der Elektrolyse vermieden werden. Durch die vollständige Karbonisierung des Bindemittelpechs und die Ausbildung einer geschlossenen Kohlenstoffmatrix sinkt zudem der elektrische Widerstand der Anode, was einen gleichmäßigen Stromfluss in der Elektrolysezelle sicherstellt.

Eine zentrale Rolle beim Brennvorgang spielt der Packkoks, der den thermischen Kontakt zwischen Brennkammer und Anodenblock herstellt und ein gleichmäßiges Aufheizen der gesamten Anodencharge ermöglicht. Durch seine granulare Struktur stellt das Packbett die notwendige Permeabilität für den Abzug der beim Zerfall des Pechs entstehenden Gase sicher. Gleichzeitig bildet der Packkoks eine diffusionshemmende Schicht gegenüber Sauerstoff, wodurch die Anoden in einer weitgehend reduzierenden Atmosphäre behandelt werden. Die Korngrößenverteilung und der Reinheitsgrad des Packkokses beeinflussen sowohl die Wärmeleitfähigkeit als auch die Gasdurchlässigkeit des Packbetts; ungeeignete Kornspektren können zu ungleichmäßigen Temperaturprofilen, erhöhter Rissanfälligkeit oder lokalem Gasstau führen.

Die Prozessregelung erfolgt durch die abgestimmte Kombination aus Brennerleistung, geregelter Luftzufuhr, Überwachung der Abgaszusammensetzung und kontinuierlicher Temperaturmessung in unterschiedlichen Höhenlagen des Anodenpackbetts. Moderne Ofenanlagen nutzen digitale Modelle zur Abbildung des Temperaturverlaufs entlang der Ofensektion und optimieren anhand dieser Daten die Position der Brennergruppen sowie den jeweiligen Luft- und Gasdurchsatz. Zusätzlich überwachen Sicherheitssysteme den Sauerstoffgehalt in der Ofenatmosphäre, den Unter- oder Überdruck in den Kanalräumen sowie die mechanischen Bewegungen der Brennerträger. Die Beschickung und Entleerung der Pits erfolgt mittels spezialisierter Krananlagen, die sowohl das Setzen der grünen Anoden als auch das Absaugen und anschließende Wiedereinbringen des Packmaterials übernehmen. Durch die zyklische Verschiebung der Brennergruppen entlang des Ofens entsteht der charakteristische Ringofentakt, der einen kontinuierlichen Anlagenbetrieb ermöglicht und eine gleichmäßige Auslastung aller Ofensektionen sicherstellt.

2.7.2 Aufbau des Anodenbrennofens

Der Anodenbrennofen (**Bild 2.57**) befindet sich im unteren Bereich einer großdimensionierten Hallenkonstruktion, deren Oberbau die Krananlagen zur Bedienung des Ofens trägt. Der eigentliche Brennofen ist als Ringofen ausgeführt und in zwei parallele Ofenbereiche unterteilt. Die Ofenanlage ist typischerweise ein rechteckiges Bauwerk mit Betonwänden und einer Länge von etwa 150 m, einer Breite von 30 m und einer Tiefe von rund 6 m. Sie umfasst eine Vielzahl von Brennkammern, sogenannte Pits, die in parallelen Sektionen angeordnet sind.

Die Pits sind durch doppelwandige Feuerfestkonstruktionen voneinander getrennt. Der Zwischenraum zwischen den beiden Wandungen dient als Gasführungskanal für Frischluft und Abgase und ist sowohl mit benachbarten Pits als auch mit den Innenbereichen der Ofensektion verbunden. Für den Brenn-

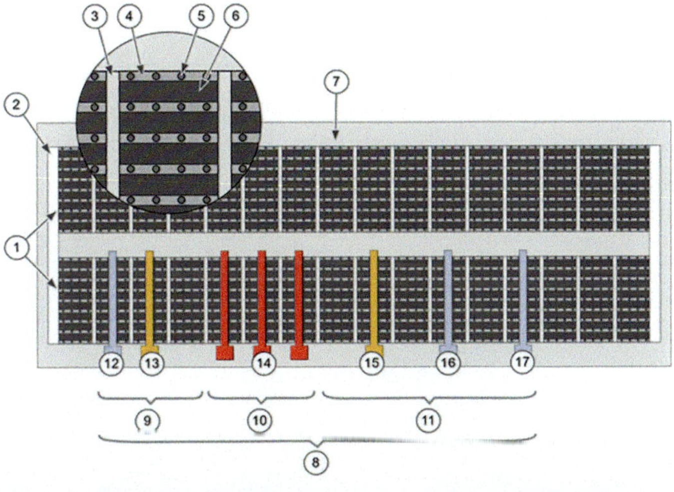

Bild 2.57: *Anodenbrennofen*

prozess werden die grünen Anoden in drei bis acht Lagen im Pit gestapelt. Die Zwischenräume zwischen Anodenstapel und Pitwand werden mit Packkoks gefüllt. Dieses Packmaterial gewährleistet einen gleichmäßigen Wärmeübergang, ermöglicht das ungehinderte Austreten der im Pech enthaltenen flüchtigen Gase und sorgt gleichzeitig für eine sauerstoffarme Atmosphäre im Pit. Der Verbrauch an Packkoks liegt typischerweise bei 20–30 kg je Tonne Anode. Die im Kühlbereich abgegebene Wärme des erwärmten Packkoks trägt wesentlich zur Vorwärmung der Verbrennungsluft bei und verbessert die thermische Effizienz des gesamten Ofensystems.

Spezielle Krananlagen übernehmen das Beladen der Pits mit grünen Anoden (**Bild 2.58**, **Bild 2.59**) sowie das Entladen der gebrannten Anoden. Ergänzende Einrichtungen dienen dem Einbringen und Absaugen des Packkokses. Die thermische Behandlung erfolgt durch Wärmeaustausch zwischen den heißen Verbrennungsprodukten und dem Packkoks bzw. der Anode. Rund 50 % der benötigten Energie stammen dabei aus der Verbrennung der flüchtigen Kohlenwasserstoffe aus dem Bindemittelpech in der Vorheizzone; die restliche Energie wird durch die Verbrennung fossiler Brennstoffe, meist Erdgas, bereitgestellt.

Die Wärme wird über die in den Pit-Wänden angeordneten Gaskanäle an Packkoks und Anoden übertragen. Die aus der Anode austretenden flüchtigen

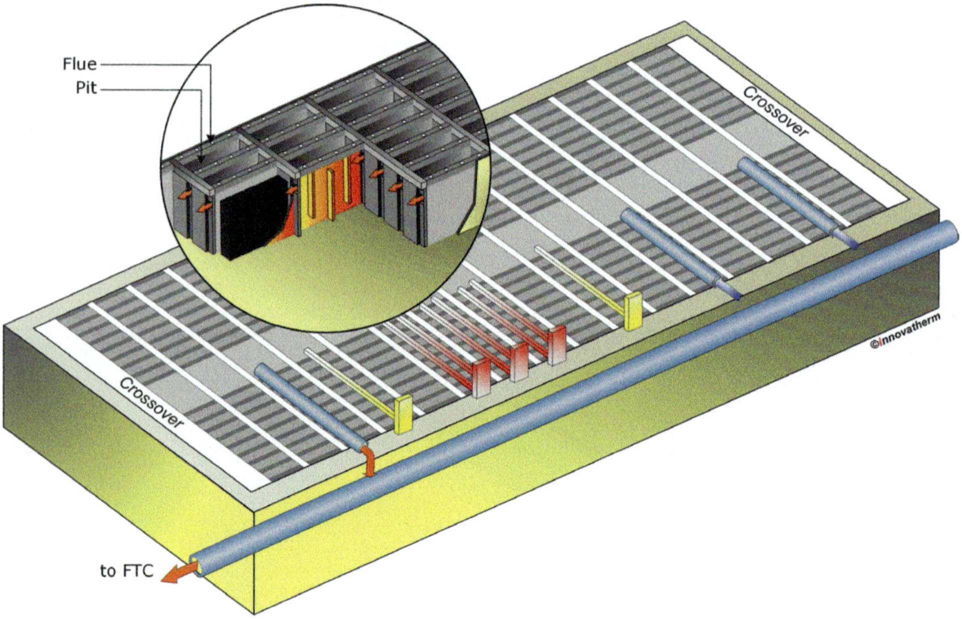

Bild 2.58: *Spezielle Krananlagen übernehmen das Beladen der Pits mit grünen Anoden*

Bild 2.59: *Krananlagen mit Greifwerkzeugen, die mehrere Anodenlagen händeln können*

Bestandteile verbrennen in der Vorheizzone und verlassen den Ofen anschließend als Abgas, das einer Abgasreinigung zugeführt wird. Nach Abschluss der Karbonisierung besteht die Anode nahezu vollständig aus Kohlenstoff.

Während des gesamten Brennvorgangs verbleiben die Anoden in den Pits. Nach Erreichen der vorgesehenen Brenndauer wird die Heizgruppe mittels spezieller Krananlagen in die nächste Ofenzone umgesetzt. Diese Krananlagen sind mit Greifwerkzeugen ausgestattet, die mehrere Anodenlagen händeln können und sowohl zum Setzen und Herausnehmen der Blöcke als auch zum Einbringen und Entfernen des Packmaterials eingesetzt werden

Der Wärmehaushalt des Anodenbrennofens wird wesentlich durch die energetische Ausnutzung der aus dem Bindemittelpech austretenden flüchtigen Kohlenwasserstoffe geprägt, die in der Vorheizzone oxidieren und etwa die Hälfte der für den Brennprozess erforderlichen Energie liefern. Der gesamte spezifische Energiebedarf moderner Anlagen liegt im Bereich von etwa 3 bis 4 GJ je Tonne Anode, wobei optimierte Gasführungs- und Wärmerückgewinnungssysteme auch niedrigere Werte ermöglichen. Einen wesentlichen Beitrag zur Energieeffizienz leistet der Packkoks, der während des Brennvorgangs stark aufgeheizt wird und in der Kühlzone einen erheblichen Teil seiner Wärme an die Verbrennungsluft zurückgibt. Durch diese Rückführung vorgewärmter Luft in die Brennergruppen lässt sich der Brennstoffbedarf deutlich reduzieren. Ergänzend tragen geregelte Luftzuführungen, ein mehrstufiger Aufbau der Gaskanäle sowie moderne Bypasssysteme zur gezielten Temperaturhomogenisierung dazu bei, die thermischen Verluste gering zu halten und eine gleichmäßige Temperaturverteilung im Ofensystem zu gewährleisten.

Die Gasführung und der feuerfeste Ausbau des Ofens sind für den stabilen Betrieb des Brennprozesses von zentraler Bedeutung. Die Pits sind durch doppelwandige feuerfeste Konstruktionen voneinander getrennt, deren Innenwände aus hochaluminösen, thermoschockbeständigen Steinen bestehen, während dahinter leichte Isolationsschichten und tragende Mauerwerksstrukturen angeordnet sind. Der Zwischenraum der Doppelwände dient als Kanal für Frischluft und Verbrennungsgase, ermöglicht deren gerichteten Transport entlang der Ofensektionen und stellt gleichzeitig sicher, dass in den Pits eine sauerstoffarme Atmosphäre vorherrscht, welche die Anoden während der Karbonisierung vor Oxidation schützt. Die Kombination aus massiver Feuerfestauskleidung, definierten Strömungswegen für Frischluft und Abgase sowie einer präzisen thermischen Führung gewährleistet eine hohe Lebensdauer der einzelnen Pits und eine reproduzierbare thermische Belastung der Anoden.

2.7.3 Die Beheizungseinrichtung

Die unterschiedlichen Elemente der Beheizungseinrichtung sind als Feuerungsgruppe, oder einfach „Feuer“ zusammengefasst. Für den gesamten Ofen werden mehrere Feuer eingesetzt. Dabei bleiben natürlich große Bereiche des Ofens ohne Beheizungseinrichtung. Das ist auch erforderlich, damit gebrannte Anoden aus den Pits entfernt und grüne Anoden eingesetzt werden können. Zudem fallen immer wieder Reparaturarbeiten an dem Feuerfestmaterial der Pits an. Insgesamt bedeckt ein Feuer 12 bis 15 Sektionen.

2.7.3.1 Struktur der Feuergruppen

Jedes Feuer oder jede Feuergruppe (**Bild 2.60**) umfasst mehrere Rampen, die gemeinsam als Gruppe versetzt werden, wenn ein Brennzyklus beendet ist.

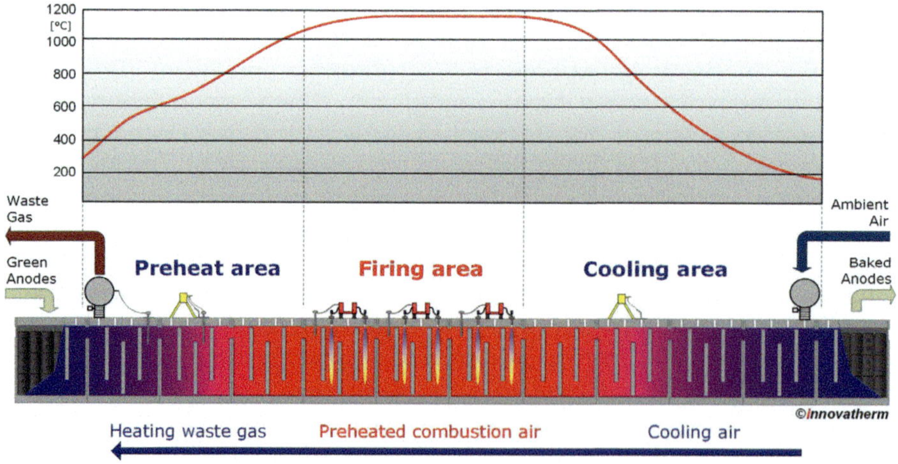

Bild 2.60: *Temperaturverlauf*

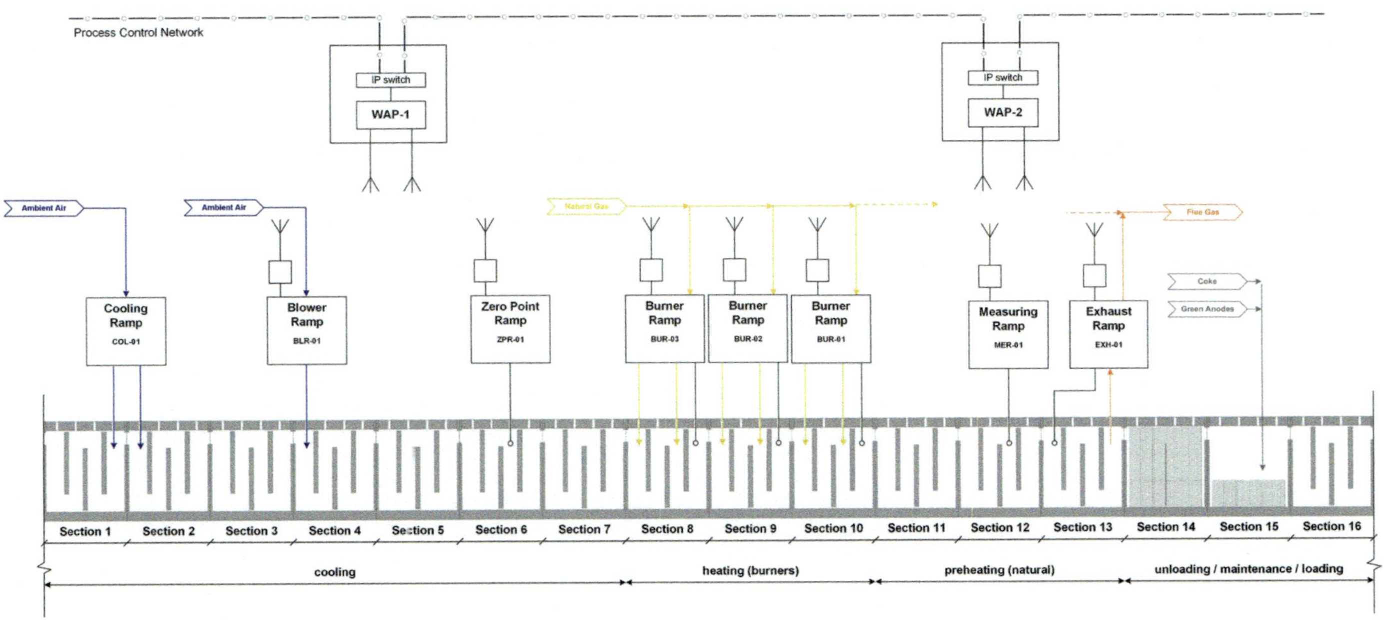

Bild 2.61: *Die Rampe sammelt die Abgase der einzelnen Abgaskanäle in einem gemeinsamen Sammelrohr in der Nähe des Ofens*

Abgasrampe EXH

Die Rampe sammelt die Abgase der einzelnen Abgaskanäle in einem gemeinsamen Sammelrohr in der Nähe des Ofens (**Bild 2.61**). Eine zentrale Gebläsestation erzeugt einen Zug, der die Abgase zu der Abgasreinigungsanlage transportiert. Die Abgasrampe regelt zudem das Temperaturprofil der Vorheizsektionen.

Messrampe MER

Die Messrampe registriert die Abgastemperatur in der Vorheizsektion und ebenso die entsprechenden Differenzdrücke im System.

Brennerrampe BUR

In der Brennerrampe wird Erdgas in die Abgaskanäle durch Impulsbrenner eingeleitet, um die für den Brennprozess erforderliche Energie zu liefern. Dazu wird in jeder Brennerrampe ein Temperaturprofil durch Regelung der Gaszufuhr der Impulsbrenner bestimmt. Die Brennerrampe ist mit Thermoelementen ausgerüstet, um die Temperatur in den Pits im Bereich der Rampe zu messen.

Nullpunktrampe ZPR

Diese Rampe ist zwischen der Brennerrampe und der Gebläserampe angeordnet. Sie misst die Druckdifferenz in jedem individuellen Pit. Diese Werte werden benötigt, um die Kühlluftmenge zu regeln. Diese Messungen stellen sicher, dass in der Heizzone der korrekte Luftdruck vorhanden ist. Überdruck im System führt zu Ausbruch von Gas, während zu geringer Luftdruck zu Falschlufteintritt führt.

Gebläserampe BLR

Die Gebläserampe liefert Kühlluft für die Anoden in der Kühlzone. Zudem stellt sie sicher, dass ein ausreichendes Volumen von vorgeheizter Verbrennungsluft in der Heizzone zur Verfügung steht.

2.7.3.2 Thermische Zonen und Temperaturprofil

Der Ringofen arbeitet im Gegenstromprinzip, wobei sich die Ofenzonen entlang der Pits zyklisch verschieben. Der Brennprozess kann im Bereich der Beheizungseinrichtungen in folgende Hauptzonen eingeteilt werden:

Trocknungszone (bis ca. 200 °C): In dieser Zone verdampft Restfeuchtigkeit aus der Anode und aus dem Packkoks. Die Temperaturführung muss sehr flach erfolgen, um Dampfdruckrisse und thermische Schockbelastungen zu vermeiden.

Vorheizzone (200–800 °C): Hier beginnt die thermische Zersetzung (Pyrolyse) des Bindemittelpechs. Flüchtige Bestandteile treten aus der Anode aus. Aufgrund des hohen Anteils organischer Verbindungen entsteht ein Gemisch aus Kohlenwasserstoffen, das im Ofenraum teilweise oxidiert und etwa 50 % der Gesamtenergie für den Brennprozess liefert.

Brennzone (800–1.200 °C): Die maximale Temperatur von 1.100–1.200 °C wird über 15–30 Stunden gehalten. In dieser Zone erfolgen die vollständige Karbonisierung des Pechs, die Bildung der kohlenstoffreichen Matrix sowie die signifikante Verbesserung der elektrischen und mechanischen Kennwerte. Eine homogene Temperaturverteilung im Packbett ist entscheidend für geringe Anodenverformungen und Reproduzierbarkeit der Anodeneigenschaften.

Kühlzone (1.200 → 150 °C): Die Abkühlung erfolgt langsam und kontrolliert über Wärmerückgewinnungssysteme. Die im Packkoks gespeicherte Wärme wird zur Vorwärmung der Verbrennungsluft genutzt und trägt erheblich zur Energieeffizienz des Ofensystems bei.

2.7.4 Steuerung des Brennofenprozesse.

Um die erforderliche Qualität der Anoden zu erreichen, ist eine präzise Mess- und Regelungstechnik erforderlich. Die Steuerung der einzelnen Rampen findet in der Anlage und in einem gesonderten Kontrollraum statt. Die Regelung jeder Rampe wird durch SPS-Systeme realisiert, die in einem Schaltschrank angeordnet sind. Für die Visualisierung und zum Anpassen der Steuerung bei Abweichungen vom Sollwert sind Vor-Ort Bedienpulte angeordnet, die über ein Netzwerk mit den SPS-Steuerungen verbunden sind.

Literatur

[2.1] alueurope.eu.: Verlauf der Verteilung der Weltweiten Primäraluminiumproduktion. 27.12.2015, online, [http://www.proalupack.at/upload/Produktion3.jpg]

[2.2] Benkahla, B.; Caratini, Y.; Mezin, H.; Renaudier, S.; Fardeau, S.: Last development in AP50 cell. In: TMS, Light Metals, The Minerals, Metals and Materials Society, 2008, S. 451–455

[2.3] Vanvoren, C.; Homsi, P.; Basquin, J. L.; Beheregaray, T.: AP 50: The Pechiney 500kA cell. In: TMS, Light Metals, The Minerals, Metals and Materials Society, 2001

[2.4] Consulting, N.: Strompreise in ausgewählten Ländern 2014 in US-Dollar-Cent pro Kilowattstunde. 27.12.2015, online, [http://de.statista.com/graphic/1/13020/strompreise-inausgewaehlten-laendern.jpg]

[2.5] Drengstig, T.: On process model representation and AlF_3 dynamics of aluminium electrolysis cells. PhD thesis, Dept. Of Eng. Cybernetics, Norwegian University of Science and Technology, Trondheim (Norwegen), 1997

[2.6] Forschungsgruppe, R.: Fachschulungskurs Elektrolyse. Aluminium-Hütte Rheinfelden GmbH, 7888 Rheinfelden, 1969

[2.7] Joliet, H. (Hrsg.): Aluminium. Die ersten hundert Jahre. VDI Verlag, Düsseldorf, 1988

[2.8] Haupin, W.: Interpreting the components of cell voltage. In: TMS, Light Metals, The Minerals, Metals and Materials Society, 1998

[2.9] Iffert, M.: Aluminium Smelting Cell Control and Optimisation. The University of New South Wales, Sydney (Australien), 2007

[2.10] Fellner, P.; Haarberg, G. M.; Hives, J.; Kvande, H.; Sterten, A.; Thonstad, J.: Aluminium Electrolysis. Fundamentals of the Hall-Heroult Process, 3. Auflage, Aluminium-Verlag GmbH, Düsseldorf, 2001

[2.11] Kvande, H.: Bath Properties and Cell Operation Performances. Proc. 6th Australasian Al Smelting Conference, 1998

[2.12] Kvande, H.; Grjotheim, K.: Introduction to Aluminium Electrolysis. 2. Aufl., Aluminium-Verlag GmbH, Düsseldorf, 1993

[2.13] Lützerath, A.: Aluminiumproduktion in Deutschland. Chancen und Risiken. AEC-Seminar, RWTH Aachen; TRIMET Aluminium SE, 2012

[2.14] Schmidt-Hatting, W. et al.: Tonerdeelektrolyse in Kryolithschmelzen. Elektrolyse Alusuisse Seminar 1, Alusuisse Zürich (Schweiz), 1986

[2.15] Sterten, A.: Phase diagram data in the system Na_3AlF_6-AlF_3-Al_2O_3. In: TMS, Light Metals, The Minerals, Metals and Materials Society, 1990, S. 311–316

[2.16] Rieck, T. et al.: Increased Current Efficiency and Reduced Energy Consumption at the TRIMET Smelter Essen using 9 Box Matrix Control. In: TMS, Light Metals, The Minerals, Metals and Materials Society, 2003, S. 449–457

[2.17] Utigard, T.: Why best pots operate between 955 and 970 °C. In: TMS, Light Metals, The Minerals, Metals and Materials Society, 1999, S. 319–326

[2.18] Waddington, J.; Pearson, T. G.: Electrode reactions in the aluminium reduction cell. Discussions of the Faraday Society I. 1947

[2.19] Welch, B. J.: Aluminium smelter technology, theory and praxis. Centre for Electrochemistry and Mineral Processing, University of New South Wales, Sydney (Australien), 2001

[2.20] White, P. V.: A New Process Control Strategy for Aluminium Electrolysis using Superheat Sensors. Proc. 6th Australasian Al Smelting Conference, 1998

[2.21] Liu, X.; Taylor, S. G.: Crust formation and deterioration in industrial cells. In: TMS, Light Metals, The Minerals, Metals and Materials Society, Comalco Research Centre, Thomastown (Australien), 1991

Nachwort & Danksagung

Es ist kaum zu glauben: Seit mehr als hundert Jahren wird Aluminium nach den gleichen Verfahren industriell hergestellt. Natürlich unterscheiden sich die modernen Anlagen in ihrer technischen Konzeption deutlich von den Anlagen, wie sie an den Niagara-Fällen oder am Rheinfall bei Schaffhausen erstmals für die industrielle Produktion eingesetzte wurden. Die fortschreitende Entwicklung von Werkstoffen und Fertigungsverfahren, vor allem aber der Erfindungsgeist des Betriebspersonals führten stetig zu Verbesserungen von Produktion und Betriebssicherheit. Größere Produktionszahlen waren auch erforderlich, je mehr Vorteile des Werkstoffs Aluminium erkannt wurden, zumal die Entwicklung von Legierungen eine immer bessere Anpassung der Bauteile an die Anforderungen von z. B. Festigkeit oder Korrosionsbeständigkeit ergab. Ein wesentlicher Entwicklungssprung ergab sich durch die Einführung der Elektrolyse mit vorgebrannten Anoden. Parallel mit der Entwicklung der Gleichrichtertechnik wurden Elektrolysezellen für immer größere Stromstärken möglich, die den Arbeitsaufwand in der Elektrolyse verringerten. Waren in den 1950er- und 1970er-Jahren Elektrolysezellen für eine Stromstärke von 160 kA ein durchaus akzeptabler Stand der Technik, so sind heute in Einzelfällen in China schon Elektrolysezellen für eine Stromstärke von 600 kA in Betrieb. Das führt zwangsläufig zu großen Anlagenkapazitäten, denen auch die Oxidfabriken folgen müssen. Es ist wohl fraglich, ob ein solcher Gigantismus noch sinnvoll ist, wenn man die Beschaffung von Rohstoffen und Energie und die daraus folgenden Schwierigkeiten bei der Logistik, abgesehen von Schwierigkeiten bei der Anlagentechnik, betrachtet. Dieses Buch gibt einen Überblick über den Stand der Technik der Aluminiumverhüttung vom Bauxit zu hochwertigem Hüttenaluminium. Aufgrund des begrenzten Umfangs können viele Details der modernen Hüttentechnik nur im Überblick dargestellt werden. Für ein vertieftes Studium gib es zahlreiche Fachartikel und Erfahrungsberichte, ebenso wie Publikation über entsprechende Forschung und Entwicklungen.

Tipps und Hinweise von Kollegen aus der Industrie haben mit dazu beigetragen, die moderne Hüttentechnik zu beschreiben. Herzlichen Dank dafür! Ganz besonders bedanke ich mich bei Dr. Duessel von Trimet für seinen Beitrag über die Aluminiumelektrolyse, Andreas Himmelreich von Innovatherm für seine Informationen über den Anodenbrennofen und Manfred Beilstein, vormals Outokumpu, für seinen Beitrag über die Anodenanschlägerei und die Informationen über die Anodenfertigung.

Mein Dank gilt aber auch dem Team des Vulkan-Verlags, denen es immer wieder gelingt, aus meinen manchmal etwas chaotischen Unterlagen ein ansehnliches

Buch zu gestalten. Ganz besonders bedanke ich mich bei Frau Marie-Therese Hanschmann für ihre Geduld, wenn irgendwelche Probleme den Abgabetermin verzögerten und sie trotzdem freundlich und hilfsbereit blieb.

Christoph Schmitz

Quellenverzeichnis

Alfaro, I.: Technische und wirtschaftliche Gesichtspunkte bei der Verarbeitung von Krätze. Aluminium Verlag, Düsseldorf, 1986

Altendorf, H.-J.: Potentials for an electronic control unit with fuel/air compound control in combustion processes. In: Gaswärme International, 54 (2005), Vulkan-Verlag GmbH, Essen, 2005

Altenpohl, D.: Aluminium und Aluminiumlegierungen. Springer Verlag, Berlin, 1965

Altenpohl, D.: Aluminium von innen betrachtet. Aluminium Verlag, Düsseldorf, 1983

Aluminium Taschenbuch. 14. Ausgabe, Aluminium Verlag, Düsseldorf, 1994

Bainbridgh, L. F.: The casthouse financial aspects and model. TMS Conference, Melbourne, 1993

Baker, P. W. et al.: Doss formation during metal transfer operations. TMS Conference, Sydney, 1995

Bamji, P. J.: Submergence of light scrap using a linear induction melter. TMS Light Metals, Warrendale, 1983

Baukal, C. E.: Oxygen-enhanced combustion. CRC Press, 1998

Biedenkopf, P.: Advanced tool for flexible and economical melting in the non ferrous industry. Aluminium International Today, Redbill, 2004

Brunhuber, E.: Gießerei-Lexikon. Gießerei Verlag, Düsseldorf, 1986

Brunklaus, J. H. et al.: Industrieöfen. Bau und Betrieb. Vulkan-Verlag GmbH, Essen, 1986

Buchholz, A.; Rødseth, J.: Investigation of heat transfer conditions in a reverberatory melting furnace by numerical modelling. TMS Light Metals, 2011

Chambers, P. et al.: Metall level sensing and control, TMS Conference, Melbourne, 1993

Cramer, C.: Heizgasvermischung in Ofenanlagen. Abschlussbericht, Forschungsgemeinschaft Industrieofenbau, Aachen, 1985

Cziebos, H.: Hütte. Die Grundlagen der Ingenieurwissenschaft, Springer Verlag, Berlin, 1991

de Graal, I.: Potential for increasing fuel efficiency for aluminium melting furnaces. In: Heat Processing, Vulkan-Verlag GmbH, Essen, 2005

Deutsche Gesellschaft für Feuerfest und Schornsteinbau e.V.: Feuerfestbau. Vulkan-Verlag GmbH, Essen, 2003

Domagala, J.: Regenerative burner technology for aluminium melting furnaces industry

Donsbach, F. et al.: Sicheres und energiesparendes Schmelzen in Mittelfrequenztiegelöfen. Otto Geucher GmbH, Lammersdorf, 2005

Dubbel: Taschenbuch für den Maschinenbau. Springer Verlag, Berlin, 1986

English, C.: The casthouse trough degasser. TMS Light Metals, Warrendale, 1998

Epstein, S. G.: Summary of ten years of molten aluminium incident reporting. TMS Light Metals, Warrendale, 1995

Escherle, A.: Application of pyrolisis in aluminium recycling. Erzmetall, Clausthal-Zellerfeld, 2004

Essafi, R.: Optimierung der Gaszusammensetzung für das Schmelzen von Aluminium-Schrott in Drehtrommelöfen. Diplomarbeit, Clausthal-Zellerfeld, 2001

Fehrenbach, I. et al.: Füllstandsmessung mit Laser. M&P, 1991

Fetcher, A.: Betriebserfahrungen und Wirtschaftlichkeit bei der Krätzebehandlung in Aluminiumgießereien, Aluminium Praxis, Düsseldorf, 1981

Friesen, K. J. et al.: The coalescence behaviour of aluminium droplets under a molten flux cover. TMS, Warrendale, 1997

Frischknecht, B. et al.: Sheet production of high quality products with mini mills. TMS Conference, Sydney, 2001

German Federal Ministry Government regulations: First General Administrative Regulation Pertaining the Federal Immission Control Act (Technical instructions on air quality control (TA-Luft))

German Federal Ministry Ministry for Environment, Nature Conservation and Nuclear Safety: TRK-Wert für chlorierte Dibenzodioxine und -furane. BArbBl 9/93, S. 71, Berlin, 1993

Ginsberg et al.: Die Tonerde. Walter de Gruyter & Co., Berlin, 1964

Gluns, L. et al.: Technology and economies of oxy-fuel combustion. Aluminium International Today, Redbill, 2004

Gripenberg, H. et al.: Six years experience from low-temperature oxyfuel in primary and remelting aluminium cast houses. TMS Light Metals, 2012

Grjotheim, K.; Welch, B. J.: Aluminium Smelter Technology. Aluminium Verlag, Düsseldorf, 1987

Godfrey, M. V.: Improving performance of gas fired crucible furnaces for Aluminium. Industrial Heating, 1989

Guthie, R. I. L. et al.: Impurity sources and control. TMS Light Metals, Warrendale, 3rd Australian Conference, 1983

Häberle, G.: Tabellenbuch Mechatronik. Europa Lehrmittel, Haan Gruiten

Hansen, W.: Heizöl. Handbuch für Industriefeuerungen. Springer Verlag, Berlin, 1959

Heiligenstaed: Wärmetechnische Rechnungen für Industrieöfen. Stahl & Eisen Verlag, Düsseldorf, 1941

Henning, B. et al.: Multimelter. The new generation of aluminium melting furnaces

Herkwich, G. et al.: Herkwich Horizontal D.C. Casting. TMS Conference, Sydney, 1995

Hertwich, G.: Homogenizing and sawing. Company publication, Hertwich Engineering GmbH, Braunau

Hielscher, U.: Qualitätsorientierte Schmelzprüfung in der Aluminiumgießerei, Gießerei, Düsseldorf, 1987

Hoffmann, G.: Studie Erdgasverbrennung mit Sauerstoffangereicherter Luft, Ruhrgas, Essen, 1985

Home, K. et al.: An integrated approach to the design and construction management of an aluminium smelter expansion. Aluminium World, London, 2005

Jasper GmbH Company literature

Johansen, S. T. et al.: Particle floatation to bubbles in rotor stirred reactors. TMS Light Metals, Warrendale, 1995

Kamiske, G. F.: Qualitätsmanagement von A-Z. Carl Hanser Verlag, München, 1995

Kammer, C.: Grundlagen und Werkstoffe. Beeinflussung der Eigenschaften durch thermische und mechanische Behandlung. In: Aluminium Taschenbuch 1. 16. Ausgabe, Aluminium-Verlag, Düsseldorf, 2002, S. 278 ff.

Kirchner, G.: The European and global dimension of aluminium recycling at present and in future. Erzmetall, Clausthal-Zellerfeld, 2002

Klockmanns Lehrbuch der Mineralogie. Ferdinand Enke Verlag, Stuttgart, 1978

Kreysa, E.: Induktionsöfen zum Speichern von Flüssigmetall in Aluminium Gießereien. Aluminium Verlag, Düsseldorf

Kromschroeder AG Catalogue

Krone: Aluminium Recycling. VDS, Düsseldorf, 2000

Krug, H. P. et al.: A contribution to succession measurement after inline degasser

Lamtec Combustion control. Company publication, Lamtec Meß- und Regeltechnik für Feuerungen GmbH & Co. KG

Lechner, M. D.: Taschenbuch für Chemiker und Physiker. Vol. I, founded by Jean d'Ans, Ellen Lax. 4. Ausgabe, Springer Verlag, Berlin, 1992

Liere-Netheler, W.: Direct firing of aluminium heat treatment systems In: Heat Processing, 1 (2005), Vulkan-Verlag GmbH, Essen, 2005

Maniruzzaman et al.: Computer simulation of floatation treatment systems. TMS Light Metals, Annual Meeting, Warrendale, 1993

Marks Standard handbook for mechanical engineers. 8. Auflage, McGraw-Hill Book Company, New York

Marquarotto, G.: Tomorrow's solution to improve casthouse managment and the operator's working conditions. Aluminium Verlag, Düsseldorf, 2005

Meyer, H. J.: Use of regenerative heating technologies at aluminium melting and aluminium recycling furnaces. In: Heat Processing, Vulkan-Verlag GmbH, Essen, 2004

Milbowen, P.: Aluminium recycling local to global supply chain, Aluminium International Today, Redbill

Mittag, C.: Die Hartzerkleinerung. Springer Verlag, Berlin, 1953

Moser, R.: Energiesparmaßnahmen an flammenbeheizten Herdöfen in Aluminium Gießereien. Aluminium Verlag, Düsseldorf

Münster, H. P.: Taschenbuch des Metallhandels, Hütting Verlag, Heidelberg, 1997

Niehoff, T.: Oxyfuel. Solutions for energy and environmental conservation. TMS Light Metals, 2008

Niehoff, T.: Energy and emissions with oxyfuel. TMS, 2010

Nilmani, M.: Low cost solutions to gas lancinging problems. TMS Conference, Melbourne, 1993

Oldörp, R.: Umrüstung von Aluminiumschmelzöfen auf regenerative Beheizung. In: Gaswärme International, Vulkan-Verlag GmbH, Essen, 2004

Pierce, D.C. et al.: The casthouse addressing scrap charging safety. TMS, Warrendale, 1995

Piwinger, F.: Regelungstechnik für Praktiker. VDI-Verlag, Düsseldorf

Polmear, I. J.: Metallurgy of the light alloys. Wrought aluminium alloys, light alloys. 2. Ausgabe, Chapman and Hall, New York, 1989

Probst, H.-J.: Projektmanagement. Redline Wirtschaft, Redline GmbH, Heidelberg

Quesnel, S. et al.: Criteria for choosing refactories in aluminium holding and melting furnaces. TMS, Warrendale, 1998

Ray, L. D.: Change term assessment of the ALSCAN hydrogen analyser. TMS Light Metals, Warrendale, 1992

Reese, F. R.; Barrcew, M. H.: Project engineering. John Wiley & Sons, London, 1957

Rixen, K.: Regenerative burner technology for aluminium melting furnaces industry

Roben, F. J.: Trocknungs- und Vorwärmeanlage für Aluminium Schmelzöfen, Gießerei Verlag, Düsseldorf, 1985

Roy, R. R. et al.: The role of salt flux in recycling of aluminium. TMS Light Metals, Warrendale, 1998

Ruhrgas Erdgasinformationen. Ausgabe 12, Ruhrgas AG, Essen, 1983

Schaller, D. G.: The next generation of melting technology for aluminium melting, TMS Light Metals, Warrendale, 1985

Schneider, K.: Die Verhüttung von Aluminiumschrott, Metall Verlag, Berlin, 1970

Schneider, W.: The new airsol-veil billet casting system, TMS Conference, Sydney, 1995

Schubert, H.: Die Aufbereitung fester mineralischer Rohstoffe. VEB, Deutscher Verlag für Grundstoffindustrie, Leipzig, 1975

Schucht, S.: Ökologische Modernisierung und Strukturwandel in der deutschen Aluminium Industrie. Freie Universität Berlin, Berlin, 1999

Schuh, F.: Enzyklopädie der Naturwissenschaft und Technik. Zweiburgen Verlag, Weinheim, 1979

Silny, A. et al.: Interfacial tension between aluminium, aluminium based alloys and chloridefluoridemelts. TMS, Warrendale, 1996

Sindram, M.; Walter, D.: Trockene Rauchgasreinigung für Feuerungsanlagen und andere thermische oder chemische Prozesse, Optimierungskonzepte für die trockenen Rauchgasreinigung, Rheinkalk GmbH, Wülfrath

Sjödein, O.: ABB's electromagnetic sterring system improves work environment and saves energy. Aluminium World, London, 2005

Slujeru, Y. et al.: Application of new hot top process for production of extrusion and forging billets. Showa Denko K. K., Tokyo, 1992

Smalley, D.S.: A new coreless industrian furnace monitor. AFS-transactions, 1989

Taylor, M. B. et al.: The inert gas dross cooler, TMS, Warrendale, 1995

Terrier, J.-C.: ALPUR TS, Pechiney's new global concept for aluminium treatment. TMS Light Metals, Warrendale, 1998

Thomas, A. T.: Proceedings of 6th International Conference on Light Metals. Leoben, Österreich, Aluminium-Verlag, Düsseldorf, 1975

Thome-Kozmienzky, K. J.: Optimierung der Abfallverbrennung. TK Verlag, 2004

VDI VDI-Wärmeatlas: VDI-Verlag, Düsseldorf, 197

Vogg, H.: Abfallverbrennung Nr. 37 u. 37c. TÜV-Rheinland, 1992

von Stark, A.: Handbook of thermoprocessing technologies, Vulkan-Verlag GmbH, Essen, 1998

Voswinkel, C. et al.: Herstellung hochwertiger Gußteile für die Fahrzeugindustrie. Gießerei Verlag, Düsseldorf, 1986

Voswinkel, C. et al.: Herstellung hochwertiger Gußteile aus Aluminium für die Automobilindustrie. Gießerei, Düsseldorf

Waite, P. D.: Improved metallurgical understanding of the ALCAN compact de-gasser. TMS

Wallach, P.: Personal proactive clothing. Light Metals – TMS, Warrendale, 1995

Weber, E.; Broche, W.: Apparate und Verfahren der industriellen Gasentreinigung. R. Oldenbourg Verlag, München, 1973

Wiesner, A.: Schmelzen mit induktivem Wärmeübergang. Theorie und Praxis. Aluminium, Düsseldorf, 1983

Winiam, N. at al.: New engeneering solution upgrading an existing degassing system. Light Metals – TMS, Warrendale, 1993

Whipple, D.: Direct chaged melters. Bloom company literature: A control strategy for high production aluminium furnaces. Bloom company literature

Winter, H.: Prozessleittechnik in Chemieanlagen. Europa Lehrmittel, Haan Gruiten

Wohlschläger, G.: Direct firing of aluminium heat treatment systems. In: Heat Processing, 1 (2005), Vulkan-Verlag GmbH, Essen, 2005

Bildverzeichnis

Bild 1.1 bis Bild 1.6, Bild 1.21	Public Domain/Bearbeitet durch Aluserv
Bild 1.07 bis Bild 1.10, Bild 1.13, Bild 1.19	Humboldt Wedag
Bild 1.11 bis Bild 1.12, Bild 2.14 bis Bild 2.18, Bild 1.20, Bild 1.24, Bild 2.30, Bild 2.44	Aluserv
Bild 1.14	Public Domain/Bearbeitet durch Aluserv; Emmerich Pumpen
Bild 1.15	Ginsberg
Bild 1.22	Lurgi
Bild 1.23	ALCOA
Bild 1.25	Alesa
Bild 2.1 bis Bild 2.13	Trimet
Bild 2.20a bis Bild 2.25, Bild 2.29	ALCUTEC
Bild 2.26 bis Bild 2.28	Brochot
Bild 2.31 bis Bild 2.33	Hertwich
Bild 2.36 bis Bild 2.43	Outokumpu
Bild 2.53 bis Bild 2.61	Leisenberg

Inserentenverzeichnis

Hydro Aluminium Deutschland GmbH Blindeisenweg 21 41468 Neuss Internet: www.hydro.com/karriere	2. Umschlagseite
IAS GmbH Am großen Teich 27 58640 Iserlohn Internet: www.ias-induction.com	VI
Otto Junker GmbH Jägerhausstr. 22 52152 Simmerath Internet: www.otto-junker.com	4. Umschlagseite
Speira GmbH Aluminiumstr. 1 41515 Grevenbroich Internet: www.speira.com	II
TRIMET ALUMINIUM SE Aluminiumallee 1 45356 Essen Internet: www.trimet.eu	X